누구나 쉽게 하는 R과 jamovi

R과 jamovi로 하는 통계분석

황성동 저

학지사

최근 데이터 사이언스에 대한 사회적 관심과 수요가 증가함에 따라 데이터 분석에 대한 지식과 기법에 대한 요구도 급격히 증가하고 있다. 데이터 분석에 대한 도구인 분석 프로그램으로는 연구자들에게 친숙한 SPSS, SAS, Stata 등이 있지만 그 비용이 만만치 않은 것이 사실이다. 이에 반해 R 프로그램은 오픈소스 및 무료 프로그램으로, 누구나 원하면 인터넷상에서 다운받아 활용할 수 있는 큰 장점이 있다.

그리고 R은 통계분석 프로그램이기도 하지만 기본적으로 프로그래밍 언어이기 때문에 많은 데이터 과학자와 통계학자에게 표준 언어로 사용되면서 매우 광범위하게 활용되고 있다. 따라서 R에는 기본(base) 프로그램 외에 2018년 12월 현재 12,000개가 넘는 분석 패키지가 개발되어 있다. 하지만 R은 SPSS처럼 그래픽 인터페이스(GUI)가 아닌 명령어 인터페이스(CUI) 환경으로 구성되어 있어 처음에는 배우기가 쉽지 않다는 느낌을 받을 수 있다. 그래서 이러한 단점을 보완하고 널리 사용될 수 있도록 GUI 환경의 jamovi가 만들어졌다.

이 책은 R을 보다 체계적으로 배울 수 있도록 먼저 R을 이용한 통계분석을 제시하고, 이어서 jamovi를 학습할 수 있도록 구성되었다. 무엇보다 R은 융통성과 확장성이 탁월하여 어떤 통계분석도 가능하도록 만들어졌고, 동시에 개선과 발전을 거듭해 나가고 있는 커다란 장점을 지녔다. 그리고 R에 기반하고 있는 jamovi는 마치 R을 SPSS처럼 활용할 수 있도록 쉽고 편리하게 만들어졌다. 따라서 이 두 가지를 통합하여 기본적으로 R의 특성과 장점을 익히면서, 동시에 jamovi를 이용해 통계분석을 쉽고 편리하게 수행할 수 있도록 기획하였다. 그리고 통계에 대한 수식과 이론을 최소화하여 초보자도 쉽게 접근할 수 있도록 하였으며, 분석기법에 따라 제시된 명령어와 예시를 따라함으로써 그 결과를 보고 차근차근 이해할 수 있도록 하였다.

이 책의 구성은 전체 4부로 되어 있으며, 제1부에서는 R에 대한 이해를 도모하는 장들로 구성하였다. 제2부에서는 R을 이용한 기술통계분석을, 제3부에서는 R을 이용한 추론통계분석을 다루고 있다. 그리고 제4부에서는 jamovi를 이용한 통계분석을 다루고 있으며, 제2부와 제3부에서 다루고 있는 데이터와 분석기법을 그대로 활용하고 있다. 따라서 통계분석 내용을 일관성 있고 반복적인 학습이 가능하도록 구성하였다. 특히 통계분석을 보다 쉽게 배우고자 하는 사람들은 제4부부터 시작해도 무방하지만, 분석 결과에 대한 이해는 제2부, 제3부 내용을 참고하는 것이 적절할 것이다.

저자는 대학에서 학생들에게 통계분석을 상당 기간 가르쳐 왔으나 GUI 환경의 프로그램들이 주는 한계와 상업용 프로그램의 제약으로 인해 학생들과 연구자들이 겪고 있는 어려움을 직접 보아 왔다. 그래서 R을 알게 된 이후로 학생들이 더 편리하고 비용에 대한 부담 없이 마음껏 프로그램을 활용할 수 있기를 소망해 왔다. 이 책으로 학생들과 연구자들에게 조금이라도 도움이 되기를 바라는 마음이 간절하다.

이 책이 나오기까지 선한 길로 늘 인도해 주신 주님의 은혜에 깊은 감사를 드린다. 그리고 R과 jamovi를 만들기 위해 끊임없이 노력해 온 개발자들에게 진심 어린 감사를 하고 싶다. 아울러 강의 및 워크숍 시간에 많은 질문과 격려를 아끼지 않은 학생들과 연구자들에게도 감사의 마음을 전한다. 끝으로, 옆에서 항상 격려와 조언을 아끼지 않는 아내 정화와 늘 아빠를 지지해 준 아들 희근에게 고마움을 표하고 싶다.

2019년 2월
황성동

전체 차례

III

R 추론통계분석

IV

jamovi 통계분석

I

R 이해하기

01 R 설치하기

1.1 R의 역사

　R은 프로그래밍 언어이면서 동시에 통계분석 소프트웨어이기도 하다. 무엇보다 R은 오픈소스 무료 프로그램으로서 인터넷 사이트(http://www.r-project.org)에서 누구나 쉽게 다운받아 사용할 수 있는 큰 장점을 가지고 있다.

　R을 처음 만든 사람은 당시 뉴질랜드 오클랜드대학의 통계학과 교수였던 Robert Gentleman과 Ross Ihaka였으며, 이들은 1993년 R을 처음 소개하면서 그 소스를 공개하여 누구나 사용할 수 있도록 하였다. 이들은 1976년 당시 미국의 벨 연구소 통계학자이었던 John Chambers가 만든 통계분석 언어인 S 프로그램의 영향을 많이 받았다고 한다([그림 1-2] 참조). R 프로그램의 이름은 Robert Gentleman과 Ross Ihaka의 이름이 모두 R로 시작한다는 점과 John Chambers가 만든 S 프로그램 이름에 기인하여 R로 명명되었으며, 2000년 R 1.0이 발표되었다[https://en.wikipedia.org/wiki/R_(programming_language)].

The R Project for Statistical Computing

[Home]

Download

CRAN

R Project

About R
Logo
Contributors
What's New?
Reporting Bugs
Development Site
Conferences
Search

R Foundation

Foundation
Board
Members
Donors
Donate

Help With R

Getting Help

Getting Started

R is a free software environment for statistical computing and graphics. It compiles and runs on a wide variety of UNIX platforms, Windows and MacOS. To **download R**, please choose your preferred CRAN mirror.

If you have questions about R like how to download and install the software, or what the license terms are, please read our answers to frequently asked questions before you send an email.

News

- **R version 3.5.0 (Joy in Playing)** has been released on 2018-04-23.

- **R version 3.4.4 (Someone to Lean On)** has been released on 2018-03-15.

- **useR! 2018** (July 10 - 13 in Brisbane) is open for registration at **https://user2018.r-project.org**

- **The R Journal Volume 9/2** is available.

- **useR! 2017** took place July 4 - 7 in Brussels **https://user2017.brussels**

- The **R Logo** is available for download in high-resolution PNG or SVG formats.

[그림 1-1] R 인터넷 사이트 초기 화면

[그림 1-2] R 개발에 기여한 인물

(왼쪽부터 Robert Gentleman, Ross Ihaka, John Chambers)

> **R을 사용하는 이유 (Why use R?)**
>
> • R은 공개프로그램으로서 누구나 무료로 사용할 수 있다.
> • R은 지속적으로 향상되고 있으며, 2018년 현재 12,000개가 넘는 패키지가 만들어져 있다.
> • R은 수많은 데이터과학자들과 프로그래머들에 의해 매우 광범위하게 사용되고 있으며, 많은 지지를 받고 있다.

1.2 R 프로그램 설치하기

R 프로그램 설치는 공식사이트인 http://www.r-project.org에서 아래와 같은 순서로 이루어진다.

• 먼저 초기 화면에서 download R을 클릭([그림 1-3])

• R 서버에 해당되는 CRAN mirror를 선택([그림 1-4])

• Download R for Windows를 클릭([그림 1-5]) (Windows의 경우)

• Install R for the first time을 클릭([그림 1-6])

• Download R 3.5.0 for Windows를 클릭([그림 1-7])

• 저장된 실행 파일을 더블 클릭하여 설치([그림 1-8])

The R Project for Statistical Computing

[Home]

Download

CRAN

R Project

About R
Logo
Contributors
What's New?
Reporting Bugs
Development Site
Conferences
Search

R Foundation

Foundation
Board
Members
Donors
Donate

Getting Started

R is a free software environment for statistical computing and graphics. It compiles and runs on a wide variety of UNIX platforms, Windows and MacOS. To **download R**, please choose your preferred CRAN mirror.

If you have questions about R like how to download and install the software, or what the license terms are, please read our answers to frequently asked questions before you send an email.

News

- **R version 3.5.0 (Joy in Playing)** has been released on 2018-04-23.

- **R version 3.4.4 (Someone to Lean On)** has been released on 2018-03-15.

- **useR! 2018** (July 10 - 13 in Brisbane) is open for registration at **https://user2018.r-project.org**

- **The R Journal Volume 9/2** is available.

- **useR! 2017** took place July 4 - 7 in Brussels **https://user2017.brussels**

- The **R Logo** is available for download in high-resolution PNG or SVG formats.

[그림 1-3] R 프로그램의 공식 사이트 초기 화면

https://ftp.iitm.ac.in/cran/	Indian Institute of Technology Madras
http://ftp.iitm.ac.in/cran/	Indian Institute of Technology Madras
Indonesia	
https://repo.bppt.go.id/cran/	Agency for The Application and Assessment of Technology
Iran	
https://cran.um.ac.ir/	Ferdowsi University of Mashhad
http://cran.um.ac.ir/	Ferdowsi University of Mashhad
Ireland	
https://ftp.heanet.ie/mirrors/cran.r-project.org/	HEAnet,Dublin
http://ftp.heanet.ie/mirrors/cran.r-project.org/	HEAnet,Dublin
Italy	
http://cran.mirror.garr.it/mirrors/CRAN/	Garr Mirror, Milano
https://cran.stat.unipd.it/	University of Padua
http://cran.stat.unipd.it/	University of Padua
http://dssm.unipa.it/CRAN/	Universita degli Studi di Palermo
Japan	
https://cran.ism.ac.jp/	The Institute of Statistical Mathematics, Tokyo
http://cran.ism.ac.jp/	The Institute of Statistical Mathematics, Tokyo
https://ftp.yz.yamagata-u.ac.jp/pub/cran/	Yamagata University
Korea	
http://healthstat.snu.ac.kr/CRAN/	Graduate School of Public Health, Seoul National University, Seoul
https://cran.biodisk.org/	The Genome Institute of UNIST (Ulsan National Institute of Science and Technology)
http://cran.biodisk.org/	The Genome Institute of UNIST (Ulsan National Institute of Science and Technology)
Malaysia	
https://wbc.upm.edu.my/cran/	Univerisiti Putra Malaysia
http://wbc.upm.edu.my/cran/	Univerisiti Putra Malaysia
Mexico	

[그림 1-4] CRAN mirror 설정하기(현재 위치와 가까운 나라 선택)

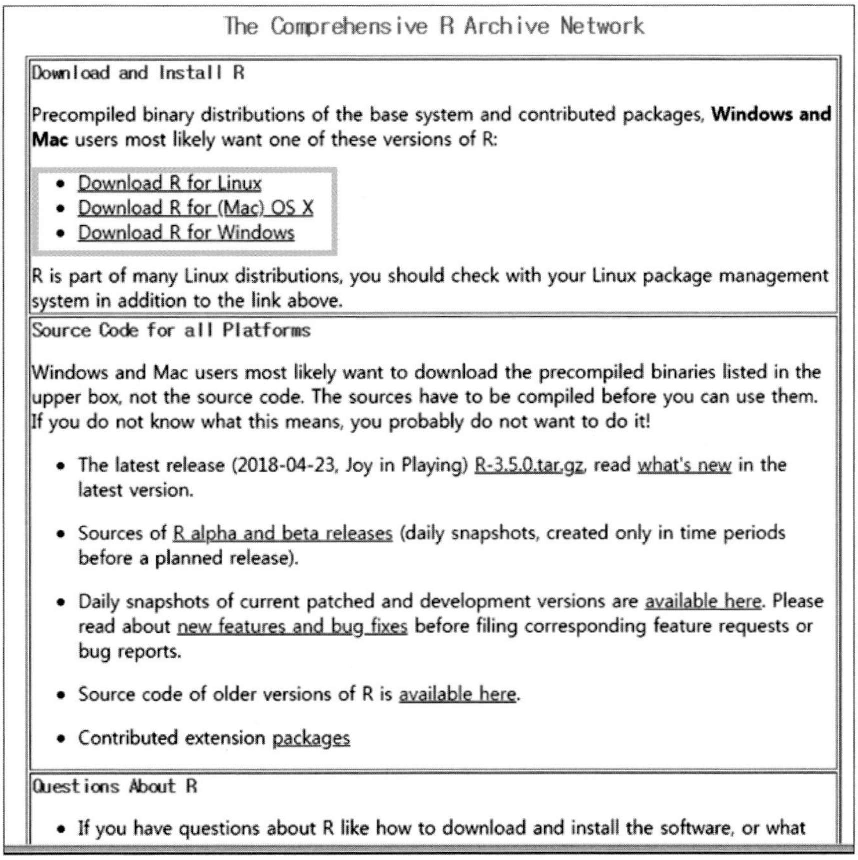
The Comprehensive R Archive Network

Download and Install R

Precompiled binary distributions of the base system and contributed packages, **Windows and Mac** users most likely want one of these versions of R:

- Download R for Linux
- Download R for (Mac) OS X
- Download R for Windows

R is part of many Linux distributions, you should check with your Linux package management system in addition to the link above.

Source Code for all Platforms

Windows and Mac users most likely want to download the precompiled binaries listed in the upper box, not the source code. The sources have to be compiled before you can use them. If you do not know what this means, you probably do not want to do it!

- The latest release (2018-04-23, Joy in Playing) R-3.5.0.tar.gz, read what's new in the latest version.
- Sources of R alpha and beta releases (daily snapshots, created only in time periods before a planned release).
- Daily snapshots of current patched and development versions are available here. Please read about new features and bug fixes before filing corresponding feature requests or bug reports.
- Source code of older versions of R is available here.
- Contributed extension packages

Questions About R

- If you have questions about R like how to download and install the software, or what

[그림 1-5] 다양한 OS 프로그램 중 선택

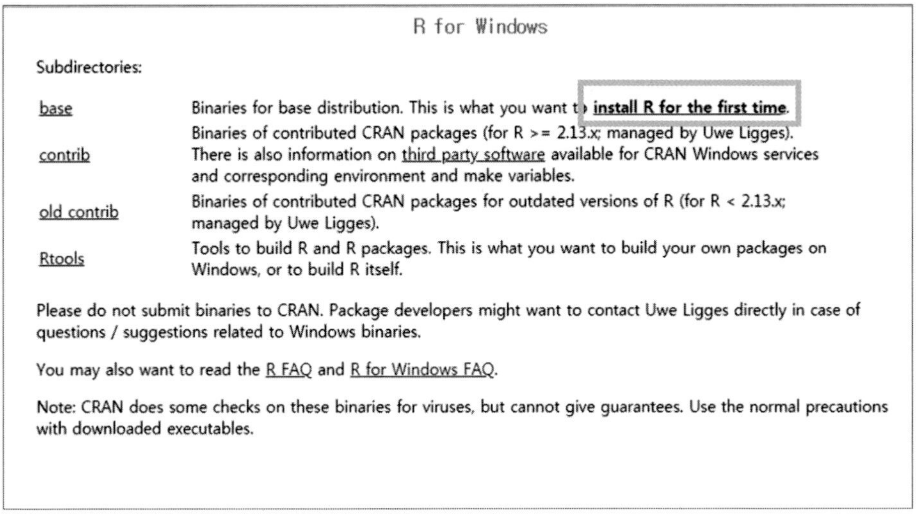
R for Windows

Subdirectories:

base	Binaries for base distribution. This is what you want to **install R for the first time**.
contrib	Binaries of contributed CRAN packages (for R >= 2.13.x; managed by Uwe Ligges). There is also information on third party software available for CRAN Windows services and corresponding environment and make variables.
old contrib	Binaries of contributed CRAN packages for outdated versions of R (for R < 2.13.x; managed by Uwe Ligges).
Rtools	Tools to build R and R packages. This is what you want to build your own packages on Windows, or to build R itself.

Please do not submit binaries to CRAN. Package developers might want to contact Uwe Ligges directly in case of questions / suggestions related to Windows binaries.

You may also want to read the R FAQ and R for Windows FAQ.

Note: CRAN does some checks on these binaries for viruses, but cannot give guarantees. Use the normal precautions with downloaded executables.

[그림 1-6] 최초 설치를 선택

R-3.5.0 for Windows (32/64 bit)

Download R 3.5.0 for Windows (62 megabytes, 32/64 bit)
Installation and other instructions
New features in this version

If you want to double-check that the package you have downloaded matches the package distributed by CRAN, you can compare the md5sum of the .exe to the fingerprint on the master server. You will need a version of md5sum for windows: both graphical and command line versions are available.

Frequently asked questions

- Does R run under my version of Windows?
- How do I update packages in my previous version of R?
- Should I run 32-bit or 64-bit R?

Please see the R FAQ for general information about R and the R Windows FAQ for Windows-specific information.

Other builds

- Patches to this release are incorporated in the r-patched snapshot build.
- A build of the development version (which will eventually become the next major release of R) is available in the r-devel snapshot build.
- Previous releases

Note to webmasters: A stable link which will redirect to the current Windows binary release is
<CRAN MIRROR>/bin/windows/base/release.htm.

Last change: 2018-04-23

[그림 1-7] R 최신 버전을 선택

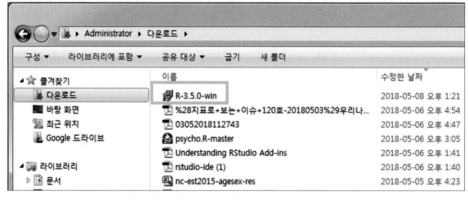

[그림 1-8] 저장된 실행 파일을 더블 클릭

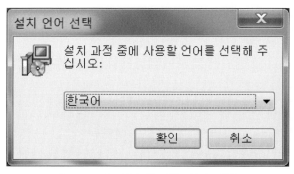

[그림 1-9] 설치 중 사용 언어 선택

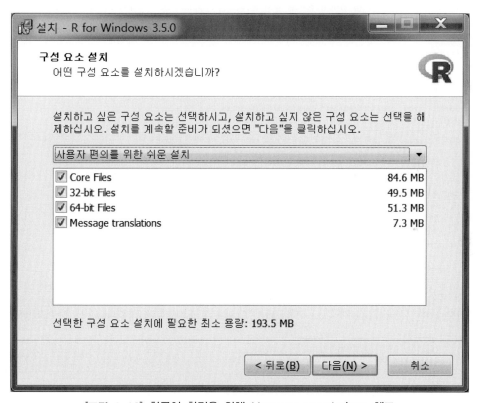

[그림 1-10] 한국어 환경을 위해 Message translations 체크

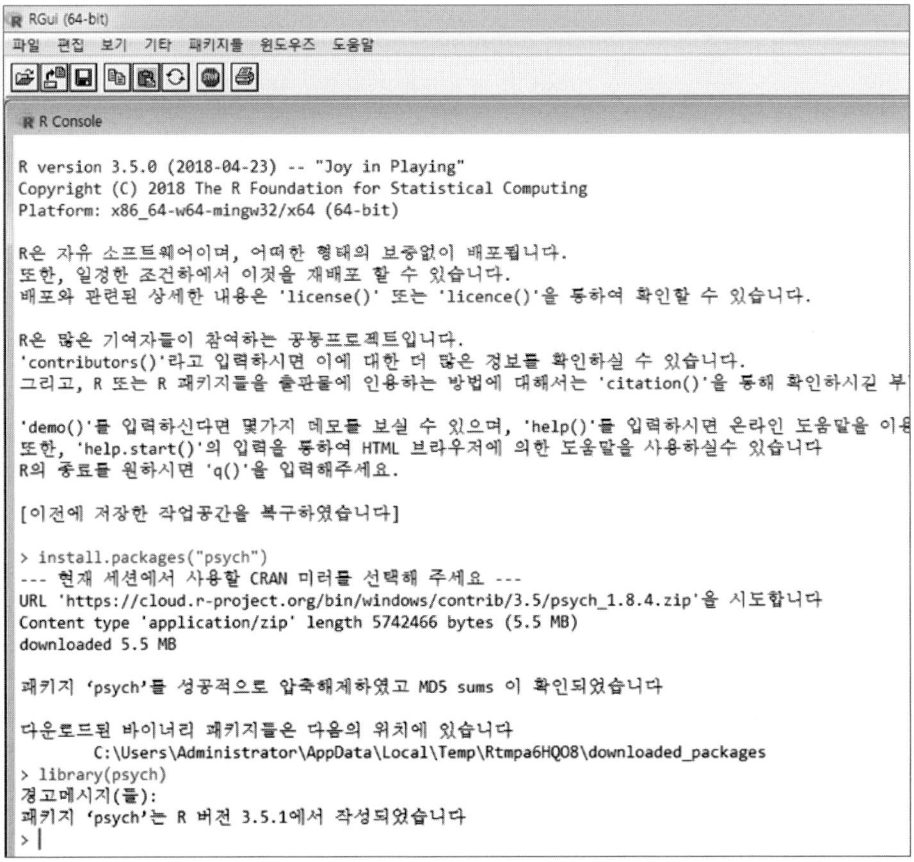

[그림 1-11] R을 실행한 초기 화면

　　R은 SPSS 등과 같이 그래픽사용자 환경(graphical user interface, GUI)이 아니라 명령어중심 환경(command-line user interface, CUI)으로 되어 있어 명령어 기반 프로그램임을 알 수 있다.

1.3 　패키지 설치 및 불러오기

　　R은 기본 프로그램(base program)과 패키지(packages)로 구성되어 있으며, 이 패키지는 구체적인 통계분석을 위한 목적으로 만든 것이다. 따라서 R을 제대로 사용하려면 구체적인 분석을 위해 만들어진 패키지를 설치하는 것이 필요하다.

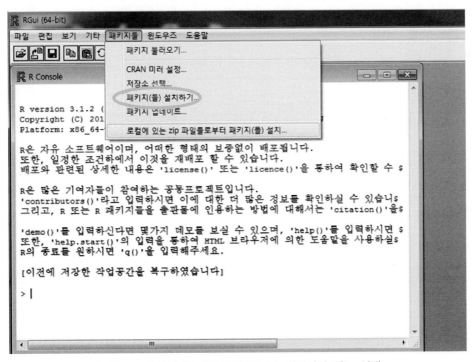

□ 패키지 설치하기 방법1: 명령어 직접 입력

> install.packages("lavaan")

> install.packages("psych")

□ 패키지 설치하기 방법2: 메뉴 이용

아래와 같이 R 메뉴에서 설치할 수 있다.

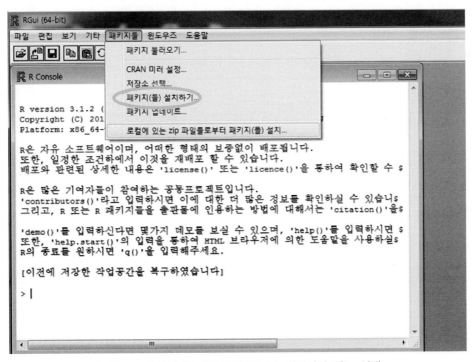

[그림 1-12] R 실행 화면에서 패키지 설치하기 메뉴 선택

패키지를 설치할 때는 먼저 CRAN 미러 설정을 하게 되며, 패키지를 설치하기 전에 "Would you like to use your personal library instead?"라는 질문이 나오면 "yes"라고 응답한다.

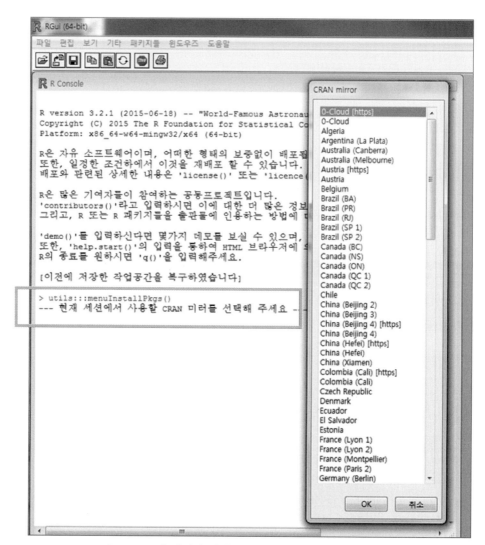

[그림 1-13] 패키지 설치에 앞서 CRAN 미러 설정하기

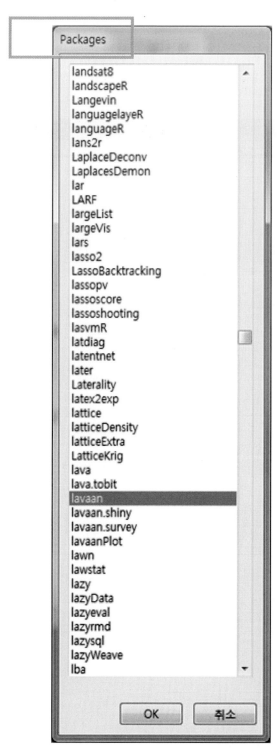

[그림 1-14] 여러 패키지 중에서 설치할 패키지 선택

선택한 패키지는 Windows 10의 경우 라이브러리 ⇨ 문서 ⇨ R 폴더에 저장되어 있으며 Windows 7의 경우 C ⇨ Program Files ⇨ R ⇨ R-3.5.0 ⇨ library 폴더에 저장되어 있다.[1]

[그림 1-15] Windows 10의 경우 패키지가 저장된 폴더

---

1) Windows 10의 경우에 기본프로그램(base program)은 Windows 7과 마찬가지로 program Files →
   R 폴더에 저장된다.

[그림 1-16] Windows 7의 경우 패키지가 저장된 폴더

참고로 설치된 패키지가 저장된 library 경로를 알아보려면 아래와 같이 명령어를 입력한다.

> .libPaths( )

패키지 불러오기는 아래와 같이 library(패키지 이름)를 입력한다.

> library(psych)

> library(lavaan)

```
R version 3.5.0 (2018-04-23) -- "Joy in Playing"
Copyright (C) 2018 The R Foundation for Statistical Computing
Platform: x86_64-w64-mingw32/x64 (64-bit)

R은 자유 소프트웨어이며, 어떠한 형태의 보증없이 배포됩니다.
또한, 일정한 조건하에서 이것을 재배포 할 수 있습니다.
배포와 관련된 상세한 내용은 'license()' 또는 'licence()'을 통하여 확인할 수 있습니다.

R은 많은 기여자들이 참여하는 공동프로젝트입니다.
'contributors()'라고 입력하시면 이에 대한 더 많은 정보를 확인하실 수 있습니다.
그리고, R 또는 R 패키지들을 출판물에 인용하는 방법에 대해서는 'citation()'을 통해 확인

'demo()'를 입력하신다면 몇가지 데모를 보실 수 있으며, 'help()'를 입력하시면 온라인 도
또한, 'help.start()'의 입력을 통하여 HTML 브라우저에 의한 도움말을 사용하실수 있습니다
R의 종료를 원하시면 'q()'을 입력해주세요.

[이전에 저장한 작업공간을 복구하였습니다]

> library(psych)
> library(lavaan)
This is lavaan 0.6-1
lavaan is BETA software! Please report any bugs.

다음의 패키지를 부착합니다: 'lavaan'

The following object is masked from 'package:psych':

    cor2cov
```

[그림 1-17] 패키지를 불러온 모습

그리고 설치한 패키지에 대한 간략한 설명을 보려면 아래와 같이 입력한다.

> ?psych

00.psych {psych}　　　　　　　　　　　　　　　　　　　　　　　　　　　　　　　　　R Documentation

A package for personality, psychometric, and psychological research

Description

Overview of the psych package.

The psych package has been developed at Northwestern University to include functions most useful for personality and psychological research. Some of the functions (e.g., read.file, read.clipboard, describe, pairs.panels, error.bars and error.dots) are useful for basic data entry and descriptive analyses. Use help(package="psych") or objects("package:psych") for a list of all functions Two vignettes are included as part of the package. The overview vignette provides examples of using psych in many applications.

Psychometric applications include routines (fa for maximum likelihood (fm="mle"), minimum residual (fm="minres"), minimum rank (fm="minrank") principal axes (fm="pa") and weighted least squares (fm="wls") factor analysis as well as functions to do Schmid Leiman transformations (schmid) to transform a hierarchical factor structure into a bifactor solution. Principal Components Analysis (pca is also available. Rotations may be done using Factor or components transformations to a target matrix include the standard Promax transformation (Promax), a transformation to a cluster target, or to any simple target matrix (target.rot) as well as the ability to call many of the GPArotation functions. Functions for determining the number of factors in a data matrix include Very Simple Structure (VSS) and Minimum Average Partial correlation (MAP). An alternative approach to factor analysis is Item Cluster Analysis (ICLUST). Reliability coefficients alpha (scoreItems, score.multiple.choice), beta (ICLUST) and McDonald's omega (omega and omega.graph) as well as Guttman's six estimates of internal consistency reliability (guttman) and the six measures of Intraclass correlation coefficients (ICC) discussed by Shrout and Fleiss are also available.

The scoreItems, and score.multiple.choice functions may be used to form single or multiple scales from sets of dichotomous, multilevel, or multiple choice items by specifying scoring keys.

Additional functions make for more convenient descriptions of item characteristics include 1 and 2 parameter Item Response measures. The tetrachoric, polychoric and irt.fa functions are used to find 2 parameter descriptions of item functioning. scoreIrt, scoreIrt.1pl and scoreIrt.2pl do basic IRT based scoring.

A number of procedures have been developed as part of the Synthetic Aperture Personality Assessment (SAPA) project. These routines facilitate forming and analyzing composite scales equivalent to using the raw data but doing so by adding within and between cluster/scale item correlations. These functions include extracting clusters from factor loading matrices (factor2cluster), synthetically forming clusters from correlation matrices (cluster.cor), and finding multiple ((setCor) and partial ((partial.r) correlations from correlation matrices.

[그림 1-18] 설치한 패키지에 대한 간단한 설명

02 R 기본 사용법

R은 통계분석 프로그램이기도 하지만 프로그래밍 언어이므로 단순계산에서부터 복잡한 수식 계산 및 프로그램을 위한 다양한 기능을 갖추고 있다. 아래 예시에 제시된 단순계산 기능을 연습해 보자.

```
# simple calculations #

> 3+4
[1] 7
> 4*7
[1] 28
> 3^3
[1] 27
> sqrt(25)
[1] 5
> log(5)
[1] 1.609438
> log(5, 10)
[1] 0.69897
> exp(1.609438)
[1] 5
```

2.1 R 데이터 만들기

우선 아래 데이터를 R에 직접 입력해 보자.

> # 영아의 몸무게 데이터 만들기

> age <- c(1, 3, 5, 2, 11, 9, 3, 9, 12, 3) # 개월 수(months)

> weight <- c(4.4, 5.3, 7.2, 5.2, 8.5, 7.3, 6.0, 10.4, 10.2, 6.1)

    # 몸무게(kg)

> mean(weight)

> sd(weight)

> cor(age, weight)

> plot(age, weight)

> infant <- data.frame(age, weight) # infant라는 데이터 파일로 저장

> infant

> write.table(infant, "C:/R/infant.csv", sep=",")

    # infant.csv 파일로 저장

```
> age <- c(1, 3, 5, 2, 11, 9, 3, 9, 12, 3) # 개월 수(months)
> weight <- c(4.4, 5.3, 7.2, 5.2, 8.5, 7.3, 6.0, 10.4, 10.2, 6.1) # 몸무게(kg)
> mean(weight)
[1] 7.06
> sd(weight)
[1] 2.077498
> cor(age, weight)
[1] 0.9075655
> plot(age, weight)
>|
```

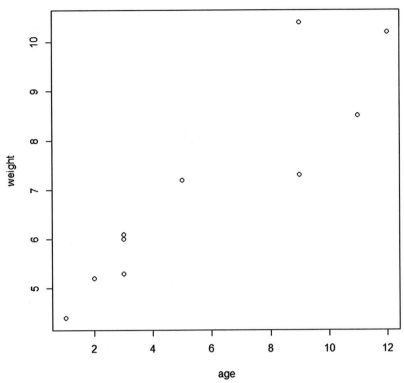

```
> infant <- data.frame(age, weight) # infant라는 데이터 파일로 저장
> infant
   age weight
1    1    4.4
2    3    5.3
3    5    7.2
4    2    5.2
5   11    8.5
6    9    7.3
7    3    6.0
8    9   10.4
9   12   10.2
10   3    6.1
> write.table(infant, "C:/R/infant.csv", sep=",") # infant.csv 파일로 저장
> |
```

2.2 데이터 불러오기

R은 여러 유형의 데이터를 불러올 수 있으며, 가장 흔히 사용하는 파일 유형은 CSV (comma separated values) 파일 형식이다.

2.2.1 csv 파일 불러오기(가장 보편적인 방법)

먼저 불러올 파일 경로를 제시하면서 데이터(*.csv file)을 불러올 수 있다.

```
> inf <- read.csv("C:/R/infant.csv")
> inf
```

또는 먼저 working directory를 지정한 후 데이터(*.csv file)을 불러올 수 있다.

```
> setwd("C:/R")
> inf <- read.csv("infant.csv")
> inf
```

물론 이때 분석할 데이터 파일은 C 드라이브에 R 폴더를 만들어 폴더 안에 미리 저장되어 있어야 한다.

[그림 2-1] 폴더에 데이터를 미리 저장한 모습

```
> inf <- read.csv("C:/R/infant.csv")
> inf
   age weight
1    1    4.4
2    3    5.3
3    5    7.2
4    2    5.2
5   11    8.5
6    9    7.3
7    3    6.0
8    9   10.4
9   12   10.2
10   3    6.1
> setwd("C:/R")
> inf <- read.csv("infant.csv")
> inf
   age weight
1    1    4.4
2    3    5.3
3    5    7.2
4    2    5.2
5   11    8.5
6    9    7.3
7    3    6.0
8    9   10.4
9   12   10.2
10   3    6.1
>
```

[그림 2-2] infant.csv 파일을 불러온 모습

2.2.2 SPSS 파일 불러오기

```
> library(psych)
> ex4=read.file("C:/R/ex4.sav")  # "<−" 대신 "="을 사용해도 무방하다.

> # CSV 파일로 저장하기
> write.table(ex4, "C:/R/ex4a.csv", sep=",")
> ex4=read.csv("C:/R/ex4a.csv")
> ex4
```

2.2.3 Excel 파일 불러오기

```
> # 패키지 'readxl' 사용
> library(readxl)
> bcg <− read_excel("C:/R/bcg11.xlsx")
> bcg

> # 읽어 들인 자료를 데이터프레임으로 저장
> bcg11=data.frame(bcg)
> bcg11

> # CSV 파일로 저장하고 불러오기
> write.table(bcg11, "C:/R/bcg11a.csv", sep=",")
> bcg11=read.csv("C:/R/bcg11a.csv")
> bcg11

> # 패키지 xlsx 사용
> library(xlsx)
```

```
> mydataframe <- read.xlsx("C:/R/cola.xlsx", 1)
        # 첫째 워크시트 불러오기
> mydataframe
```

2.2.4 text 파일 불러오기

```
> bcg <- read.table("C:/R/bcg11.txt", header=TRUE)
> bcg
> mydata2 <- read.table("C:/R/ADHD.txt", header=T)
> mydata2
```

〈표 2-1〉 read.table에 사용하는 옵션

옵션	내용
header	첫 행에 변수이름을 포함하고 있는지에 대한 논리적 표현
sep	데이터 값을 구분하는 부호. 예를 들어 sep=","는 콤마로 구분, sep="₩t" 는 탭으로 구분, sep=" "는 디폴트(스페이스, 줄, 엔터키 등).
row.names	행, 즉 케이스 이름을 구체화하는 논리적 표현
col.names	header=FALSE에서 열의 이름, 즉 변수 이름을 구체화하는 논리적 표현

출처: Kabacoff(2015), p. 34.

2.2.5 html 파일 불러오기

```
> library(XML)
> library(tidyverse)
> library(rvest)
> df.metro_gdp <-
        read_html('https://en.wikipedia.org/wiki/List_of_U.S._metropo
        litan_areas_by_GDP') %>% html_nodes('table') %>% .[[1]]
```

```
                          %>% html_table( ) %>% as.tibble( )
            > df.metro_gdp
            > df <- data.frame(df.metro_gdp)
            > df
```

2.2.6 rds, rda 파일 불러오기

```
            > library(psych)
            > gcbs <- read.file("D:/R/GCBS_data.rds")
            > head(gcbs)
```

2.2.7 웹페이지에 있는 파일 불러오기

```
            > library(psych)
            > my.data <- read.file("http://github.com/tidyverse/readr/raw/
                    master/inst/extdata/mtcars.csv")
            > my.data
```

2.2.8 패키지 데이터 불러오기

```
            > install.packages("vcd")  # Visualizing Categorical Data
            > library(vcd)
```

패키지 데이터를 불러올 때는 패키지를 먼저 설치, 불러온 다음 데이터를 불러온다.

> help(package="vcd")

Visualizing Categorical Data

Documentation for package 'vcd' version 1.4-3

- <u>DESCRIPTION</u> file.
- <u>User guides, package vignettes and other documentation.</u>
- <u>Code demos.</u> Use <u>demo()</u> to run them.
- <u>Package NEWS.</u>

Help Pages

<u>A B C D E F G H I J K L M N O P R S T U V W</u>

-- A --

<u>agreementplot</u>	Bangdiwala's Observer Agreement Chart
<u>agreementplot.default</u>	Bangdiwala's Observer Agreement Chart
<u>agreementplot.formula</u>	Bangdiwala's Observer Agreement Chart
<u>aperm.lodds</u>	Calculate Generalized Log Odds for Frequency Tables
<u>aperm.loddsratio</u>	Calculate Generalized Log Odds Ratios for Frequency Tables
<u>aperm.structable</u>	Structured Contingency Tables
<u>Arthritis</u>	Arthritis Treatment Data
<u>as.array.lodds</u>	Calculate Generalized Log Odds for Frequency Tables

---

> ?Arthritis

Arthritis Treatment Data

Description

Data from Koch \& Edwards (1988) from a double-blind clinical trial investigating a new treatment for rheumatoid arthritis.

Usage

```
data("Arthritis")
```

Format

A data frame with 84 observations and 5 variables.

ID

    patient ID.

Treatment

    factor indicating treatment (Placebo, Treated).

Sex

    factor indicating sex (Female, Male).

Age

    age of patient.

Improved

    ordered factor indicating treatment outcome (None, Some, Marked).

> head(Arthritis)   # 첫 6케이스 제시
> tail(Arthritis)   # 마지막 6케이스 제시
> str(Arthritis)   # 데이터 구조
> head Tail(Arthritis)   # 첫 및 마지막 4케이스 제시

```
> library(vcd)
> head(Arthritis)
  ID Treatment  Sex Age Improved
1 57   Treated Male  27     Some
2 46   Treated Male  29     None
3 77   Treated Male  30     None
4 17   Treated Male  32   Marked
5 36   Treated Male  46   Marked
6 23   Treated Male  58   Marked
> tail(Arthritis)
   ID Treatment    Sex Age Improved
79 67   Placebo Female  65   Marked
80 32   Placebo Female  66     None
81 42   Placebo Female  66     None
82 15   Placebo Female  66     Some
83 71   Placebo Female  68     Some
84  1   Placebo Female  74   Marked
> str(Arthritis)
'data.frame':   84 obs. of  5 variables:
 $ ID       : int  57 46 77 17 36 23 75 39 33 55 ...
 $ Treatment: Factor w/ 2 levels "Placebo","Treated": 2 2 2 2 2 2 2 2 2 2 ...
 $ Sex      : Factor w/ 2 levels "Female","Male": 2 2 2 2 2 2 2 2 2 2 ...
 $ Age      : int  27 29 30 32 46 58 59 59 63 63 ...
 $ Improved : Ord.factor w/ 3 levels "None"<"Some"<..: 2 1 1 3 3 3 1 3 1 1 ...
> |
```

> names(Arthritis)   # 변수이름
> class(Arthritis)   # 데이터 유형
> dim(Arthritis)   # 데이터 크기
> length(Arthritis)   # 변수의 수
> length(Arthritis$Sex)   # 케이스 수
> colnames(Arthritis)   # 변수 이름

```
> names(Arthritis)
[1] "ID"        "Treatment" "Sex"        "Age"        "Improved"
> class(Arthritis)
[1] "data.frame"
> dim(Arthritis)
[1] 84  5
> length(Arthritis)
[1] 5
> length(Arthritis$Sex)
[1] 84
> colnames(Arthritis)
[1] "ID"        "Treatment" "Sex"        "Age"        "Improved"
> |
```

2.3 객체 만들기(assignment)

객체 만들기는 R에서 프로그래밍을 할 때나 분석을 할 때 자주 활용하는 기능이다. 복잡한 프로그램이나 분석 명령문을 간단하게 이름을 짓는, 즉 객체로 만드는 기능이다. 예를 들어 아래처럼 fit <− lm(mpg ~ wt, data=mtcars)으로 하면 summary(fit)으로 간단히 회귀식의 결과를 볼 수 있다.

```
> data(mtcars)

> head(mtcars)

> lm(mpg ~ wt, data=mtcars)

> summary(lm(mpg ~ wt, data=mtcars))

> fit <− lm(mpg ~ wt, data=mtcars)

> summary(fit)
```

```
> head(mtcars)
                   mpg cyl disp  hp drat    wt  qsec vs am gear carb
Mazda RX4         21.0   6  160 110 3.90 2.620 16.46  0  1    4    4
Mazda RX4 Wag     21.0   6  160 110 3.90 2.875 17.02  0  1    4    4
Datsun 710        22.8   4  108  93 3.85 2.320 18.61  1  1    4    1
Hornet 4 Drive    21.4   6  258 110 3.08 3.215 19.44  1  0    3    1
Hornet Sportabout 18.7   8  360 175 3.15 3.440 17.02  0  0    3    2
Valiant           18.1   6  225 105 2.76 3.460 20.22  1  0    3    1
> lm(mpg ~ wt, data=mtcars)

Call:
lm(formula = mpg ~ wt, data = mtcars)

Coefficients:
(Intercept)           wt
     37.285       -5.344

> summary(lm(mpg ~ wt, data=mtcars))

Call:
lm(formula = mpg ~ wt, data = mtcars)

Residuals:
    Min     1Q  Median     3Q     Max
-4.5432 -2.3647 -0.1252  1.4096  6.8727

Coefficients:
            Estimate Std. Error t value Pr(>|t|)
(Intercept)  37.2851     1.8776  19.858  < 2e-16 ***
wt           -5.3445     0.5591  -9.559 1.29e-10 ***
---
Signif. codes:  0 '***' 0.001 '**' 0.01 '*' 0.05 '.' 0.1 ' ' 1
```

```
> fit <- lm(mpg ~ wt, data=mtcars)
> summary(fit)

Call:
lm(formula = mpg ~ wt, data = mtcars)

Residuals:
    Min     1Q  Median     3Q     Max
-4.5432 -2.3647 -0.1252  1.4096  6.8727

Coefficients:
            Estimate Std. Error t value Pr(>|t|)
(Intercept)  37.2851     1.8776  19.858  < 2e-16 ***
wt           -5.3445     0.5591  -9.559 1.29e-10 ***
---
Signif. codes:  0 '***' 0.001 '**' 0.01 '*' 0.05 '.' 0.1 ' ' 1

Residual standard error: 3.046 on 30 degrees of freedom
Multiple R-squared:  0.7528,    Adjusted R-squared:  0.7446
F-statistic: 91.38 on 1 and 30 DF,  p-value: 1.294e-10
```

```
> plot(mpg ~ wt, data=mtcars)

> abline(fit)
```

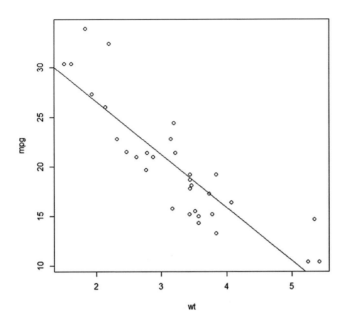

> # 객체 만들기 예제2

> x <− runif(20) # 0~1 사이 난수 20개 형성

> x

> summary(x)

> hist(x) # 히스토그램

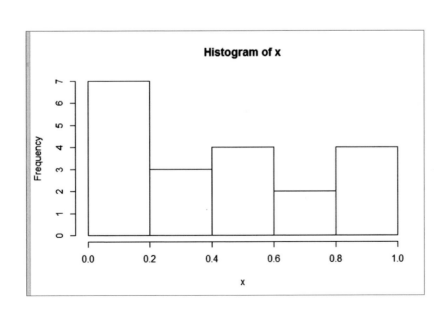

2.4 R Workspace를 관리하기 위한 명령어

> getwd( ) # 현재 실행 디렉토리 제시
> setwd("C:/R") # 실행 디렉토리 지정
> options( ) # 현재 옵션 제시
> options(digits=3) # 소수점을 3자리로 지정
> q( ) # 종료

R 종료 시 작업공간 이미지를 저장하겠습니까?에 Yes를 하면 아래와 같은 히스토리 파일과 워크스페이스 파일이 만들어진다. R 히스토리 파일에는 모든 사용했던 명령어가 저장되며, 워크스페이스 파일은 만들어 둔 객체(변수, 데이터)가 모두 저장된다.

_____.Rhistory # saves a session history file

_____.RData # saves a session workspace file

이름	수정한 날짜	유형
🔲 hist	2017-03-03 오전 11:09	Adobe Acrobat Doc
®	2017-03-03 오전 10:54	R Workspace
🔲	2017-03-03 오전 10:54	RHISTORY 파일
🔲 diag2	2017-02-28 오후 1:43	Microsoft Excel 쉼표
🔲 diag3	2017-02-18 오후 12:28	Microsoft Excel 쉼표
🔲 diag	2017-02-17 오전 10:57	Microsoft Excel 쉼표
🔲 smoking	2017-02-15 오후 1:34	Adobe Acrobat Doc
🔲 smoking	2017-02-15 오후 1:29	PNG 파일
🔲 smoking	2017-02-15 오후 1:23	BMP 파일
🔲 geyserplot	2017-02-15 오후 1:20	PNG 파일
🔲 sleep	2017-02-15 오전 10:41	Microsoft Excel 쉼표
🔲 correlation	2017-02-12 오후 3:24	Microsoft Excel 워크

[그림 2-3] R history 파일과 R workspace 파일을 저장한 모습

2.5 R 데이터 분석에 필요한 주요 명령어

R 데이터 분석 초기과정에서 필요한 주요 명령어는 다음과 같이 정리할 수 있다.

```
> head(Arthritis)  # 첫 6 케이스 제시
> str(Arthritis)  # 데이터 구조
> names(Arthritis)  # 변수이름
> class(Arthritis)  # 데이터 유형
> dim(Arthritis)  # 데이터 크기
> length(Arthritis)  # 변수의 수
> length(Arthritis$Age)  # 케이스 수
> colnames(Arthritis)  # 변수 이름
```

그밖에 참고가 될 만한 주요 명령어는 다음과 같다.

```
> runif(n)  # 0과 1사이 난수 n개 형성 runif(20, min=0, max=40)
> rm(w)  # 변수 w 삭제
> ls( )  # 현재 시스템에서 사용하는 객체 및 변수 리스트 (is( )와 동일)
> rm(list=ls( ))  # 현재 시스템에서 사용하는 모든 변수 삭제
> getwd( )  # 현재 사용하는 디렉토리 정보
> help("for")  # for 명령어에 대한 도움
> search( )  # 현재 어떤 패키지가 설치되어 있는지 확인
> round(x, 0)  # x값을 반올림한 정수
> detach(package: ggplot2)  # ggplot2 패키지 삭제
> demo( )  # 어떤 데모가 있는지 보여 준다.
> help(lm)  # lm기능에 대한 설명 찾기
> options( )  # 사용중인 option을 제시
> savehistory("D:/R/myfile")
> loadhistory("D:/R/myfile")
```

```
> opar <- par(mfrow=c(2,2))  # 그림 화면을 네등분으로 분할
> plot(fit)
> par(opar)  # 그림 화면을 원래 모양대로 복원
```

 R에서 사용되는 부호

== 같다
>= 크거나 같다
!= 같지 않다
& "and" (논리)
| "or" (논리)
! "not" (논리)

Tip R에서 발생하는 오류의 주요 원인

- 철자 오류(소문자, 대문자 구분)
- comma(,)와 period(.) 오류
- single quotation(' ') 및 double quotation(" ") 혼재
- 괄호 부호 ( ) 일치(이중 및 삼중 괄호도 반드시 일치)
- + 부호가 나오는 것은 아직 명령문(script)이 완성되지 않았음을 의미
- 명령어에 오류를 수정하고자 할 때에는 키보드의 arrow key 활용
- # 부호는 코멘트를 만들 때 사용하며 R에서 명령어로 인식하지 않음

03 R 데이터 구조 및 데이터 처리[2]

3.1 데이터 이해하기

R 데이터는 행과 열로 구성되어 있으며 행은 케이스(observations), 열은 변수(variables)를 나타낸다.

〈표 3-1〉 데이터 사례

ID	Age	Gender	Status
1	25	M	Poor
2	34	F	Good
3	28	M	Excellent
4	52	F	Poor
5	45	M	Good

ID는 케이스 번호, Age는 수량형 변수, Gender는 명목형 변수, Status는 순서형 변수이다. R에서 케이스 번호는 행(row) 이름을 가리키며, 범주형(명목형 및 순서형) 변수를 factor 변수라고 부른다.

---

2) 이 내용은 주로 Kabacoff(2015, pp. 20-45)를 참고했음을 밝힌다.

3.2 데이터 구조

R은 다양한 유형의 데이터를 포함하는데 구체적으로 벡터(vector), 매트릭스(matrix), 어레이(arrary), 데이터프레임(data frame), 리스트(list) 등이 있다.

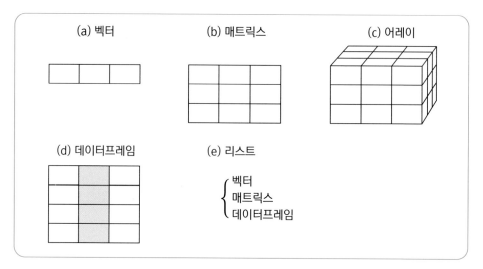

(a) 벡터 (b) 매트릭스 (c) 어레이

(d) 데이터프레임 (e) 리스트

벡터
매트릭스
데이터프레임

[그림 3-1] R의 다양한 데이터 구조

출처: Kabacoff (2015), p. 22에서 재구성.

3.2.1 벡터(vector)

벡터는 단일차원의 데이터로 수량데이터, 문자데이터 또는 논리데이터로 구성된다. 여기에 데이터를 포괄하는(combine) 기능으로 c( ) 기능이 있다.

```
> a <- c(1, 2, 3, 4, -2, 5, 3)  # 수량데이터 (numeric data)
> b <- c("one", "two", "three")  # 문자데이터 (character data)
> c <- c("독립변수", "종속변수", "매개변수")  # 문자데이터 (한글)
> d <- c(TRUE, FALSE, TRUE, TRUE)  # 논리데이터 (logical data)
```

```
> a <- c(1, 2, 3, 4, -2, 5, 3) # numeric data
> b <- c("one", "two", "three") # character data
> c <- c("독립변수", "종속변수", "매개변수") # 한글데이터
> d <- c(TRUE, FALSE, TRUE, TRUE) # logical data
> a
[1]  1  2  3  4 -2  5  3
> b
[1] "one"    "two"    "three"
> c
[1] "독립변수" "종속변수" "매개변수"
> d
[1]  TRUE FALSE  TRUE  TRUE
```

3.2.2 매트릭스(matrix)

매트릭스는 이차원의 데이터로 모두 동일한 유형(예: 수량, 문자 또는 논리)의 데이터로 구성된다. 아래는 1에서 30까지의 숫자로 행이 5, 열이 6인 매트릭스를 만든다.

```
> y <- matrix(1:30, nrow=5, ncol=6)  # 디폴트는 열(column) 순으로
> y
```

```
> y <- matrix(1:30, nrow=5, ncol=6)
> y
     [,1] [,2] [,3] [,4] [,5] [,6]
[1,]    1    6   11   16   21   26
[2,]    2    7   12   17   22   27
[3,]    3    8   13   18   23   28
[4,]    4    9   14   19   24   29
[5,]    5   10   15   20   25   30
>
```

참고로 2x2 매트릭스 표를 만들고 싶다면 아래와 같이 할 수 있다.

```
> cells <- c(12, 24, 36, 48)
```

> rnames <− c("R1", "R2")

> cnames <− c ("C1", "C2")

> mymatrix <− matrix(cells, nrow=2, ncol=2, dimnames=list(rnames, cnames))

> matrix_2 <− matrix(cells, nrow=2, ncol=2, byrow=T, dimnames=list(rnames, cnames))

```
> cells <- c(12, 24, 36, 48)
> rnames <- c("R1", "R2")
> cnames <- c("C1", "C2")
> matrix_1 <- matrix(cells, nrow=2, ncol=2, dimnames=list(rnames, cnames))
> matrix_1
   C1 C2
R1 12 36
R2 24 48
> matrix_2 <- matrix(cells, nrow=2, ncol=2, byrow=T, dimnames=list(rnames, cnames))
> matrix_2
   C1 C2
R1 12 24
R2 36 48
```

3.2.3 어레이(array)

어레이는 매트릭스와 유사하지만 차원이 3개 이상으로 이루어지며, 새로운 통계방법을 프로그래밍할 때 유용하다. 매트릭스와 마찬가지로 단일 유형의 데이터로 구성된다(Kabacoff, 2015, p. 25).

> dim1 <− c("A1", "A2")

> dim2 <− c("B1", "B2", "B3")

> dim3 <− c("C1", "C2", "C3", "C4")

> z <− array(1:24, c(2, 3, 4), dimnames=list(dim1, dim2, dim3))

> z

> z[1, 2, 3] # A1, B2, C3에 해당되는 수

```
> dim1 <- c("A1", "A2")
> dim2 <- c("B1", "B2", "B3")
> dim3 <- c("C1", "C2", "C3", "C4")
> z <- array(1:24, c(2, 3, 4), dimnames=list(dim1, dim2, dim3))
> z
, , C1

   B1 B2 B3
A1  1  3  5
A2  2  4  6

, , C2

   B1 B2 B3
A1  7  9 11
A2  8 10 12

, , C3

   B1 B2 B3
A1 13 15 17
A2 14 16 18

, , C4

   B1 B2 B3
A1 19 21 23
A2 20 22 24

> z[1, 2, 3]
[1] 15
```

3.2.4 데이터프레임(data frame)

데이터프레임은 여러 유형의 데이터를 포함한다는 점에서 매트릭스보다 더 포괄적이며 우리가 SPSS, SAS, Stata에서 보는 데이터셋과 유사하다. 데이터프레임은 R에서 다루게 되는 가장 보편적인 데이터 구조이다.

```
> # Creating a data frame
> ID <- c(1, 2, 3, 4, 5)
> Age <- c(25, 34, 28, 52, 45)
> Gender <- c("M", "F", "M", "F", "M")
```

> Status <- c("Poor", "Good", "Excellent", "Poor", "Good")

> data1 <- data.frame(ID, Age, Gender, Status)

> data1

```
> # Creating a data frame
> ID <- c(1, 2, 3, 4, 5)
> Age <- c(25, 34, 28, 52, 45)
> Gender <- c("M", "F", "M", "F", "M")
> Status <- c("Poor", "Good", "Excellent", "Poor", "Good")
> data1 <- data.frame(ID, Age, Gender, Status)
> data1
  ID Age Gender    Status
1  1  25      M      Poor
2  2  34      F      Good
3  3  28      M Excellent
4  4  52      F      Poor
5  5  45      M      Good
> |
```

참고로 특정한 데이터 요소를 찾는 방법(indexing)은 아래와 같이 실시할 수 있다.

> data1

> data1[1:2] # 첫 두 변수의 데이터

> data1[(1:3),] # 첫 세 케이스의 정보

> data1[c("Gender", "Status")]

> data1$Age # 변수 Age의 데이터

> table(data1$Gender, data1$Status) # 분할표(table) 만들기

```
> data1
  ID Age Gender    Status
1  1  25      M      Poor
2  2  34      F      Good
3  3  28      M Excellent
4  4  52      F      Poor
5  5  45      M      Good
> data1[1:2] # 첫 두 변수 데이터
  ID Age
1  1  25
2  2  34
3  3  28
4  4  52
5  5  45
> data1[1:3, ] # 첫 세 케이스 데이터
  ID Age Gender    Status
1  1  25      M      Poor
2  2  34      F      Good
3  3  28      M Excellent
> data1[c("Gender", "Status")]
  Gender    Status
1      M      Poor
2      F      Good
3      M Excellent
4      F      Poor
5      M      Good
> data1$Age
[1] 25 34 28 52 45
> table(data1$Gender, data1$Status)

    Excellent Good Poor
  F         0    1    1
  M         1    1    1
> |
```

3.2.5 리스트(list)

리스트는 R 데이터 유형에서 가장 복합적인 유형으로 여러 객체(objects)들의 모음 (collection)으로 여기에는 벡터, 매트릭스, 데이터프레임, 심지어 다른 리스트를 모두 포괄하여 하나의 데이터이름하에 집합한 것이 된다(Kabacoff, 2015, p. 31).

> # 4개의 구성요소로 이루어진 리스트 만들기

> g <− "My First List"

> h <− c(25, 26, 18, 39)

> j <− matrix(1:20, nrow=4)

> k <− data1

> mylist <− list(title=g, ages=h, j, k)

> mylist

> mylist[[2]]

> mylist[["ages"]]

```
> # Creating a list with four components
> g <- "My First List"
> h <- c(25, 26, 18, 39)
> j <- matrix(1:20, nrow=4)
> k <- data1
> mylist <- list(title=g, ages=h, j, k)
> mylist
$`title`
[1] "My First List"

$ages
[1] 25 26 18 39

[[3]]
     [,1] [,2] [,3] [,4] [,5]
[1,]    1    5    9   13   17
[2,]    2    6   10   14   18
[3,]    3    7   11   15   19
[4,]    4    8   12   16   20

[[4]]
  ID Age Gender    Status
1  1  25      M      Poor
2  2  34      F      Good
3  3  28      M Excellent
4  4  52      F      Poor
5  5  45      M      Good
```

```
> mylist[[2]]
[1] 25 26 18 39
> mylist[["ages"]]
[1] 25 26 18 39
```

3.3 데이터 처리 주요 기능

3.3.1 ATTACH, DETACH, WITH 기능 활용

```
> head(mtcars)
> summary(mtcars$mpg)
> plot(mtcars$disp, mtcars$mpg)


> attach(mtcars)
> summary(mpg)
> plot(disp, mpg)
> detach(mtcars)
```

attach( ) 기능은 데이터프레임을 불러오는 기능이며 반대로 데이터프레임을 제외하고 싶을 때는 detach( ) 기능을 활용한다. 일상적으로 attach( ), detach( ) 기능을 활용하는 것이 R에서 데이터를 다룰 때 유용하다(Kabacoff, 2015, pp. 27-28). attach 기능을 사용하여 변수를 불러올 때 mtcars$mpg 대신 mpg라고 간단하게 사용할 수 있다.

```
> head(mtcars)
                   mpg cyl disp  hp drat    wt  qsec vs am gear carb
Mazda RX4         21.0   6  160 110 3.90 2.620 16.46  0  1    4    4
Mazda RX4 Wag     21.0   6  160 110 3.90 2.875 17.02  0  1    4    4
Datsun 710        22.8   4  108  93 3.85 2.320 18.61  1  1    4    1
Hornet 4 Drive    21.4   6  258 110 3.08 3.215 19.44  1  0    3    1
Hornet Sportabout 18.7   8  360 175 3.15 3.440 17.02  0  0    3    2
Valiant           18.1   6  225 105 2.76 3.460 20.22  1  0    3    1
> summary(mtcars$mpg)
   Min. 1st Qu.  Median    Mean 3rd Qu.    Max.
  10.40   15.43   19.20   20.09   22.80   33.90
> plot(mtcars$mpg, mtcars$disp)
> plot(mtcars$disp, mtcars$mpg)
> attach(mtcars)
> summary(mpg)
   Min. 1st Qu.  Median    Mean 3rd Qu.    Max.
  10.40   15.43   19.20   20.09   22.80   33.90
> plot(disp, mpg)
> detach(mtcars)
>
```

하지만 attach( ) 기능의 제한점은 동일한 이름을 가진 변수나 객체가 존재할 때인데, 다음 예시를 확인해 보자.

```
> mpg <− c(17, 25, 36)
> attach(mtcars)
> plot(wt, mpg)
> mpg
```

```
>
> mpg <- c(17, 25, 36)
> attach(mtcars)
The following object is masked _by_ .GlobalEnv:

    mpg

> plot(wt, mpg)
Error in xy.coords(x, y, xlabel, ylabel, log) :
  'x' and 'y' lengths differ
> mpg
[1] 17 25 36
> detach(mtcars)
> |
```

위 분석결과에 대한 설명은 다음과 같다:

> mpg <− c(17, 25, 36) # mpg라는 객체를 만든다.

> attach(mtcars)
The following object(s) are masked _by_ '.GlobalEnv': mpg
mtcars라는 데이터프레임을 부르면 동일한 객체(변수)인 mpg가 이미 존재하고 있어 mtcars의 mpg는 불러올 수 없음을 알린다.

> plot(mpg, wt)
Error in xy.coords(x, y, xlabel, ylabel, log) : 'x' and 'y' lengths differ
mtcars의 변수인 mpg를 사용할 수 없음을 알게 된다. 왜냐하면 미리 만들어 둔 mpg가 존재하기 때문이다.

> mpg # 원래 만든 mpg객체의 데이터를 보여 준다.
[1] 17 25 36

따라서 대안적 방법으로 with( ) 기능을 활용하는 것이다. 아래의 예시를 보자.

```
> with(mtcars, {
print(summary(mpg))
plot(mpg, disp)
})
```

위의 경우 중괄호{ } 내의 명령어는 mtcars 데이터프레임에만 적용되는 것이어서 동일한 이름을 가진 객체에 대해 염려하지 않아도 된다. 이 경우 summary(mpg)처럼 명령어가 하나만 있는 경우에는 중괄호{ }를 사용하지 않을 수 있다. 하지만 with( ) 기능의 한계는 모든 기능이 with( ) 명령어 내에서만 작용한다는 점이다.

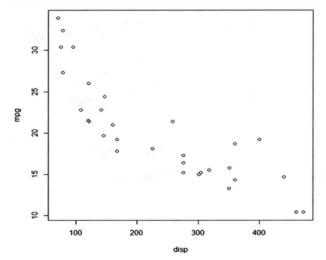

만약 with( ) 기능 바깥에 적용되는 객체를 만들고 싶다면 일반적인 객체 부여 기호 (<−) 대신 특별 기호(<<−)를 사용하면 된다. 아래 명령어를 참고하기 바란다.

```
> with(mtcars, {
 nostats <− summary(mpg)
 stats <<− summary(mpg)
})
> nostats
> stats
```

```
>
> with(mtcars, {
+ nostats <- summary(mpg)
+ stats <<- summary(mpg)
+ })
>
> nostats
에러: 객체 'nostats'를 찾을 수 없습니다
> stats
   Min. 1st Qu.  Median    Mean 3rd Qu.    Max.
  10.40   15.43   19.20   20.09   22.80   33.90
> |
```

3.3.2 케이스 번호 명시(case identifiers)

앞서 3.2.4에서 만든 데이터프레임에서 ID는 개인, 즉 케이스를 명시하는 변수로 사용되었다. R에서 데이터프레임의 케이스 번호는 row.names 명령어로 명시될 수 있다.

예를 들어, 아래 명령어는 ID를 R에서 구현하는 분석결과 및 그래프 작성에서 케이스를 지칭하는 변수로 구체화한 것이다.

```
> data1 <− data.frame(ID, Age, Gender, Status, row.names=ID)
```

3.3.3 범주변수로 전환(factor)

3.3.3.1 변수의 유형

〈표 3-2〉 R에서 사용되는 변수의 유형

변수 유형	예시	변수 속성	R에서 분류
명목형(nominal)	성별: 남성, 여성 당뇨 유형: Type1, Type2	categorical	factor(범주변수)
순서형(ordinal)	건강상태: poor, good, excellent	ordered categorical	factor(범주변수)
연속형(continuous)	연령: 14.5, 22.8	numerical	numerical(수량변수)

수량변수는 (소수점을 포함하는) 실수뿐만 아니라 자연수(예: 가족 수)를 말하는 이산형(discrete) 변수를 포함한다.

- 연속형(continuous) 변수: 한계가 없음(infinite), 즉 무한적으로 나눌 수 있음(예: 시간, 거리)
- 이산형(discrete) 변수: 한계가 있음(finite), 즉 무한적으로 나눌 수 없음(예: 자동차 엔진 크기, 자녀 수)

아래 명령어를 활용하여 두 데이터를 불러온 다음 각 변수의 속성을 아래 결과에서 확인할 수 있다:

```
> library(vcd)
> head(Arthritis)
> str(Arthritis)
> levels(Arthritis$Improved)  # factor 변수인 Improved의 순서 확인
> head(mtcars)
> str(mtcars)
```

```
> library(vcd)
필요한 패키지를 로딩중입니다: grid
> head(Arthritis)
  ID Treatment  Sex Age Improved
1 57   Treated Male  27     Some
2 46   Treated Male  29     None
3 77   Treated Male  30     None
4 17   Treated Male  32   Marked
5 36   Treated Male  46   Marked
6 23   Treated Male  58   Marked
> str(Arthritis)
'data.frame':   84 obs. of  5 variables:
 $ ID       : int  57 46 77 17 36 23 75 39 33 55 ...
 $ Treatment: Factor w/ 2 levels "Placebo","Treated": 2 2 2 2 2 2 2 2 2 2 ...
 $ Sex      : Factor w/ 2 levels "Female","Male": 2 2 2 2 2 2 2 2 2 2 ...
 $ Age      : int  27 29 30 32 46 58 59 59 63 63 ...
 $ Improved : Ord.factor w/ 3 levels "None"<"Some"<..: 2 1 1 3 3 3 1 3 1 1 ...
> levels(Arthritis$Improved)
[1] "None"   "Some"   "Marked"
> head(mtcars)
                   mpg cyl disp  hp drat    wt  qsec vs am gear carb
Mazda RX4         21.0   6  160 110 3.90 2.620 16.46  0  1    4    4
Mazda RX4 Wag     21.0   6  160 110 3.90 2.875 17.02  0  1    4    4
Datsun 710        22.8   4  108  93 3.85 2.320 18.61  1  1    4    1
Hornet 4 Drive    21.4   6  258 110 3.08 3.215 19.44  1  0    3    1
Hornet Sportabout 18.7   8  360 175 3.15 3.440 17.02  0  0    3    2
Valiant           18.1   6  225 105 2.76 3.460 20.22  1  0    3    1
> str(mtcars)
'data.frame':   32 obs. of  11 variables:
 $ mpg : num  21 21 22.8 21.4 18.7 18.1 14.3 24.4 22.8 19.2 ...
 $ cyl : num  6 6 4 6 8 6 8 4 4 6 ...
 $ disp: num  160 160 108 258 360 ...
 $ hp  : num  110 110 93 110 175 105 245 62 95 123 ...
 $ drat: num  3.9 3.9 3.85 3.08 3.15 2.76 3.21 3.69 3.92 3.92 ...
 $ wt  : num  2.62 2.88 2.32 3.21 3.44 ...
```

 Tip 변수 유형

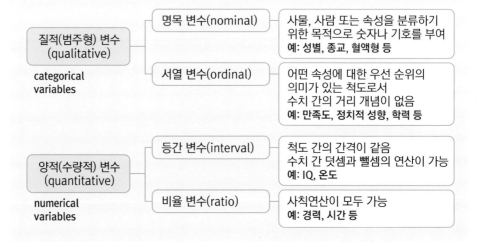

질적(범주형) 변수 (qualitative) categorical variables	명목 변수(nominal)	사물, 사람 또는 속성을 분류하기 위한 목적으로 숫자나 기호를 부여 예: 성별, 종교, 혈액형 등
	서열 변수(ordinal)	어떤 속성에 대한 우선 순위의 의미가 있는 척도로서 수치 간의 거리 개념이 없음 예: 만족도, 정치적 성향, 학력 등
양적(수량적) 변수 (quantitative) numerical variables	등간 변수(interval)	척도 간의 간격이 같음 수치 간 덧셈과 뺄셈의 연산이 가능 예: IQ, 온도
	비율 변수(ratio)	사칙연산이 모두 가능 예: 경력, 시간 등

데이터를 분석할 때는 변수의 유형 및 속성에 따라 분석기법이 달라진다.

3.3.3.2 범주변수(factor)로 전환

```
> # 아래 명령어는 1, 2를 수량변수가 아닌 범주변수로 처리한다.


> diabetes <- c(1, 2, 1, 1)
> diabetes <- factor(diabetes)


> # 아래 명령어는 1=Excellent, 2=Good, 3=Poor로 순서를 정한다. (알파벳순)


> status <- c("Poor", "Good", "Excellent", "Poor")
> status <- factor(status)


> # 아래 명령어는 순서(level)를 1=Poor, 2=Good, 3=Excellent로 정한다.


> status <- factor(status, levels=c("Poor", "Good", "Excellent"))
> status <- factor(status, levels=c("Poor", "Good", "Excellent"),
        order=TRUE)
```

```
> data1
  ID Age Gender    Status
1  1  25     M       Poor
2  2  34     F       Good
3  3  28     M Excellent
4  4  52     F       Poor
5  5  45     M       Good
> str(data1)
'data.frame':   5 obs. of  4 variables:
 $ ID    : num  1 2 3 4 5
 $ Age   : num  25 34 28 52 45
 $ Gender: Factor w/ 2 levels "F","M": 2 1 2 1 2
 $ Status: Factor w/ 3 levels "Excellent","Good",..: 3 2 1 3 2
> Status
[1] "Poor"      "Good"       "Excellent" "Poor"       "Good"
> Status <- factor(Status)
> Status
[1] Poor       Good        Excellent Poor        Good
Levels: Excellent Good Poor
> Status <- factor(Status, levels=c("Poor", "Good", "Excellent")
+ )
> Status
[1] Poor       Good        Excellent Poor        Good
Levels: Poor Good Excellent
> Status <- factor(Status, levels=c("Poor", "Good", "Excellent"), order=T)
> Status
[1] Poor       Good        Excellent Poor        Good
Levels: Poor < Good < Excellent
> |
```

3.3.4 변수이름 변경(variable labels)

먼저 아래와 같이 mydata라는 데이터프레임을 만들자.

```
> id <- c(1, 2, 3, 4, 5)
> sex <- c("M", "F", "F", "M", "F")
> age <- c(32, 45, 52, 69, 999)
> q1 <- c(5, 3, 3, 3, 2)
> q2 <- c(4, 5, 5, 3, 2)
> q3 <- c(5, 2, 5, 4, 1)
> mydata <- data.frame(id, sex, age, q1, q2, q3)
> mydata
```

```
> # Creating a data frame
> id <- c(1,2,3,4,5)
> sex <- c("M", "F", "F", "M", "F")
> age <- c(32, 45, 52, 69, 999)
> q1 <- c(5, 3, 3, 3, 2)
> q2 <- c(4, 5, 5, 3, 2)
> q3 <- c(5, 2, 5, 4, 1)
> mydata <- data.frame(id, sex, age, q1, q2, q3)
> mydata
  id sex age q1 q2 q3
1  1   M  32  5  4  5
2  2   F  45  3  5  2
3  3   F  52  3  5  5
4  4   M  69  3  3  4
5  5   F 999  2  2  1
> |
```

변수 이름을 변경할 때는 아래와 같은 방법을 일반적으로 사용할 수 있다.

> names(mydata)[2] <− "gender" # sex를 gender로 변경

> mydata

```
> # Renaming variables (변수이름 변경)
> names(mydata)[2] <- "gender"
> mydata
  id gender age q1 q2 q3
1  1      M  32  5  4  5
2  2      F  45  3  5  2
3  3      F  52  3  5  5
4  4      M  69  3  3  4
5  5      F 999  2  2  1
```

또는 아래와 같이 전체 변수 이름을 새롭게 지정할 수 있다.

> mydata

> colnames(mydata) <− c('id', 'gender', 'age', 'i1', 'i2', 'i3')

> mydata

```
> # 또는 아래와 같이 할 수 있다.
> mydata
  id sex age q1 q2 q3
1  1   M  32  5  4  5
2  2   F  45  3  5  2
3  3   F  52  3  5  5
4  4   M  69  3  3  4
5  5   F 999  2  2  1
> colnames(mydata) <- c('id', 'gender', 'age', 'i1', 'i2', 'i3')
> mydata
  id gender age i1 i2 i3
1  1      M  32  5  4  5
2  2      F  45  3  5  2
3  3      F  52  3  5  5
4  4      M  69  3  3  4
5  5      F 999  2  2  1
> |
```

3.3.5 변수 값 변경(value labels)

factor( ) 기능으로 범주형 변수의 변수 값을 만들 수 있다. 앞의 사례(data1)에서 sex 라는 변수를 새로 만들어 1, 2로 코딩한다면, 아래 명령어로 그 변수 값을 바꿀 수 있다. 여기서 levels는 실제 코딩된 변수 값을 나타내며, labels는 변환할 적합한 변수 값을 제시하고 있다.

```
> data1
> sex <- c(1, 2, 1, 2, 1)
> data1 <- data.frame(data1, sex)
> data1
> data1$sex <- factor(data1$sex, levels=c(1,2), labels=c("Male",
        "Female"))
> data1
```

```
> data1
  ID Age Gender    Status
1  1  25      M      Poor
2  2  34      F      Good
3  3  28      M Excellent
4  4  52      F      Poor
5  5  45      M      Good
> sex <- c(1, 2, 1, 2, 1)
> data1
  ID Age Gender    Status
1  1  25      M      Poor
2  2  34      F      Good
3  3  28      M Excellent
4  4  52      F      Poor
5  5  45      M      Good
> data1 <- data.frame(data1, sex)
> data1
  ID Age Gender    Status sex
1  1  25      M      Poor   1
2  2  34      F      Good   2
3  3  28      M Excellent   1
4  4  52      F      Poor   2
5  5  45      M      Good   1
> data1$sex <- factor(data1$sex, levels=c(1,2), labels=c("Male", "Female"))
> data1
  ID Age Gender    Status    sex
1  1  25      M      Poor   Male
2  2  34      F      Good Female
3  3  28      M Excellent   Male
4  4  52      F      Poor Female
5  5  45      M      Good   Male
```

3.3.6 코딩변경(recoding variables)

변수의 코딩을 변경하고자 할 때는 다음과 같이 할 수 있다.

```
> mydata
> mydata$age[mydata$age==999] <- NA  # age=999는 결측값으로 지정
> mydata$agecat[mydata$age >= 65] <- 'aged'
> mydata$agecat[mydata$age >= 45 & mydata$age < 65] <- 'middgle
    aged'
> mydata$agecat[mydata$age < 45] <- 'young'
> mydata
```

> mydata <− mydata[, −7] # 7번째 변수 삭제

> mydata

```
> mydata
  id sex age q1 q2 q3
1  1   M  32  5  4  5
2  2   F  45  3  5  2
3  3   F  52  3  5  5
4  4   M  69  3  3  4
5  5   F 999  2  2  1
> mydata$age[mydata$age==999] <- NA
> mydata$agecat[mydata$age >= 65] <- 'aged'
> mydata$agecat[mydata$age >= 45 & mydata$age < 65] <- 'middgle aged'
> mydata$agecat[mydata$age < 45] <- 'young'
> mydata
  id sex age q1 q2 q3       agecat
1  1   M  32  5  4  5        young
2  2   F  45  3  5  2 middgle aged
3  3   F  52  3  5  5 middgle aged
4  4   M  69  3  3  4         aged
5  5   F  NA  2  2  1         <NA>
> mydata <- mydata[, -7]
> mydata
  id sex age q1 q2 q3
1  1   M  32  5  4  5
2  2   F  45  3  5  2
3  3   F  52  3  5  5
4  4   M  69  3  3  4
5  5   F  NA  2  2  1
> |
```

이번에는 pscl 패키지에 있는 bioChemists 데이터를 활용해서 코딩변경을 실시해
보자.

> library(pscl)

> bio <− bioChemists

> head(bio)

> bio$art2[bio$art > 0] <− 1 # art2 변수를 만듦

> bio$art2[bio$art == 0] <− 0 # art=0이면 art2=0로 코딩

> bio$art2 <− factor(bio$art2, levels=c(0,1), labels=c("No", "Yes"))

> table(bio$art2)

```
> library(pscl)
> ?bioChemists
starting httpd help server ... done
> bio <- bioChemists
> head(bio)
  art    fem     mar kid5  phd ment
1   0    Men Married    0 2.52    7
2   0 Women  Single     0 2.05    6
3   0 Women  Single     0 3.75    6
4   0    Men Married    1 1.18    3
5   0 Women  Single     0 3.75   26
6   0 Women Married     2 3.59    2
> # Create a binary outcome variable
> bio$art2[bio$art > 0] <- 1
> bio$art2[bio$art == 0] <- 0
> bio$art2 <- factor(bio$art2, levels=c(0,1), labels=c("No", "Yes"))
> table(bio$art2)

 No Yes
275 640
> |
```

```
> plot(table(bio$art))
```

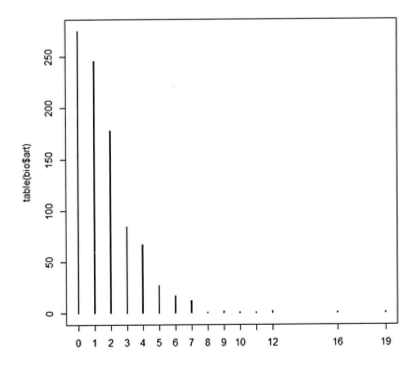

```
> plot(table(bio$art2))
```

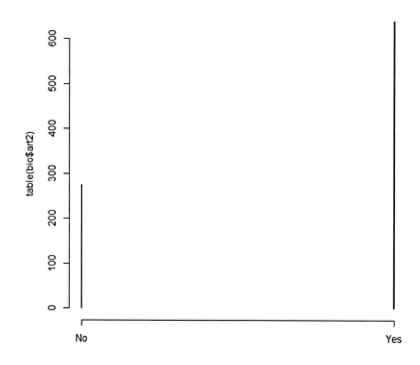

3.3.7 결측값(missing values)

R에서 결측값을 지정하고자 하는 경우에는 다음과 같이 할 수 있다.

```
> mydata$age[mydata$age==999] <- NA  # age=999는 결측값으로 처리
```

그리고 데이터 분석에서는 아래와 같이 결측값을 제외하고 분석하는 것이 일반적이다.

```
> # 모든 결측값 삭제 (delete all missing observations)
> mydata <- na.omit(mydata)

> # 결측값은 제외하고 계산
```

```
> x <- c(1, 2, NA, 3)
> y <- sum(x)
> y
> y <- sum(x, na.rm=TRUE)  # 결측값 제외
> y
```

```
> x <- c(1, 2, NA, 3)
> y <- sum(x)
> y
[1] NA
> y <- sum(x, na.rm=TRUE)
> y
[1] 6
```

3.4 tidyverse를 이용한 데이터 처리

여기서는 최근 개발된 데이터 처리 패키지 tidyverse를 사용하는 법을 소개하고자 한다. tidyverse는 기존의 데이터 처리 패키지인 dplyr과 그래픽 패키지인 ggplot2를 결합한 것으로 데이터 처리와 시각화에 매우 유용한 패키지이다.

먼저 tidyverse와 gapminder 데이터가 있는 gapminder 패키지를 불러온다. gapminder 데이터는 세계 142개국의 인구, 평균수명, 1인당GDP를 1952년부터 2007년까지 5년 간격으로 데이터를 제공하는 매우 유용한 데이터이다.

```
> library(tidyverse)
> library(gapminder)
> gapminder
```

```
> library(tidyverse)
-- Attaching packages ----------------------------------
√ ggplot2 2.2.1      √ purrr   0.2.5
√ tibble  1.4.2      √ dplyr   0.7.6
√ tidyr   0.8.1      √ stringr 1.3.1
√ readr   1.1.1      √ forcats 0.3.0
-- Conflicts --------------------------------------------
x dplyr::filter() masks stats::filter()
x dplyr::lag()    masks stats::lag()
> library(gapminder)
경고메시지(들):
패키지 'gapminder'는 R 버전 3.5.1에서 작성되었습니다
>
> gapminder
# A tibble: 1,704 x 6
   country     continent  year lifeExp      pop gdpPercap
   <fct>       <fct>     <int>   <dbl>    <int>     <dbl>
 1 Afghanistan Asia       1952    28.8  8425333      779.
 2 Afghanistan Asia       1957    30.3  9240934      821.
 3 Afghanistan Asia       1962    32.0 10267083      853.
 4 Afghanistan Asia       1967    34.0 11537966      836.
 5 Afghanistan Asia       1972    36.1 13079460      740.
 6 Afghanistan Asia       1977    38.4 14880372      786.
 7 Afghanistan Asia       1982    39.9 12881816      978.
 8 Afghanistan Asia       1987    40.8 13867957      852.
 9 Afghanistan Asia       1992    41.7 16317921      649.
10 Afghanistan Asia       1997    41.8 22227415      635.
# ... with 1,694 more rows
```

3.4.1 filter 기능

filter 기능은 데이터의 케이스(observations)를 선택할 수 있는 기능을 제공하며 다음 과 같이 활용될 수 있다. 특히 tidyverse에서는 명령문에 %>%라는 연결기능(pipe)을 편리하게 제공하고 있으며 영어로는 then으로 읽는다.

```
> gapminder %>% filter(year == 2007)

> gapminder %>% filter(country == "Korea, Rep.")
```

```
> gapminder %>% filter(year == 2007)
# A tibble: 142 x 6
   country     continent year lifeExp       pop gdpPercap
   <fct>       <fct>     <int>  <dbl>     <int>     <dbl>
 1 Afghanistan Asia       2007   43.8  31889923      975.
 2 Albania     Europe     2007   76.4   3600523     5937.
 3 Algeria     Africa     2007   72.3  33333216     6223.
 4 Angola      Africa     2007   42.7  12420476     4797.
 5 Argentina   Americas   2007   75.3  40301927    12779.
 6 Australia   Oceania    2007   81.2  20434176    34435.
 7 Austria     Europe     2007   79.8   8199783    36126.
 8 Bahrain     Asia       2007   75.6    708573    29796.
 9 Bangladesh  Asia       2007   64.1 150448339     1391.
10 Belgium     Europe     2007   79.4  10392226    33693.
# ... with 132 more rows
> gapminder %>% filter(country == "Korea, Rep.")
# A tibble: 12 x 6
   country     continent year lifeExp      pop gdpPercap
   <fct>       <fct>     <int>  <dbl>    <int>     <dbl>
 1 Korea, Rep. Asia       1952   47.5 20947571     1031.
 2 Korea, Rep. Asia       1957   52.7 22611552     1488.
 3 Korea, Rep. Asia       1962   55.3 26420307     1536.
 4 Korea, Rep. Asia       1967   57.7 30131000     2029.
 5 Korea, Rep. Asia       1972   62.6 33505000     3031.
 6 Korea, Rep. Asia       1977   64.8 36436000     4657.
 7 Korea, Rep. Asia       1982   67.1 39326000     5623.
 8 Korea, Rep. Asia       1987   69.8 41622000     8533.
 9 Korea, Rep. Asia       1992   72.2 43805450    12104.
10 Korea, Rep. Asia       1997   74.6 46173816    15994.
11 Korea, Rep. Asia       2002   77.0 47969150    19234.
12 Korea, Rep. Asia       2007   78.6 49044790    23348.
```

```
> gapminder %>% filter(year == 2007, country == "Korea, Rep.")
```

```
> gapminder %>% filter(year == 2007, country == "Korea, Rep.")
# A tibble: 1 x 6
  country     continent year lifeExp      pop gdpPercap
  <fct>       <fct>     <int>  <dbl>    <int>     <dbl>
1 Korea, Rep. Asia       2007   78.6 49044790    23348.
```

3.4.2 arrange 기능

이 arrange 기능은 케이스(observations)를 정렬(오름차순, 내림차순)하는 기능을 제공한다. 다음 분석결과에서 보듯이 1인당GDP별로 오름차순으로 정렬하며, 그 다음 결과는 2007년의 경우 1인당GDP별로 내림차순으로 정렬하고 있다.

```
> gapminder %>% arrange(gdpPercap)
> gapminder %>% filter(year == 2007) %>% arrange(desc(gdpPercap))
```

```
> # arrange verb (sorts the observations)
> gapminder %>% arrange(gdpPercap)
# A tibble: 1,704 x 6
   country          continent  year lifeExp      pop gdpPercap
   <fct>            <fct>     <int>   <dbl>    <int>     <dbl>
 1 Congo, Dem. Rep. Africa     2002    45.0 55379852      241.
 2 Congo, Dem. Rep. Africa     2007    46.5 64606759      278.
 3 Lesotho          Africa     1952    42.1   748747      299.
 4 Guinea-Bissau    Africa     1952    32.5   580653      300.
 5 Congo, Dem. Rep. Africa     1997    42.6 47798986      312.
 6 Eritrea          Africa     1952    35.9  1438760      329.
 7 Myanmar          Asia       1952    36.3 20092996      331
 8 Lesotho          Africa     1957    45.0   813338      336.
 9 Burundi          Africa     1952    39.0  2445618      339.
10 Eritrea          Africa     1957    38.0  1542611      344.
# ... with 1,694 more rows
> gapminder %>% filter(year == 2007) %>% arrange(desc(gdpPercap))
# A tibble: 142 x 6
   country          continent  year lifeExp       pop gdpPercap
   <fct>            <fct>     <int>   <dbl>     <int>     <dbl>
 1 Norway           Europe     2007    80.2   4627926    49357.
 2 Kuwait           Asia       2007    77.6   2505559    47307.
 3 Singapore        Asia       2007    80.0   4553009    47143.
 4 United States    Americas   2007    78.2 301139947    42952.
 5 Ireland          Europe     2007    78.9   4109086    40676.
 6 Hong Kong, China Asia       2007    82.2   6980412    39725.
 7 Switzerland      Europe     2007    81.7   7554661    37506.
 8 Netherlands      Europe     2007    79.8  16570613    36798.
 9 Canada           Americas   2007    80.7  33390141    36319.
10 Iceland          Europe     2007    81.8    301931    36181.
# ... with 132 more rows
> |
```

3.4.3 mutate 기능

mutate 기능은 기존의 변수를 변형하거나 새로운 변수를 만들 때 활용하는 유용한 기능이다. 다음 결과를 보면 첫 번째 결과는 인구(pop)변수를 1,000,000명으로 나눈 경우이며, 두 번째 결과는 gdp를 1인당GDP에 인구를 곱한 전체 GDP를 보여 주는 새로운 변수를 만들었다.

> gapminder %>% mutate(pop = pop / 1000000)

> gapminder %>% mutate(gdp = gdpPercap * pop)

```
> # mutate verb (adds or changes a variable)
> gapminder %>% mutate(pop = pop / 1000000)
# A tibble: 1,704 x 6
   country     continent year lifeExp   pop gdpPercap
   <fct>       <fct>     <int>   <dbl> <dbl>     <dbl>
 1 Afghanistan Asia       1952    28.8  8.43      779.
 2 Afghanistan Asia       1957    30.3  9.24      821.
 3 Afghanistan Asia       1962    32.0 10.3       853.
 4 Afghanistan Asia       1967    34.0 11.5       836.
 5 Afghanistan Asia       1972    36.1 13.1       740.
 6 Afghanistan Asia       1977    38.4 14.9       786.
 7 Afghanistan Asia       1982    39.9 12.9       978.
 8 Afghanistan Asia       1987    40.8 13.9       852.
 9 Afghanistan Asia       1992    41.7 16.3       649.
10 Afghanistan Asia       1997    41.8 22.2       635.
# ... with 1,694 more rows
> gapminder %>% mutate(gdp = gdpPercap * pop)
# A tibble: 1,704 x 7
   country     continent year lifeExp      pop gdpPercap         gdp
   <fct>       <fct>     <int>   <dbl>    <int>     <dbl>       <dbl>
 1 Afghanistan Asia       1952    28.8  8425333      779.  6567086330.
 2 Afghanistan Asia       1957    30.3  9240934      821.  7585448670.
 3 Afghanistan Asia       1962    32.0 10267083      853.  8758855797.
 4 Afghanistan Asia       1967    34.0 11537966      836.  9648014150.
 5 Afghanistan Asia       1972    36.1 13079460      740.  9678553274.
 6 Afghanistan Asia       1977    38.4 14880372      786. 11697659231.
 7 Afghanistan Asia       1982    39.9 12881816      978. 12598563401.
 8 Afghanistan Asia       1987    40.8 13867957      852. 11820990309.
 9 Afghanistan Asia       1992    41.7 16317921      649. 10595901589.
10 Afghanistan Asia       1997    41.8 22227415      635. 14121995875.
# ... with 1,694 more rows
```

> gapminder %>% mutate(gdp = gdpPercap * pop) %>%

filter(year == 2007) %>% arrange(desc(gdp))

```
> gapminder %>% mutate(gdp = gdpPercap * pop) %>%
+ filter(year == 2007) %>% arrange(desc(gdp))
# A tibble: 142 x 7
   country        continent  year lifeExp         pop gdpPercap      gdp
   <fct>          <fct>     <int>   <dbl>       <int>     <dbl>    <dbl>
 1 United States  Americas   2007    78.2  301139947    42952. 1.29e13
 2 China          Asia       2007    73.0 1318683096     4959. 6.54e12
 3 Japan          Asia       2007    82.6  127467972    31656. 4.04e12
 4 India          Asia       2007    64.7 1110396331     2452. 2.72e12
 5 Germany        Europe     2007    79.4   82400996    32170. 2.65e12
 6 United Kingdom Europe     2007    79.4   60776238    33203. 2.02e12
 7 France         Europe     2007    80.7   61083916    30470. 1.86e12
 8 Brazil         Americas   2007    72.4  190010647     9066. 1.72e12
 9 Italy          Europe     2007    80.5   58147733    28570. 1.66e12
10 Mexico         Americas   2007    76.2  108700891    11978. 1.30e12
# ... with 132 more rows
> |
```

3.4.4 select 기능

select 기능은 변수를 선택하거나 삭제 및 순서를 재조정하는 기능을 갖고 있다. 다음 결과는 gapminder 데이터에서 4개의 변수(country, continent, year, lifeExp)만 선택한 데이터를 나타내고 있고 그 아래 결과는 전체 변수에서 pop 변수를 삭제한 데이터를 제시하고 있다.

> gapminder %>% select(country, continent, year, lifeExp)

> gapminder %>% select(-pop)

```
> # select verb (keeps, drops or reorders variables)
> gapminder %>% select(country, continent, year, lifeExp)
# A tibble: 1,704 x 4
   country     continent  year lifeExp
   <fct>       <fct>     <int>   <dbl>
 1 Afghanistan Asia       1952    28.8
 2 Afghanistan Asia       1957    30.3
 3 Afghanistan Asia       1962    32.0
 4 Afghanistan Asia       1967    34.0
 5 Afghanistan Asia       1972    36.1
 6 Afghanistan Asia       1977    38.4
 7 Afghanistan Asia       1982    39.9
 8 Afghanistan Asia       1987    40.8
 9 Afghanistan Asia       1992    41.7
10 Afghanistan Asia       1997    41.8
# ... with 1,694 more rows
> gapminder %>% select(-pop)
# A tibble: 1,704 x 5
   country     continent  year lifeExp gdpPercap
   <fct>       <fct>     <int>   <dbl>     <dbl>
 1 Afghanistan Asia       1952    28.8      779.
 2 Afghanistan Asia       1957    30.3      821.
 3 Afghanistan Asia       1962    32.0      853.
 4 Afghanistan Asia       1967    34.0      836.
 5 Afghanistan Asia       1972    36.1      740.
 6 Afghanistan Asia       1977    38.4      786.
 7 Afghanistan Asia       1982    39.9      978.
 8 Afghanistan Asia       1987    40.8      852.
 9 Afghanistan Asia       1992    41.7      649.
10 Afghanistan Asia       1997    41.8      635.
# ... with 1,694 more rows
```

3.4.5 rename 기능

rename 기능은 변수의 이름을 변경하는 기능이다. 다음 결과를 보면 gapminder 데이터에서 lifeExp는 LifeExp로, pop는 Pop로, gdpPercap는 GdpPercap로 변경한 결과이다.

```
> gapminder %>% rename(LifeExp=lifeExp, Pop=pop,
      GdpPercap=gdpPercap)
```

```
> # rename verb (rename variables)
> gapminder %>% rename(LifeExp=lifeExp, Pop=pop, GdpPercap=gdpPercap)
# A tibble: 1,704 x 6
   country     continent year LifeExp       Pop GdpPercap
   <fct>       <fct>     <int> <dbl>     <int>     <dbl>
 1 Afghanistan Asia      1952   28.8  8425333      779.
 2 Afghanistan Asia      1957   30.3  9240934      821.
 3 Afghanistan Asia      1962   32.0 10267083      853.
 4 Afghanistan Asia      1967   34.0 11537966      836.
 5 Afghanistan Asia      1972   36.1 13079460      740.
 6 Afghanistan Asia      1977   38.4 14880372      786.
 7 Afghanistan Asia      1982   39.9 12881816      978.
 8 Afghanistan Asia      1987   40.8 13867957      852.
 9 Afghanistan Asia      1992   41.7 16317921      649.
10 Afghanistan Asia      1997   41.8 22227415      635.
# ... with 1,694 more rows
> |
```

3.4.6 summarize 기능

summarize 기능은 데이터의 값을 평균값, 중간값, 최소 및 최대값, 합계로 변환하는 기능을 갖고 있으며, 특히 group_by 기능을 포함하면 집단별 summarize 결과를 제시하는 유용한 기능이다. 다음 결과에서는 평균수명의 평균값과 2007년의 경우 평균수명 평균값 및 총인구수를 보여 주고 있다.

```
> gapminder %>% summarize(meanLifeExp = mean(lifeExp))
> gapminder %>% filter(year == 2007) %>% summarize(meanLifeExp
     = mean(lifeExp))
> gapminder %>% filter(year == 2007) %>%
summarize(meanLifeExp = mean(lifeExp), totalPop =
     sum(as.numeric(pop)))
```

```
> > # summarize verb (mean, sum, median, min, max)
> gapminder %>% summarize(meanLifeExp = mean(lifeExp))
# A tibble: 1 x 1
  meanLifeExp
        <dbl>
1        59.5
> gapminder %>% filter(year == 2007) %>% summarize(meanLifeExp = mean(lifeExp))
# A tibble: 1 x 1
  meanLifeExp
        <dbl>
1        67.0
> gapminder %>% filter(year == 2007) %>%
+ summarize(meanLifeExp = mean(lifeExp), totalPop = sum(as.numeric(pop)))
# A tibble: 1 x 2
  meanLifeExp    totalPop
        <dbl>       <dbl>
1        67.0 6251013179
> |
```

아래 결과는 group-by를 활용해서 연도별로 평균수명 및 총인구수를 보여 주고 있다. 그리고 이어서 2007년도 대륙별 평균수명 및 총인구수를 나타내고 있다.

```
> gapminder %>% group_by(year) %>%
summarize(meanLifeExp = mean(lifeExp), totalPop =
      sum(as.numeric(pop)))
> gapminder %>% filter(year == 2007) %>% group_by(continent)
      %>%
summarize(meanLifeExp = mean(lifeExp), totalPop =
      sum(as.numeric(pop)))
```

```
> gapminder %>% group_by(year) %>%
+ summarize(meanLifeExp = mean(lifeExp), totalPop = sum(as.numeric(pop)))
# A tibble: 12 x 3
    year meanLifeExp    totalPop
   <int>       <dbl>       <dbl>
 1  1952        49.1  2406957150
 2  1957        51.5  2664404580
 3  1962        53.6  2899782974
 4  1967        55.7  3217478384
 5  1972        57.6  3576977158
 6  1977        59.6  3930045807
 7  1982        61.5  4289436840
 8  1987        63.2  4691477418
 9  1992        64.2  5110710260
10  1997        65.0  5515204472
11  2002        65.7  5886977579
12  2007        67.0  6251013179
> gapminder %>% filter(year == 2007) %>% group_by(continent) %>%
+ summarize(meanLifeExp = mean(lifeExp), totalPop = sum(as.numeric(pop)))
# A tibble: 5 x 3
  continent meanLifeExp    totalPop
  <fct>           <dbl>       <dbl>
1 Africa           54.8   929539692
2 Americas         73.6   898871184
3 Asia             70.7  3811953827
4 Europe           77.6   586098529
5 Oceania          80.7    24549947
```

3.5 tidyverse를 이용한 그래픽

앞서 설명한대로 tidyverse는 기존의 데이터 처리 패키지인 dplyr과 그래픽 패키지인 ggplot2를 결합한 것으로 데이터 처리에도 유용하지만 그래픽을 위해서도 유용한 패키지이다. 여기서는 tidyverse 패키지에 포함된 ggplot2 패키지를 이용한 몇 가지 그래픽을 구현해 보자.

먼저 다음과 같이 gapminder 데이터에서 2007년 데이터만 선택해서 gapminder_ 2007 데이터를 만든다.

```
> gapminder_2007 <- filter(gapminder, year==2007)
```

```
> gapminder_2007
# A tibble: 142 x 6
   country     continent  year lifeExp       pop gdpPercap
   <fct>       <fct>     <int>   <dbl>     <int>     <dbl>
 1 Afghanistan Asia       2007    43.8  31889923      975.
 2 Albania     Europe     2007    76.4   3600523     5937.
 3 Algeria     Africa     2007    72.3  33333216     6223.
 4 Angola      Africa     2007    42.7  12420476     4797.
 5 Argentina   Americas   2007    75.3  40301927    12779.
 6 Australia   Oceania    2007    81.2  20434176    34435.
 7 Austria     Europe     2007    79.8   8199783    36126.
 8 Bahrain     Asia       2007    75.6    708573    29796.
 9 Bangladesh  Asia       2007    64.1 150448339     1391.
10 Belgium     Europe     2007    79.4  10392226    33693.
# ... with 132 more rows
```

그리고 이어서 2007년 1인당 GDP(gdpPercap)와 평균수명(lifeExp)을 아래와 같이
geom_point( ) 기능을 활용하여 점도표(point plot)로 만들어 본다.

```
> ggplot(gapminder_2007, aes(x=gdpPercap, y=lifeExp)) +
      geom_point( )
```

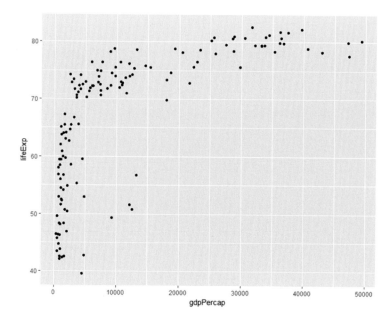

하지만 많은 국가들이 10,000달러 미만이므로 x축의 변수에 로그(log10)를 적용하여 보다 자세하고 이해하기 쉬운 플롯을 만들면 다음과 같다.

> ggplot(gapminder_2007, aes(x=gdpPercap, y=lifeExp)) + geom_point( ) + scale_x_log10( )

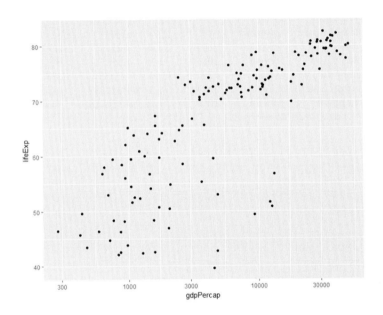

　이번에는 점(point)을 대륙별로 다른 색깔로 구분하면 아래와 같으며, 아프리카 국가들은 주로 왼쪽 하단에, 유럽 국가들은 오른쪽 상단에 위치하고 있음을 알 수 있다. 그리고 소득이 증가할수록 평균수명이 증가함을 확인할 수 있다.

> ggplot(gapminder_2007, aes(x=gdpPercap, y=lifeExp, color=continent))
+ geom_point( ) + scale_x_log10( )

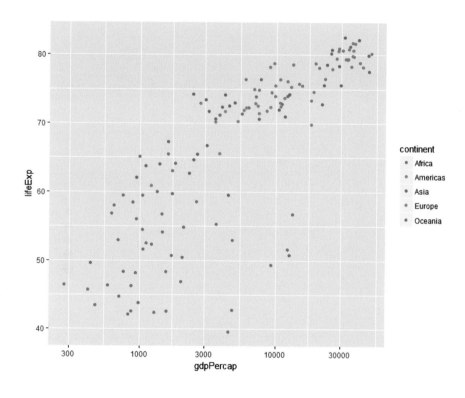

　　이어서 아래와 같이 앞의 그림에다 각 국가(point)의 인구 규모가 반영된 플롯으로 만들 수 있다. 아시아 국가 중에서 유달리 점(point)이 큰 것은 중국과 인도임을 짐작할 수 있을 것이다.

> ggplot(gapminder_2007, aes(x=gdpPercap, y=lifeExp, color=continent, size=pop)) + geom_point( ) + scale_x_log10( )

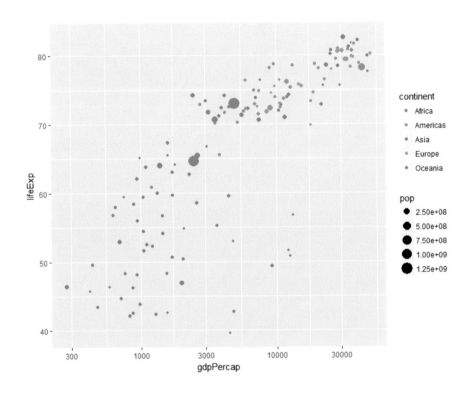

이번에는 facet_wrap( )기능을 활용하여 위의 점도표를 연도별로 제시하면 아래와 같이 나타나며, 시기별로 추이를 어느 정도 짐작할 수 있게 된다.

> ggplot(gapminder, aes(x=gdpPercap, y=lifeExp, color=continent, size =pop)) + geom_point( ) + scale_x_log10( ) + facet_wrap(~ year)

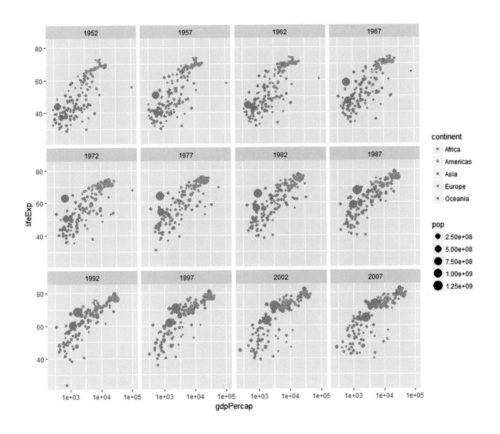

그리고 geom_histogram( )기능을 이용하여 아래와 같이 1인당 GDP를 대륙별로 구분한 히스토그램을 만들 수 있다.

> ggplot(gapminder, aes(x=gdpPercap, fill=continent)) + geom_histogram
(col="blue") + scale_x_log10( )

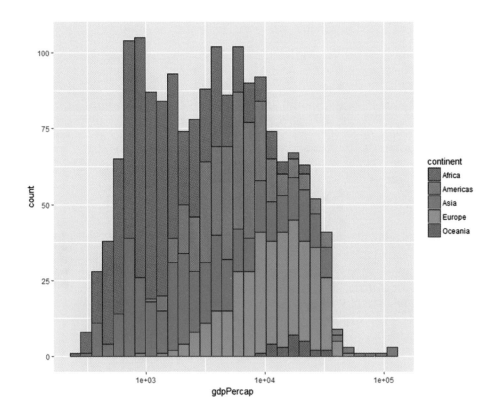

아울러 아래와 같이 연도별로 평균수명(meanLifeExp)의 추이를 나타내기 위해 geom_line( ) 기능을 활용하여 선 도표(line graph)를 제시하였으며, 오세아니아 국가들의 평균 수명이 가장 높음을 알 수 있다. 먼저 평균수명을 산출하기 위해 summarize ( )기능을 사용하였다.

```
> gapminder_continent <− gapminder %>% group_by(year, continent)
      %>% summarize(meanLifeExp=mean(lifeExp))
> ggplot(gapminder_continent, aes(year, meanLifeExp, color=continent))
      + geom_line(size=2)
```

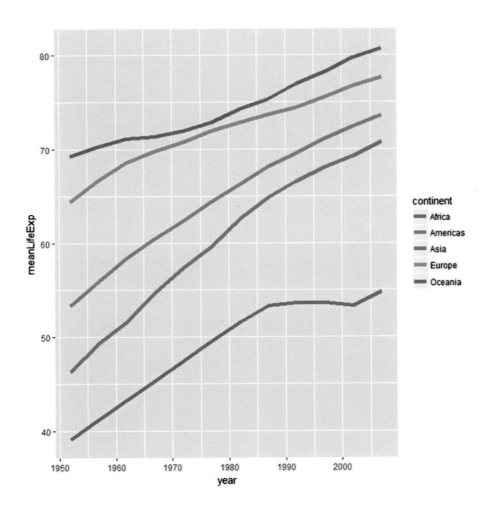

Ⅱ

R 기술통계분석

04 통계분석의 기본 개념

4.1 통계분석의 분류

4.1.1 변수의 기능에 따른 분류

우선 변수의 기능에 따른 분류로 아래 그림과 같이 기술통계분석과 추론통계분석으로 구분할 수 있다.

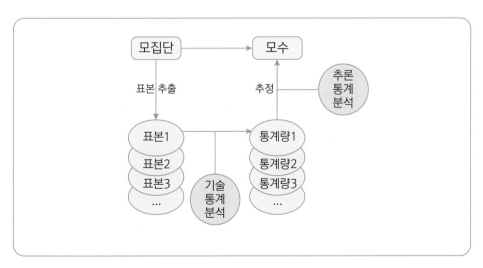

출처: 권재명(2017), p. 124에서 재구성.

- 모집단(population)
  - 연구자의 관심대상이 되는 모든 개체의 집합(전체)
- 표본(sample)
  - 모집단을 대표하는 모집단에서 추출된 일부(전체의 일부분)
- 모수(parameter)
  - 모집단의 속성을 나타내는 값
- 통계치/통계량(statistic)
  - 표본의 속성을 나타내는 값
- 기술통계분석(descriptive statistics)
  - 표본으로부터 변수의 특성 기술 및 데이터 요약하는 통계기법
- 추론통계분석(inferential statistics)
  - 통계치로 모수를 추정하는 통계기법

4.1.2 변수의 수에 따른 분류

1) 일원적 분석(univariate analysis): 단일변수에 대한 기술 및 자료에 대한 요약
   예: 빈도분석
2) 이원적 분석(bivariate analysis): 두 변수 간의 관련성에 대한 분석이나 설명
   예: 교차분석, 상관관계, t-검정
3) 다변량 분석(multivariate analysis): 셋 이상의 변수 간의 관계를 설명하거나, 두 변수 간 관계 분석과정에서 제3의 변수 영향력 배제 또는 하나의 변수에 작용하는 다양한 변수의 영향력 설명(특히 종속변수가 두 개 이상인 경우를 다변량 분석이라 함)
   예: 부분상관분석, 요인분석, 구조방정식모형분석 등

4.1.3 모집단의 분포 및 가정에 따른 분류

1) 모수통계(parametrics): 통계치로 모수를 측정(추정)하는 것에 관한 통계 기법. 분석에 대한 가정(예: 정규성, 선형성, 분산의 동일성)이 필요하고, 주로 등간, 비율척도의 자료 분석에 활용(예: ANOVA, 회귀분석)
2) 비모수통계(nonparametrics): 모집단의 특성을 추정하지만 모수와 통계량의 관계를 다루지 않으며, 분석에 대한 가정을 충족하지 못할 경우 그리고 표본이 작을 때, 주로 명목, 서열척도의 자료 분석에 활용(예: Kendall's tau 검정, Wilcoxon 검정)

 ANOVA의 통계적 가정

• 종속변수의 정규성(정규분포)
• 분산의 동일성(equality of variance)

회귀분석의 가정

• 종속변수의 정규분포
• 종속변수의 상호독립성
• 종속변수와 독립변수의 선형성
• 분산의 동질성(homoscedasticity; constant variance)

4.1.4 통계유형에 따른 분석방법

기술통계분석 (descriptive statistics)	추론통계분석(inferential statistics)	
	모수통계	비모수통계
빈도분석	독립집단평균차이검정(t-검정) 대응집단차이검정(대응t-검정)	카이스퀘어 독립성(independence) 검정
교차분석	분산분석(ANOVA) 공분산분석(ANCOVA) 다변량분산분석(MANOVA)	Mann-Whitney U 검정/Wilcoxon Rank Sum 검정 Wilcoxon Singed-Rank 검정 Kruskal-Wallis 검정
신뢰도분석	상관관계분석 회귀분석 로지스틱 회귀분석	

4.2 통계분석의 기본 개념

평균(mean)

표준편차(standard deviation: SD)
분산(variance)
표준오차(standard error: SE)
변동계수(coefficient of variation)

중위수(median)
사분위수(quantiles): Q1(25%), Q2(50%), Q3(75%), Q4(100%)
IQR(interquartile range)=Q3−Q1

왜도(skewness)
첨도(kurtosis)

4.2.1 중심/집중경향치(central tendency)

중심경향치는 데이터에 대한 기본 설명 자료로, 데이터가 어디에 집중되어 있는가를 나타낸다.

- 평균(mean)
  - 산술평균, 극단 값에 민감

$$\overline{x} = \frac{\sum\limits_{i=1}^{n} x_i}{n}$$

- 중앙값/중위수(median)
  - 데이터를 크기순서로 배열해 놓았을 때 중앙에 위치는 하는 값(예: 소득), 특이한 값(outliers)이 존재하는 경우에 이용
- 최빈값(mode)
  - 빈도수가 가장 많은 변수 값

일반적으로 데이터의 분포에 꼬리(tail)가 있을 경우 평균은 꼬리방향으로 이동하며 중위수로부터 멀어진다.

4.2.2 분포(distribution)

4.2.2.1 정규분포(normal distribution)

표본을 통한 통계적 추정 및 가설검정의 기본이 되는 분포로서, 실제로 사회적, 자연적 현상에서 접하는 여러 자료들의 분포가 정규분포와 비슷한 형태를 보인다. 정규분포의 속성은 다음과 같다.

- 연속변수의 분포(종모양)
- 좌우대칭의 단봉분포(unimodal distribution)
- 분포특징 N (μ, σ^2)
- 왜도＝0, 첨도＝0
- 평균과 표준편차에 따른 정규분포의 모양의 변화

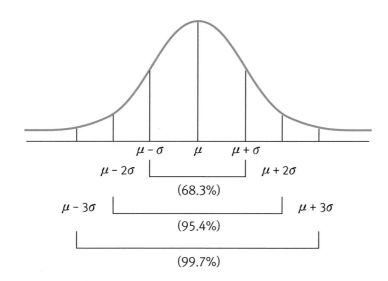

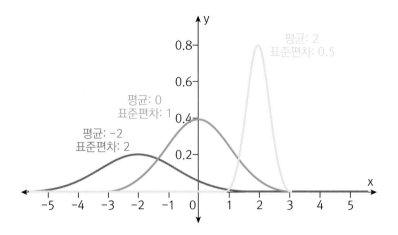

한편, 데이터의 분포가 얼마나 정규분포를 벗어났는가를 나타내는 수치로 왜도와 첨도가 있다.

- 왜도(skewness)

분포의 형태가 좌우대칭에서 벗어나 어느 한쪽으로 치우진 정도를 나타낸다(measure of asymmetry). 왜도가 0에 가까울수록 평균을 중심으로 대칭으로 분포되며, 0에서 멀어질수록 이상치(outliers)를 포함할 가능성이 높아진다.

- 첨도(kurtosis)

정규분포의 모양과 비교하여 꼬리의 분포정도(the tail-heaviness of the distribution)를 나타내며 첨도가 클수록 이상치의 존재를 나타낸다. 첨도가 0보다 큰 경우에는 정규분포보다 꼬리에 더 많은 가중치가 주어지며, 첨도가 0보다 작은 경우에는 꼬리에 가중치가 더 작게 주어진다.

자료가 정규분포를 이루면 왜도(skewness) = 0, 첨도(kurtosis) = 0으로 나타난다.

4.2.2.2 왜도(skewness)

왜도는 분포가 왼쪽으로 또는 오른쪽으로 치우친 정도를 말하는데, 정규분포보다 왼쪽으로 치우쳐 있다면 왜도는 +가 되며, 오른쪽으로 치우쳐 있다면 왜도는 −가 된다.

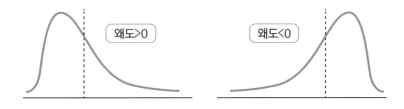

〈정규분포와 왜도〉

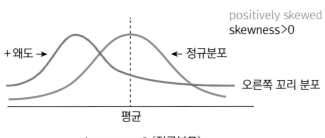

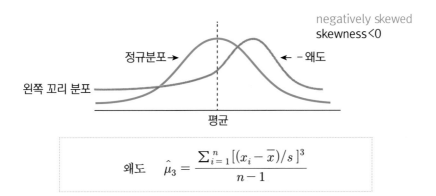

$$왜도 \quad \hat{\mu}_3 = \frac{\sum_{i=1}^{n} [(x_i - \bar{x})/s]^3}{n-1}$$

4.2.2.3 첨도(kurtosis)

첨도는 분포의 폭이 넓고(wide), 좁은(narrow) 정도를 보이고 있으며, 분포의 꼬리 집중도를 측정(measures the tail-heaviness of the distribution)한다.

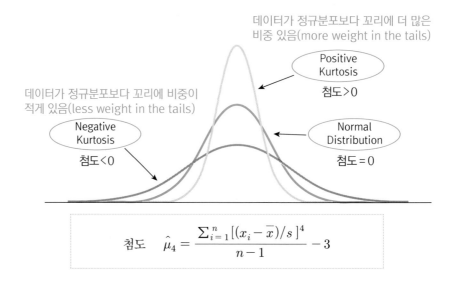

$$첨도 \quad \hat{\mu}_4 = \frac{\sum_{i=1}^{n}[(x_i - \overline{x})/s]^4}{n-1} - 3$$

4.2.2.4 표준화(standardization)

• 표준점수(standardized score)

원 점수와 평균의 차이를 표준편차로 나눈다. 이때 구해진 표준점수의 분포는 정규분포를 이루게 된다.

$$Z = \frac{X_i - \overline{X}}{s}$$

이 정규분포를 표준정규분포(평균=0, 표준편차=1)라고 부른다.

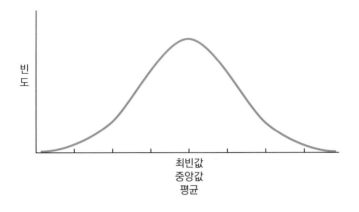

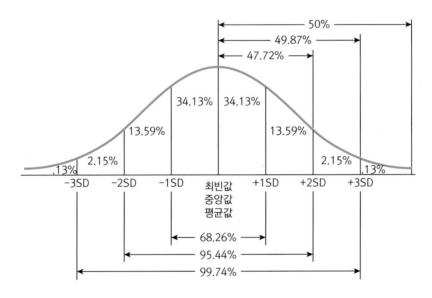

사례

수능시험에서 한국사의 분포와 세계사의 분포가 난이도의 차이로 인해 다음과 같이 나왔다면 수험생들에게 선택한 과목으로 인해 불리함이 없도록 원점수가 아니라 표준점수로 성적을 비교하는 것이 적합할 것이다.

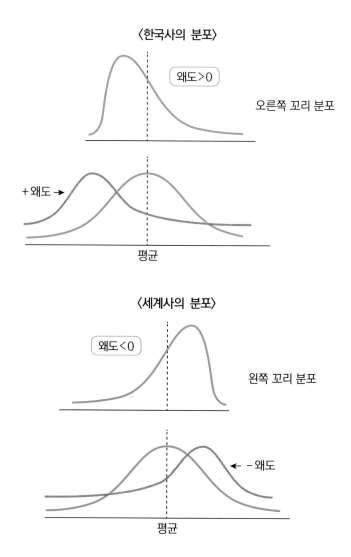

〈한국사의 분포〉

왜도>0

오른쪽 꼬리 분포

+왜도 →

평균

〈세계사의 분포〉

왜도<0

왼쪽 꼬리 분포

← −왜도

평균

4.2.3 산포(dispersion or variation) (variability or spread)

데이터가 평균을 중심으로 어느 정도 흩어져 있는가(spread out)를 나타내며, 산포를
나타내는 수치로는 분산(variance), 표준편차(standard deviation)가 있다. 한편, 표준오
차(standard error, se)는 모집단 추정치의 표준편차를 의미하는데 예를 들어 표본평균들
로 이루어진 분포의 표준편차를 의미한다.

• 분산

$$s^2 = \frac{\sum\limits_{i=1}^{n} (x_i - \overline{x})^2}{n-1}$$

• 표준편차

$$s = \sqrt{s^2}$$

• 표준오차

$$se = \frac{s}{\sqrt{n}}$$

• 표본 데이터와 평균

	X	$\overline{X}$
X_1	17	
X_2	15	
X_3	23	
X_4	7	
X_5	9	
X_6	13	
Σ	84	14

표본 평균($\overline{X}$)

$$\overline{X} = \frac{\Sigma X_i}{n}$$

$$\overline{X} = \frac{17 + 15 + 23 + 7 + 9 + 13}{6} = \frac{84}{6} = 14$$

4.2.3.1 편차의 제곱 합(sum of squared deviations)

예를 들어, 데이터 값(17, 15, 23, 7, 9, 13)과 이에 대한 평균(14)이 있을 때, 편차는 데이터 값-평균(deviations = values-mean)을 말한다. 이때 편차는 양의 수도 있고 음의 수도 있기 때문에 편차의 합은 항상 0(sum of deviations=0)이 된다. 따라서 편차가 서로 상쇄(cancellation)되는 것을 방지하기 위해 편차에 제곱(squared deviations)을 하게 된다. 이렇게 제곱한 편차의 합을 편차의 제곱 합(sum of squared deviations)이라고 한다.

$$SS = \sum_{i=1}^{n} (X_i - \overline{X})^2$$

$(9-14)^2$

$(15-14)^2$

$(13-14)^2$

$(23-14)^2$

$(7-14)^2$

$(17-14)^2$

$$\Sigma = (X_i - \overline{X})^2 = (X_1 - \overline{X})^2 + (X_2 - \overline{X})^2 + (X_3 - \overline{X})^2 + (X_4 - \overline{X})^2 + (X_5 - \overline{X})^2 + (X_6 - \overline{X})^2$$
$$= (17 - 14)^2 + (15 - 14)^2 + (23 - 14)^2 + (7 - 14)^2 + (9 - 14)^2 + (13 - 14)^2$$
$$= 9 + 1 + 81 + 49 + 25 + 1$$
$$= 166$$

4.2.3.2 분산(variance; average of the squared deviations)

분산(variance)은 편차의 제곱합(sum of squares)을 n−1로 나눈 값을 말한다. 즉, 편차의 제곱을 대표하는 값을 얻기 위해 편차의 제곱합을 n−1로 나누어 주어, 편차의 제곱 중 이를 대표하는 값으로 평균값을 구한 것이다(the average of the squared deviations).

각 데이터의 평균과의 차이(면적의 의미)

$$s^2 = \frac{\Sigma_i^n (X_i - \overline{X})^2}{n-1}$$

$(9-14)^2$

평균

$(15-14)^2$

$(13-14)^2$

$(23-14)^2$

$(7-14)^2$

$(17-14)^2$

$$s^2 = \frac{\sum (X_i - \overline{X})^2}{n-1} = 166/(6-1) = 33.2$$

4.2.3.3 표준편차(standard deviations, SD)

표준편차는 분산의 제곱근 값(the square root of the variance)으로 분산에서 단위를 일치하도록 하기 위해(데이터와 동일한 단위로 나타내기 위해) 표준화한 값을 의미하며, 산포의 정도를 나타내는 가장 대표적인 값이다(the most common tool to show variability). 표준편차는 각 데이터의 값들이 평균적으로 평균으로부터 떨어진 거리를 의미한다.

분산의 제곱근 = variance^0.5

$$SD = s = \sqrt{\frac{\sum_i^n (X_i - \overline{X})^2}{n-1}}$$

$(9\overline{-14})$ ↓ 평균

$(15\overline{-14})$

$(13\overline{-14})$ $(23\overline{-14})$

$(7\overline{-14})$ $(17\overline{-14})$

$$s^2 = \sqrt{\frac{\sum (X_i - \overline{X})^2}{n-1}} = \sqrt{33.2} = 5.76$$

05 기술통계분석(descriptive statistics)

앞 장에서 설명한 통계에 대한 기본 개념을 바탕으로 표본의 특성을 기술하는 기술
통계분석을 다루어 보자. 이를 위해 R base 프로그램에 있는 간단한 데이터 trees를 활
용한다.

```
> trees

> ?trees

> head(trees)

> str(trees)

> dim(trees)
```

```
> head(trees)
  Girth Height Volume
1   8.3     70   10.3
2   8.6     65   10.3
3   8.8     63   10.2
4  10.5     72   16.4
5  10.7     81   18.8
6  10.8     83   19.7
>
> ?trees
starting httpd help server ... done
> str(trees)
'data.frame':    31 obs. of  3 variables:
 $ Girth : num  8.3 8.6 8.8 10.5 10.7 10.8 11 11 11.1 11.2 ...
 $ Height: num  70 65 63 72 81 83 66 75 80 75 ...
 $ Volume: num  10.3 10.3 10.2 16.4 18.8 19.7 15.6 18.2 22.6 19.9 ...
> dim(trees)
[1] 31  3
```

> trees

3 변수와 31 케이스로 구성된 데이터로 변수는 다음과 같다.

girth: 나무 둘레(지상에서 약 1.4미터 높이(breast height)에서 측정
height: 나무 높이
volume: 나무 부피

5.1 평균, 분산 및 표준편차

```
> attach(trees)
# 평균
> mean(Volume)
# 케이스 수
> length(Volume)
# 분산
> var(Volume)
```

```
> attach(trees)
> mean(Volume)
[1] 30.17097
> length(Volume)
[1] 31
> var(Volume)
[1] 270.2028
```

 Tip 모분산

모분산은 표본분산*(n-1)/n으로 구한다.

```
> var(Volume)*(length(Volume)-1)/length(Volume)

[1] 261.4866
```

출처: 안재형(2011), p. 26.

표준편차

```
> sd(Volume)
```

표준오차 (모집단 추정치의 표준편차)

```
> sd(Volume)/sqrt(length(Volume))
```

```
> sd(Volume)
[1] 16.43785
> sd(Volume)/sqrt(length(Volume))   # se=sd/sqrt(n)
[1] 2.952324
```

 Tip 표준오차

표준오차는 추정치(표본평균, 표본분산, 회귀계수 등)의 표준편차를 의미한다. 예를 들어 모평균
의 추정치인 표본평균(들)의 표준편차를 표준오차라 부른다(안재형, 2011, p. 27).

변동계수

```
> sd(Volume)/mean(Volume)
```

```
> sd(Volume)/mean(Volume)
[1] 0.5448233
```

예를 들어, 한국(KOSPI)과 미국의 주식시장(Dow Jones)의 변동량을 비교하고자 할
때 주가의 지수단위가 다르기 때문에 변동량에 차이가 많이 발생하는데, 이렇게 지수
(단위)가 다른 경우 단순 비교가 어렵다. 왜냐하면 평균이 증가하면 분산과 표준편차도
같이 증가하기 때문에 이런 현상을 보정하기 위해 표준편차를 평균으로 나누어준 변동
계수(coefficient of variation)를 이용한다.

5.2 중위수(median) 및 사분위수(quartiles)

　자료의 분포가 정규분포와 달리 좌우대칭을 보이지 않거나 이상치(outlier)가 있는 경우, 평균은 극단적인 값에 많은 영향을 받게 되므로 평균 대신 중위수(median) 같은 순서 통계량(order statistics)을 사용하게 된다. 이 경우 가장 많이 활용하는 통계량이 사분위수(quartiles)이다. 예를 들어, 소득의 분포를 나타낼 때 1사분위 소득, 3사분위 소득 등을 제시한다(안재형, 2011).

　한편, 중위수가 평균에 대응하는 통계치라고 하면 IQR(interquartile range)은 Q3(3분위수) − Q1(1분위수)로 산포 정도를 측정하는 표준편차에 해당된다고 할 수 있다. 예를 들어, 아래 보기 1~21의 숫자에서 1분위(Q1)가 6이고 3분위(Q3)는 16이다. 따라서 IQR은 Q3−Q1＝16−6＝10이 된다. 이 경우 IQR( )로 간단히 구할 수 있다. 그리고 fivenum( )은 데이터의 5가지 요약치(최소값, 25%, 중위수, 75%, 최대값)를 제시하며, quantile( ) 기능도 동일한 결과를 제시한다.

```
> x <− c(1:21)
> x
> fivenum(x)
> quantile(x)
> IQR(x)
```

```
> x <- c(1:21)
> x
 [1]  1  2  3  4  5  6  7  8  9 10 11 12 13 14 15 16 17 18 19 20 21
> fivenum(x)
[1]  1  6 11 16 21
> quantile(x)
  0%  25%  50%  75% 100%
   1    6   11   16   21
> IQR(x)
[1] 10
> |
```

> attach(trees)

> median(Volume)

> fivenum(Volume)

> quantile(Volume)

> IQR(Volume)

> fivenum(Volume)[2] − 1.5*IQR(Volume)

> fivenum(Volume)[4] + 1.5*IQR(Volume)

> summary(Volume)

```
> attach(trees)
> median(Volume)
[1] 24.2
> fivenum(Volume)
[1] 10.2 19.4 24.2 37.3 77.0
> quantile(Volume)
  0%  25%  50%  75% 100%
10.2 19.4 24.2 37.3 77.0
> IQR(Volume)
[1] 17.9
> fivenum(Volume)[2]-1.5*IQR(Volume)
[1] -7.45
> fivenum(Volume)[4]+1.5*IQR(Volume)
[1] 64.15
> summary(Volume)
   Min. 1st Qu.  Median    Mean 3rd Qu.    Max.
  10.20   19.40   24.20   30.17   37.30   77.00
> |
```

일반적으로 순서 통계량에서 (Q2−1.5*IQR) 또는 (Q4+1.5*IQR) 범위를 벗어나게 되면 이상치(outlier)라고 생각한다. 그리고 summary( ) 기능은 fivenum( )이나 quantile( ) 기능에 평균(mean)을 추가하고 있음을 알 수 있다.

5.3 기술통계량(descriptives)

한편, psych 패키지 describe( )기능을 활용하면 보다 상세한 기술통계량(평균, 표준편차, 중위수, 왜도, 첨도 등)을 알 수 있다.

```
> library(psych)
> summary(trees)
> describe(trees)
```

```
> library(psych)
> summary(trees)
     Girth          Height         Volume
 Min.   : 8.30   Min.   :63    Min.   :10.20
 1st Qu.:11.05   1st Qu.:72    1st Qu.:19.40
 Median :12.90   Median :76    Median :24.20
 Mean   :13.25   Mean   :76    Mean   :30.17
 3rd Qu.:15.25   3rd Qu.:80    3rd Qu.:37.30
 Max.   :20.60   Max.   :87    Max.   :77.00
> describe(trees)
        vars  n  mean    sd median trimmed   mad  min  max range  skew kurtosis   se
Girth      1 31 13.25  3.14   12.9   13.14  2.82  8.3 20.6  12.3  0.50    -0.71 0.56
Height     2 31 76.00  6.37   76.0   76.24  5.93 63.0 87.0  24.0 -0.36    -0.72 1.14
Volume     3 31 30.17 16.44   24.2   28.54 11.56 10.2 77.0  66.8  1.01     0.25 2.95
> |
```

Tip | mad(median absolute deviation)

mad는 비정규성 데이터의 산포를 나타내는 것으로 정규성 데이터의 표준편차(sd)와 같은 기능을 한다. mad=median(|Yi−median(Yi)|)

출처: http://www.statisticshowto.com/median-absolute-deviation

아래는 자동차 연비 관련 데이터인 mtcars 데이터를 이용해 describe( ) 기능을 활용한 것이다.

```
> mtcars
> myvars <- c("mpg", "hp", "wt")  # 세 변수를 선택
> summary(mtcars[myvars])
> describe(mtcars[myvars])
```

```
> myvars <- c("mpg", "hp", "wt")
> summary(mtcars[myvars])
      mpg             hp              wt
 Min.   :10.40   Min.   : 52.0   Min.   :1.513
 1st Qu.:15.43   1st Qu.: 96.5   1st Qu.:2.581
 Median :19.20   Median :123.0   Median :3.325
 Mean   :20.09   Mean   :146.7   Mean   :3.217
 3rd Qu.:22.80   3rd Qu.:180.0   3rd Qu.:3.610
 Max.   :33.90   Max.   :335.0   Max.   :5.424
> describe(mtcars[myvars])
    vars  n   mean     sd median trimmed   mad   min    max  range skew kurtosis    se
mpg    1 32  20.09   6.03  19.20   19.70  5.41 10.40  33.90  23.50 0.61    -0.37  1.07
hp     2 32 146.69  68.56 123.00  141.19 77.10 52.00 335.00 283.00 0.73    -0.14 12.12
wt     3 32   3.22   0.98   3.33    3.15  0.77  1.51   5.42   3.91 0.42    -0.02  0.17
```

> describeBy(mtcars[myvars], list(am=mtcars$am))

　　　# 기술통계량을 am별로 구분 제시

> aggregate(mtcars[myvars], by=list(am=mtcars$am), mean)

> aggregate(mpg~am, data=mtcars, mean)

```
> describeBy(mtcars[myvars], list(am=mtcars$am))

 Descriptive statistics by group
am: 0
    vars  n   mean     sd median trimmed   mad   min    max  range  skew kurtosis    se
mpg    1 19  17.15   3.83  17.30   17.12  3.11 10.40  24.40  14.00  0.01    -0.80  0.88
hp     2 19 160.26  53.91 175.00  161.06 77.10 62.00 245.00 183.00 -0.01    -1.21 12.37
wt     3 19   3.77   0.78   3.52    3.75  0.45  2.46   5.42   2.96  0.98     0.14  0.18
-----------------------------------------------------------------
am: 1
    vars  n   mean     sd median trimmed   mad   min    max  range  skew kurtosis    se
mpg    1 13  24.39   6.17  22.80   24.38  6.67 15.00  33.90  18.90  0.05    -1.46  1.71
hp     2 13 126.85  84.06 109.00  114.73 63.75 52.00 335.00 283.00  1.36     0.56 23.31
wt     3 13   2.41   0.62   2.32    2.39  0.68  1.51   3.57   2.06  0.21    -1.17  0.17
> aggregate(mtcars[myvars], by=list(am=mtcars$am), mean)
  am      mpg       hp       wt
1  0 17.14737 160.2632 3.768895
2  1 24.39231 126.8462 2.411000
> aggregate(mpg~am, data=mtcars, mean)
  am      mpg
1  0 17.14737
2  1 24.39231
```

5.4 그래프

　이제 데이터의 속성을 그림으로 나타내는 그래프 만들기 기능을 알아보자. 먼저 박스플롯을 그려 보자.

5.4.1 박스플롯(boxplot)

> fivenum(Volume)

> quantile(Volume)

> IQR(Volume)

> fivenum(Volume)[2]−1.5*IQR(Volume)

> fivenum(Volume)[4]+1.5*IQR(Volume)

```
> fivenum(Volume)
[1] 10.2 19.4 24.2 37.3 77.0
> quantile(Volume)
  0%  25%  50%  75% 100%
10.2 19.4 24.2 37.3 77.0
> IQR(Volume)
[1] 17.9
> fivenum(Volume)[2]-1.5*IQR(Volume)
[1] -7.45
> fivenum(Volume)[4]+1.5*IQR(Volume)
[1] 64.15
```

> boxplot(Volume, col="light green")

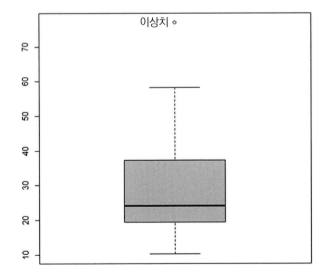

박스플롯(box-and-whiskers plot)은 연속변수의 분포를 보여 주며, 특히 5가지 요약치 (최소값, 25%값, 중위수, 75%값, 최대값)를 보여 준다. 그리고 이상치(25%-1.5*IQR 및 75%+1.5*IQR 범위 밖의 값)를 보여 주기도 한다. 기본적으로 ± 1.5*IQR 범위를 넘는 이상치 값은 점으로 표현된다(Kabacoff, 2015).

```
> attach(mtcars)
> boxplot(mpg, main="Box plot", ylab="Miles Per Gallon")
> boxplot.stats(mpg)
```

```
> boxplot.stats(mpg)
$stats
[1] 10.40 15.35 19.20 22.80 33.90

$n
[1] 32

$conf
[1] 17.11916 21.28084

$out
numeric(0)
```

다음 자동차 연비에 대한 박스플롯을 살펴 보면 연비 중간값은 19.2, 그리고 전체 자동차의 50%는 15.3에서 22.8 연비 사이에 존재하며, 가장 낮은 연비는 10.4이다. 그리고 이 플롯에서 이상치는 보이지 않으며 약간 정적(+) 방향으로 치우친 분포를 보인다 (왜냐하면 상위 whisker가 하위 whisker보다 길기 때문이다).

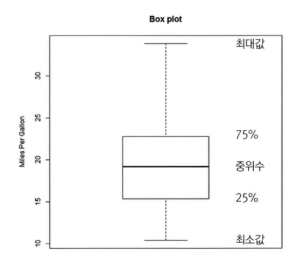

다음은 trees 데이터의 세 변수(Girth, Height, Volume)의 박스플롯을 한꺼번에 만들어 준다.

```
> boxplot(trees)
```

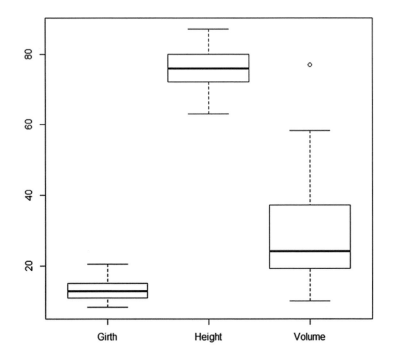

5.4.2 히스토그램(histogram)

다음은 연속변수에 대한 그래프로 히스토그램을 만들어 보자.

```
> attach(trees)
> hist(Volume)
```

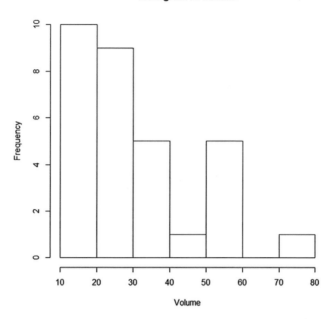

> hist(Volume, probability=T) # 단위가 확률(density)로 표현

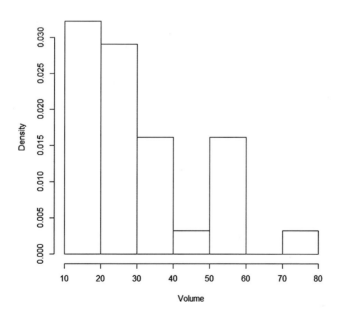

이제 히스토그램에 연속형 변수의 분포를 보여 주는 density plot을 추가해 보자. 나무의 부피에 대한 분포를 보여 주는 아래 히스토그램을 보면 약간 정적(+)으로 치우친 분포, 즉 오른쪽 꼬리가 약간 긴 분포를 보인다(skewness=1.01).

> hist(Volume, probability=T)

> lines(density(Volume), col="blue")

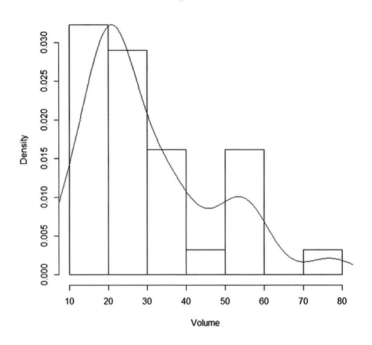

> describe(trees)
```
         vars  n  mean     sd median trimmed   mad  min  max range  skew kurtosis   se
Girth       1 31 13.25  3.14   12.9   13.14  2.82  8.3 20.6  12.3  0.50    -0.71 0.56
Height      2 31 76.00  6.37   76.0   76.24  5.93 63.0 87.0  24.0 -0.36    -0.72 1.14
Volume      3 31 30.17 16.44   24.2   28.54 11.56 10.2 77.0  66.8  1.01     0.25 2.95
> |
```

한편, 다음 히스토그램에서 나무의 높이에 대한 분포를 보면 부적(−)으로 치우친 분포, 즉 왼쪽 꼬리가 다소 긴 모습을 보이고 있다(skewness＝−0.36).

> hist(Height, probability=T)

> lines(density(Height), col="blue")

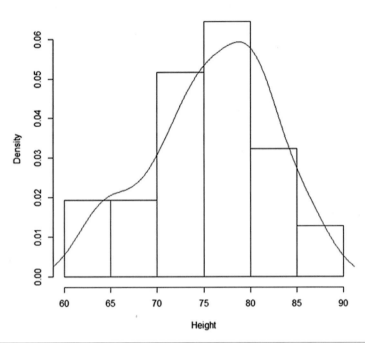

Histogram of Height

```
> describe(trees)
        vars  n  mean    sd median trimmed   mad  min  max range  skew kurtosis   se
Girth      1 31 13.25  3.14   12.9   13.14  2.82  8.3 20.6  12.3  0.50    -0.71 0.56
Height     2 31 76.00  6.37   76.0   76.24  5.93 63.0 87.0  24.0 -0.36    -0.72 1.14
Volume     3 31 30.17 16.44   24.2   28.54 11.56 10.2 77.0  66.8  1.01     0.25 2.95
> |
```

5.4.3 줄기-잎 그림(stem-and-leaf plot)

다음은 줄기-잎 그림을 보여 주고 있는데 이에 대한 해석을 하자면 반올림해서 10에 해당되는 데이터 값이 3개이고, 43이 하나이며 가장 큰 값은 77임을 알 수 있다.

> stem(Volume)

```
> stem(Volume)

The decimal point is 1 digit(s) to the right of the |

1 | 00066899
2 | 00111234567
3 | 24568
4 | 3
5 | 12568
6 |
7 | 7
```

5.4.4 산점도(scatter plot)

다음으로 산점도를 살펴보자. 아래는 나무의 둘레와 부피의 산점도이다. 두 변수가
뚜렷한 선형관계를 보이고 있음을 알 수 있다.

> plot(Girth, Volume)

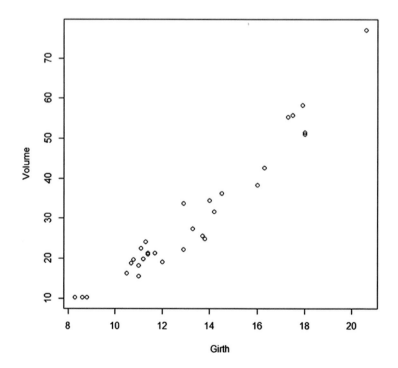

다음은 나무의 부피와 둘레에 대한 회귀선을 산점도에 포함한 것이다.

```
> fit <- lm(Volume ~ Girth, data=trees)
> plot(Volume ~ Girth)
> abline(fit)
```

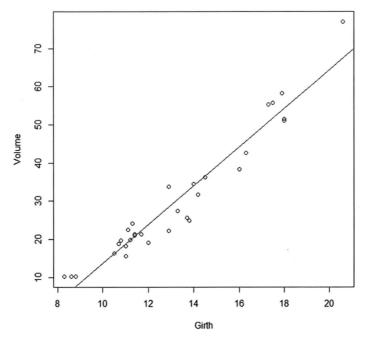

다음 그림은 나무 데이터(trees)의 세 변수(Girth, Height, Volume)에 대한 각각의 플롯을 한꺼번에 그린 것이다. 왼쪽 하단에 있는 Girth와 Volume의 관계가 가장 뚜렷한 선형관계를 나타내고 있다.

> pairs(trees)

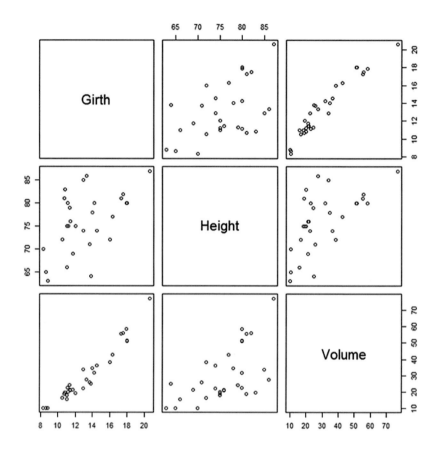

5.4.5 정규성 플롯(Q-Q Normality plot)

다음은 나무의 부피에 대한 정규분포 검정을 위한 플롯이다. 그림을 보면 정규분포를 이루고 있다고 보기 어렵다.

```
> qqnorm(Volume)
> qqline(Volume, col="blue")
```

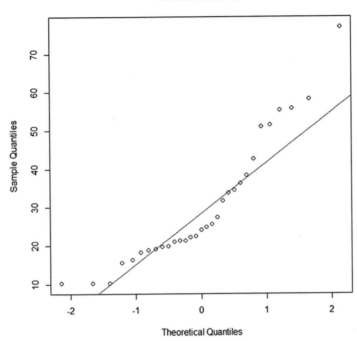

Normal Q-Q Plot

\# 정규성 검정

다음 정규성 검정 결과를 살펴 보면 p<0.01이므로 정규분포를 이룬다는 영가설을 기각함으로써 정규분포를 이루고 있지 못함을 확인할 수 있다.

```
> shapiro.test(Volume)
```

```
> shapiro.test(Volume)

        Shapiro-Wilk normality test

data:  Volume
W = 0.88757, p-value = 0.003579
```

5.4.6 막대그래프(bar plots)

범주변수인 경우 plot( ) 기능으로 막대그래프를 쉽게 만들 수 있다. 예를 들어, mtcars 데이터의 자동차 실린더유형(cylinders)과 변속기 유형(am)의 막대그래프를 다음과 같이 만들 수 있다.

```
> # 먼저 cyl, am을 범주형 factor 변수로 바꾼다.
> mtcars$cyl <- factor(mtcars$cyl)
> mtcars$am <- factor(mtcars$am)
```

```
> str(mtcars)
'data.frame':   32 obs. of  11 variables:
 $ mpg : num  21 21 22.8 21.4 18.7 18.1 14.3 24.4 22.8 19.2 ...
 $ cyl : num  6 6 4 6 8 6 8 4 4 6 ...
 $ disp: num  160 160 108 258 360 ...
 $ hp  : num  110 110 93 110 175 105 245 62 95 123 ...
 $ drat: num  3.9 3.9 3.85 3.08 3.15 2.76 3.21 3.69 3.92 3.92 ...
 $ wt  : num  2.62 2.88 2.32 3.21 3.44 ...
 $ qsec: num  16.5 17 18.6 19.4 17 ...
 $ vs  : num  0 0 1 1 0 1 0 1 1 1 ...
 $ am  : num  1 1 1 0 0 0 0 0 0 0 ...
 $ gear: num  4 4 4 3 3 3 3 4 4 4 ...
 $ carb: num  4 4 1 1 2 1 4 2 2 4 ...
> mtcars$cyl <- factor(mtcars$cyl)
> mtcars$am <- factor(mtcars$am)
> str(mtcars)
'data.frame':   32 obs. of  11 variables:
 $ mpg : num  21 21 22.8 21.4 18.7 18.1 14.3 24.4 22.8 19.2 ...
 $ cyl : Factor w/ 3 levels "4","6","8": 2 2 1 2 3 2 3 1 1 2 ...
 $ disp: num  160 160 108 258 360 ...
 $ hp  : num  110 110 93 110 175 105 245 62 95 123 ...
 $ drat: num  3.9 3.9 3.85 3.08 3.15 2.76 3.21 3.69 3.92 3.92 ...
 $ wt  : num  2.62 2.88 2.32 3.21 3.44 ...
 $ qsec: num  16.5 17 18.6 19.4 17 ...
 $ vs  : num  0 0 1 1 0 1 0 1 1 1 ...
 $ am  : Factor w/ 2 levels "0","1": 2 2 2 1 1 1 1 1 1 1 ...
 $ gear: num  4 4 4 3 3 3 3 4 4 4 ...
 $ carb: num  4 4 1 1 2 1 4 2 2 4 ...
> |
```

5.4.6.1 단순막대그래프(simple bar plot)

> attach(mtcars)

> plot(cyl, main="Simple Bar Plot", xlab="Number of cylinders",

　　　ylab="Frequency")

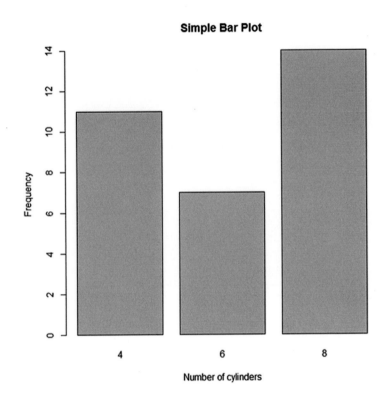

5.4.6.2 단순막대그래프(수평)

> plot(cyl, horiz=TRUE, main="Horizontal Bar Plot", ylab="Number of cylinders", xlab="Frequency")

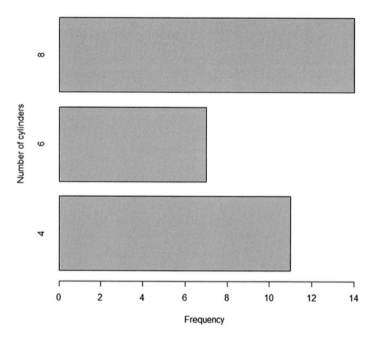

5.4.6.3 누적막대그래프(stacked bar plot)

누적막대그래프를 사용하려면 반드시 행렬(matrix)로 만들어진 데이터가 있어야 한다. 따라서 먼저 cyl(실린더)과 am(변속기)으로 테이블을 만든다. 그러고 나서 barplot( ) 기능을 다음과 같이 사용한다.

> counts <− table(cyl, am)
> counts
> barplot(counts)

```
> counts <- table(cyl, am)
> counts
    am
cyl  0  1
  4  3  8
  6  4  3
  8 12  2
```

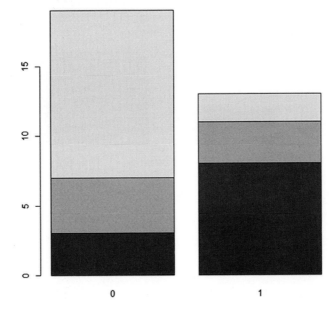

누적막대그래프에 범례표시와 색상을 표시하고자 하면 다음과 같이 col( ) 기능과 legend( ) 기능을 활용할 수 있다.

```
> barplot(counts, ylim=c(0, 20), col=c("red", "yellow", "green"),
    legend=rownames(counts), main="Stacked Bar Plot")
```

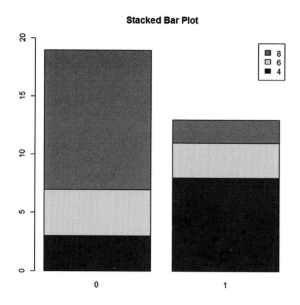

다음 그림은 막대를 나란히 표시한 그래프이다.

```
> barplot(counts, ylim=c(0, 20), col=c("red", "yellow", "green"),
          main="Stacked Bar Plot", legend=rownames(counts),
          xlab="Transmission (0=automatic, 1=manual)",
          ylab="Frequency", beside=TRUE)
```

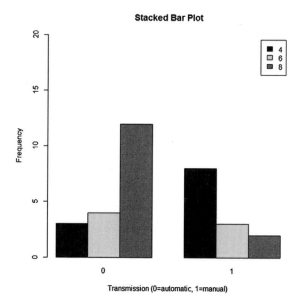

빈도표 및 분할표
(frequency and contingency tables)

06

6.1 빈도표(frequency table)

기술통계분석에서 흔히 사용되는 빈도표와 그림을 만들어 보자. 여기에는 패키지 funModeling을 설치하고 불러와야 한다(Casas, 2018).

> library(funModeling)

사용할 데이터는 R base 프로그램에 있는 자동차 연비 관련 데이터인 mtcars 데이터 이다.

> head(mtcars)

```
> head(mtcars)
                   mpg cyl disp  hp drat    wt  qsec vs am gear carb
Mazda RX4         21.0   6  160 110 3.90 2.620 16.46  0  1    4    4
Mazda RX4 Wag     21.0   6  160 110 3.90 2.875 17.02  0  1    4    4
Datsun 710        22.8   4  108  93 3.85 2.320 18.61  1  1    4    1
Hornet 4 Drive    21.4   6  258 110 3.08 3.215 19.44  1  0    3    1
Hornet Sportabout 18.7   8  360 175 3.15 3.440 17.02  0  0    3    2
Valiant           18.1   6  225 105 2.76 3.460 20.22  1  0    3    1
```

```
> freq(mtcars, 'mpg', plot=FALSE)  # 플롯은 제외하고 빈도표만 제시
```

```
     mpg frequency percentage cumulative_perc
1   10.4         2       6.25            6.25
2   15.2         2       6.25           12.50
3   19.2         2       6.25           18.75
4     21         2       6.25           25.00
5   21.4         2       6.25           31.25
6   22.8         2       6.25           37.50
7   30.4         2       6.25           43.75
8   13.3         1       3.12           46.87
9   14.3         1       3.12           49.99
10  14.7         1       3.12           53.11
11    15         1       3.12           56.23
12  15.5         1       3.12           59.35
13  15.8         1       3.12           62.47
14  16.4         1       3.12           65.59
15  17.3         1       3.12           68.71
16  17.8         1       3.12           71.83
17  18.1         1       3.12           74.95
18  18.7         1       3.12           78.07
19  19.7         1       3.12           81.19
20  21.5         1       3.12           84.31
21  24.4         1       3.12           87.43
22    26         1       3.12           90.55
23  27.3         1       3.12           93.67
24  32.4         1       3.12           96.79
25  33.9         1       3.12          100.00
```

위 빈도표를 조금 더 잘 표시해 주는 kable( ) 기능을 활용하여 표 형식으로 나타내는 방법은 다음과 같다.

```
> install.packages("knitr")

> library(knitr)

> kable(freq(mtcars, 'mpg', plot=FALSE))
```

```
|mpg  | frequency| percentage| cumulative_perc|
|:----|---------:|----------:|---------------:|
|10.4 |        2|       6.25|            6.25|
|15.2 |        2|       6.25|           12.50|
|19.2 |        2|       6.25|           18.75|
|21   |        2|       6.25|           25.00|
|21.4 |        2|       6.25|           31.25|
|22.8 |        2|       6.25|           37.50|
|30.4 |        2|       6.25|           43.75|
|13.3 |        1|       3.12|           46.87|
|14.3 |        1|       3.12|           49.99|
|14.7 |        1|       3.12|           53.11|
|15   |        1|       3.12|           56.23|
|15.5 |        1|       3.12|           59.35|
|15.8 |        1|       3.12|           62.47|
|16.4 |        1|       3.12|           65.59|
|17.3 |        1|       3.12|           68.71|
|17.8 |        1|       3.12|           71.83|
|18.1 |        1|       3.12|           74.95|
|18.7 |        1|       3.12|           78.07|
|19.7 |        1|       3.12|           81.19|
|21.5 |        1|       3.12|           84.31|
|24.4 |        1|       3.12|           87.43|
|26   |        1|       3.12|           90.55|
|27.3 |        1|       3.12|           93.67|
|32.4 |        1|       3.12|           96.79|
|33.9 |        1|       3.12|          100.00|
>|
```

이번에는 두 변수를 한꺼번에 분석해 보자.

```
> freq(data=mtcars, input=c('cyl', 'am'))
```

```
> head(mtcars)
                   mpg cyl disp  hp drat    wt  qsec vs am gear carb
Mazda RX4         21.0   6  160 110 3.90 2.620 16.46  0  1    4    4
Mazda RX4 Wag     21.0   6  160 110 3.90 2.875 17.02  0  1    4    4
Datsun 710        22.8   4  108  93 3.85 2.320 18.61  1  1    4    1
Hornet 4 Drive    21.4   6  258 110 3.08 3.215 19.44  1  0    3    1
Hornet Sportabout 18.7   8  360 175 3.15 3.440 17.02  0  0    3    2
Valiant           18.1   6  225 105 2.76 3.460 20.22  1  0    3    1
> freq(data=mtcars, input=c('cyl', 'am'))
  cyl frequency percentage cumulative_perc
1   8        14      43.75           43.75
2   4        11      34.38           78.13
3   6         7      21.88          100.00

  am frequency percentage cumulative_perc
1  0        19      59.38           59.38
2  1        13      40.62          100.00

[1] "Variables processed: cyl, am"
```

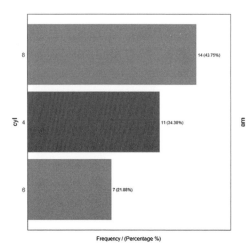

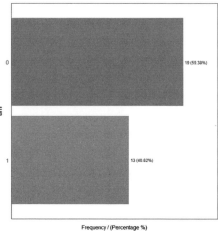

그리고 funModeling 패키지에는 아래와 같이 여러 수량 변수들을 한꺼번에 그래프로 나타낼 수 있는 기능이 있다(profiling numerical data).

> plot_num(mtcars, bins=20)

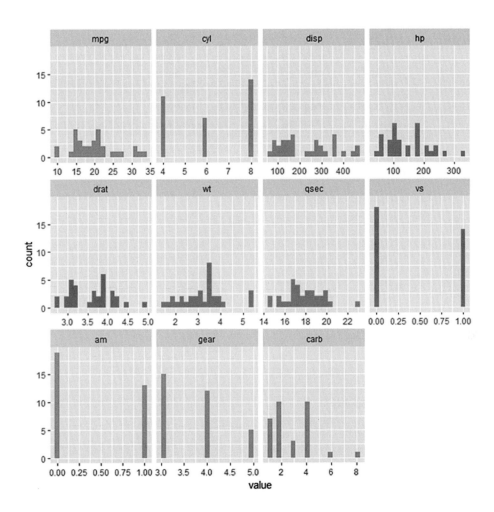

6.2 분할표(contingency tables)

이번에는 두 개 이상의 변수로 구성된 분할표(contingency tables)를 만들어 보자. 여기서 사용할 데이터는 vcd패키지에 있는 Arthritis 데이터이다.

```
> library(vcd)
> head(Arthritis)
```

```
> library(vcd)
> head(Arthritis)
  ID Treatment  Sex Age Improved
1 57   Treated Male  27     Some
2 46   Treated Male  29     None
3 77   Treated Male  30     None
4 17   Treated Male  32   Marked
5 36   Treated Male  46   Marked
6 23   Treated Male  58   Marked
```

```
> attach(Arthritis)
> options(digits=3)
```

```
> mytable <- xtabs(~ Treatment + Improved, data=Arthritis)
> mytable
> prop.table(mytable)  # 비율(proportion)로 제시
```

```
> mytable <- xtabs(~ Treatment + Improved, data=Arthritis)
> mytable
         Improved
Treatment None Some Marked
  Placebo   29    7      7
  Treated   13    7     21
> prop.table(mytable)
         Improved
Treatment   None   Some Marked
  Placebo 0.3452 0.0833 0.0833
  Treated 0.1548 0.0833 0.2500
```

> addmargins(mytable) # 각 항목을 더한 수치(합) 제시

> addmargins(prop.table(mytable))

> addmargins(prop.table(mytable))*100 # 퍼센트로 제시

```
> addmargins(mytable)
          Improved
Treatment None Some Marked Sum
  Placebo   29    7      7  43
  Treated   13    7     21  41
  Sum       42   14     28  84
> addmargins(prop.table(mytable))
          Improved
Treatment   None   Some Marked    Sum
  Placebo 0.3452 0.0833 0.0833 0.5119
  Treated 0.1548 0.0833 0.2500 0.4881
  Sum     0.5000 0.1667 0.3333 1.0000
> addmargins(prop.table(mytable))*100
          Improved
Treatment  None  Some Marked    Sum
  Placebo 34.52  8.33   8.33  51.19
  Treated 15.48  8.33  25.00  48.81
  Sum     50.00 16.67  33.33 100.00
```

이번에는 패키지 gmodels를 사용하여 2원 분할표(two-way table)를 만들어 보자. 그러면 아래와 같이 행, 열의 퍼센트와 카이스퀘어 비율이 표시된다.

```
> install.packages("gmodels")
> library(gmodels)
> CrossTable(Treatment, Improved)
```

```
   Cell Contents
|-----------------------|
|                     N |
| Chi-square contribution |
|            N / Row Total |
|            N / Col Total |
|          N / Table Total |
|-----------------------|


Total Observations in Table:  84


             | Improved
   Treatment |    None |    Some |  Marked | Row Total |
-------------|---------|---------|---------|-----------|
     Placebo |      29 |       7 |       7 |        43 |
             |   2.616 |   0.004 |   3.752 |           |
             |   0.674 |   0.163 |   0.163 |     0.512 |
             |   0.690 |   0.500 |   0.250 |           |
             |   0.345 |   0.083 |   0.083 |           |
-------------|---------|---------|---------|-----------|
     Treated |      13 |       7 |      21 |        41 |
             |   2.744 |   0.004 |   3.935 |           |
             |   0.317 |   0.171 |   0.512 |     0.488 |
             |   0.310 |   0.500 |   0.750 |           |
             |   0.155 |   0.083 |   0.250 |           |
-------------|---------|---------|---------|-----------|
Column Total |      42 |      14 |      28 |        84 |
             |   0.500 |   0.167 |   0.333 |           |
-------------|---------|---------|---------|-----------|
```

> CrossTable(Treatment, Improved, prop.chisq=F)

　　# 카이스퀘어 비율 삭제

```
> CrossTable(Treatment, Improved, prop.chisq=F)


   Cell Contents
|-------------------------|
|                       N |
|           N / Row Total |
|           N / Col Total |
|         N / Table Total |
|-------------------------|


Total Observations in Table:  84


             | Improved
   Treatment |    None |    Some |  Marked | Row Total |
-------------|---------|---------|---------|-----------|
     Placebo |      29 |       7 |       7 |        43 |
             |   0.674 |   0.163 |   0.163 |     0.512 |
             |   0.690 |   0.500 |   0.250 |           |
             |   0.345 |   0.083 |   0.083 |           |
-------------|---------|---------|---------|-----------|
     Treated |      13 |       7 |      21 |        41 |
             |   0.317 |   0.171 |   0.512 |     0.488 |
             |   0.310 |   0.500 |   0.750 |           |
             |   0.155 |   0.083 |   0.250 |           |
-------------|---------|---------|---------|-----------|
Column Total |      42 |      14 |      28 |        84 |
             |   0.500 |   0.167 |   0.333 |           |
-------------|---------|---------|---------|-----------|
```

그리고 아래와 같이 분할표를 3차원(three–way table)으로 나타낼 수도 있다.

> mytable <− xtabs(~ Treatment + Sex + Improved, data=Arthritis)

> mytable

```
> # three-way table
> mytable <- xtabs(~ Treatment + Sex + Improved, data=Arthritis)
> mytable
, , Improved = None

        Sex
Treatment Female Male
  Placebo     19   10
  Treated      6    7

, , Improved = Some

        Sex
Treatment Female Male
  Placebo      7    0
  Treated      5    2

, , Improved = Marked

        Sex
Treatment Female Male
  Placebo      6    1
  Treated     16    5
```

아래는 ftable( ) 기능을 활용하여 3차원 분할표를 보다 간결하게 제시하고 있다.

> ftable(mytable)

> ftable(addmargins(mytable))

```
> ftable(mytable)
                Improved None Some Marked
Treatment Sex
Placebo   Female          19    7      6
          Male            10    0      1
Treated   Female           6    5     16
          Male             7    2      5
> ftable(addmargins(mytable))
                Improved None Some Marked Sum
Treatment Sex
Placebo   Female          19    7      6  32
          Male            10    0      1  11
          Sum             29    7      7  43
Treated   Female           6    5     16  27
          Male             7    2      5  14
          Sum             13    7     21  41
Sum       Female          25   12     22  59
          Male            17    2      6  25
          Sum             42   14     28  84
```

아래 표는 Treatment * Sex에 대한 Improved 비율을 제시하고 있다.

> ftable(prop.table(mytable, c(1,2)))

> ftable(addmargins(prop.table(mytable, c(1,2)), 3)) # 세 번째 변수

    (Improved)에 대해 1.0으로 합산

```
> ftable(prop.table(mytable, c(1,2)))
                Improved   None   Some Marked
Treatment Sex
Placebo   Female         0.5938 0.2188 0.1875
          Male           0.9091 0.0000 0.0909
Treated   Female         0.2222 0.1852 0.5926
          Male           0.5000 0.1429 0.3571
> ftable(addmargins(prop.table(mytable, c(1,2)), 3))
                Improved   None   Some Marked    Sum
Treatment Sex
Placebo   Female         0.5938 0.2188 0.1875 1.0000
          Male           0.9091 0.0000 0.0909 1.0000
Treated   Female         0.2222 0.1852 0.5926 1.0000
          Male           0.5000 0.1429 0.3571 1.0000
```

> ftable(addmargins(prop.table(mytable, c(1,2)), 3))*100

```
> ftable(addmargins(prop.table(mytable, c(1,2)), 3))*100
               Improved   None   Some Marked    Sum
Treatment Sex
Placebo   Female        59.38  21.88  18.75 100.00
          Male          90.91   0.00   9.09 100.00
Treated   Female        22.22  18.52  59.26 100.00
          Male          50.00  14.29  35.71 100.00
>
```

07 신뢰도 분석(reliability analysis)

7.1 척도의 신뢰도 분석

기술통계분석의 마지막 순서로 여러 항목으로 구성된 척도에 대한 신뢰도 분석을
실시해 보자. 여기에는 psych 패키지의 alpha( ) 기능을 활용한다.

> library(psych)

> ?attitude

---

attitude {datasets}   R Documentation

The Chatterjee-Price Attitude Data

Description

From a survey of the clerical employees of a large financial organization, the data are aggregated from the questionnaires of the approximately 35 employees for each of 30 (randomly selected) departments. The numbers give the percent proportion of favourable responses to seven questions in each department.

Usage

attitude

Format

A data frame with 30 observations on 7 variables. The first column are the short names from the reference, the second one the variable names in the data frame:

Y rating	numeric	Overall rating
X[1] complaints	numeric	Handling of employee complaints
X[2] privileges	numeric	Does not allow special privileges
X[3] learning	numeric	Opportunity to learn
X[4] raises	numeric	Raises based on performance
X[5] critical	numeric	Too critical
X[6] advance	numeric	Advancement

Source

Chatterjee, S. and Price, B. (1977) *Regression Analysis by Example*. New York: Wiley. (Section 3.7, p.68ff of 2nd ed.(1991).)

앞서 본 데이터는 금융회사직원들을 대상으로 한 서베이 조사결과로 7문항의 설문에 대한 긍정적 응답 비율(percent proportion of favourable responses)을 조사한 데이터이다. alpha( ) 기능을 활용하여 문항에 대한 내적일관성 신뢰도를 분석한 결과 알파 신뢰도=0.84로 나타나 비교적 신뢰도가 높은 편으로 나타났다.

```
> head(attitude)
> alpha(attitude)
```

```
> head(attitude)
  rating complaints privileges learning raises critical advance
1     43         51         30       39     61       92      45
2     63         64         51       54     63       73      47
3     71         70         68       69     76       86      48
4     61         63         45       47     54       84      35
5     81         78         56       66     71       83      47
6     43         55         49       44     54       49      34
> alpha(attitude)

Reliability analysis
Call: alpha(x = attitude)

  raw_alpha std.alpha G6(smc) average_r S/N   ase mean  sd median_r
      0.84      0.84    0.88      0.43 5.2 0.042   60 8.2     0.45

 lower alpha upper     95% confidence boundaries
0.76 0.84 0.93

 Reliability if an item is dropped:
           raw_alpha std.alpha G6(smc) average_r S/N alpha se var.r med.r
rating          0.81      0.81    0.83      0.41 4.2       0.052 0.035  0.45
complaints      0.80      0.80    0.82      0.39 3.9       0.057 0.035  0.43
privileges      0.83      0.82    0.87      0.44 4.7       0.048 0.054  0.53
learning        0.80      0.80    0.84      0.40 4.0       0.054 0.045  0.38
raises          0.80      0.78    0.83      0.38 3.6       0.056 0.048  0.34
critical        0.86      0.86    0.89      0.51 6.3       0.038 0.030  0.56
advance         0.84      0.83    0.86      0.46 5.0       0.043 0.048  0.49

 Item statistics
            n raw.r std.r r.cor r.drop mean   sd
rating     30  0.78  0.76  0.75   0.67   65 12.2
complaints 30  0.84  0.81  0.82   0.74   67 13.3
privileges 30  0.70  0.68  0.60   0.56   53 12.2
learning   30  0.81  0.80  0.78   0.71   56 11.7
raises     30  0.85  0.86  0.85   0.79   65 10.4
critical   30  0.42  0.45  0.31   0.27   75  9.9
advance    30  0.60  0.62  0.56   0.46   43 10.3
> |
```

alpha( ) 기능은 척도의 내적일관성 신뢰도 검정값(estimates of the internal consistency reliability of a test) 분석 기능으로 Cronbach's alpha 값과 Guttman's Lamda_6 값을 보고하며, 이 둘은 거의 비슷하다. 이와 더불어 각 항목과 전체항목과의 상관계수, 각 항목의 평균, 표준편차 그리고 각 항목을 제외할 때 alpha 값을 제시한다.

⊙ Tip

알파는 척도의 내적일관성을 검정하는 몇 가지 방법 중 하나로 대부분의 통계분석 프로그램에 포함되어 있어 가장 흔히 보고되는 내적일관성 측정방법이다. 하지만 요인이 하나인(unifactorial test) 경우 알파는 적합한 방법이지만 여러 개의 요인으로(microstructure) 구성된 경우에는 베타(beta) 및 오메가(omega_hierchical) 방법이 더 적합하다고 하겠다. 한편 거트만 람다 6 (Guttman's Lambda 6)는 다른 모든 항목으로 구성된 회귀식으로 설명되는 각 항목의 분산, 즉 오차분산을 의미한다(Revelle, 2018).

7.2 자아존중감 척도의 신뢰도 분석

이번에는 조직진단 데이터 diagnosis_scale.csv에서 자아존중감과 조직헌신도에 대한 척도의 신뢰도 분석을 실시해 보자.

> diag_scale <− read.csv("D:/R/diagnosis_scale.csv")
> head(diag_scale)

> diag_scale_subset <− diag_scale[, 6:15] # 6번째 ~ 15번째 변수 선택
> head(diag_scale_subset)

> alpha(diag_scale_subset)

다음 그림에서 알파신뢰도는 0.83으로 나타났지만 경고메시지가 나타났다.

```
> alpha(diag_scale_subset)
Some items ( self_esteem08 ) were negatively correlated with the total scale and
probably should be reversed.
To do this, run the function again with the 'check.keys=TRUE' option
Reliability analysis
Call: alpha(x = diag_scale_subset)

  raw_alpha std.alpha G6(smc) average_r S/N   ase mean   sd
      0.83      0.83    0.86      0.33 4.8 0.027    3 0.37

 lower alpha upper     95% confidence boundaries
0.78 0.83 0.88

 Reliability if an item is dropped:
             raw_alpha std.alpha G6(smc) average_r S/N alpha se
self_esteem01      0.82      0.82    0.85      0.34 4.6    0.029
self_esteem02      0.82      0.81    0.84      0.32 4.3    0.029
self_esteem03      0.81      0.80    0.83      0.31 4.0    0.032
self_esteem04      0.81      0.80    0.84      0.31 4.1    0.031
self_esteem05      0.80      0.80    0.83      0.31 4.0    0.032
self_esteem06      0.81      0.81    0.84      0.32 4.2    0.031
self_esteem07      0.81      0.81    0.84      0.32 4.1    0.031
self_esteem08      0.86      0.87    0.88      0.42 6.5    0.025
self_esteem09      0.81      0.81    0.84      0.32 4.2    0.030
self_esteem10      0.79      0.79    0.82      0.29 3.7    0.034
```

```
 Item statistics
               n raw.r std.r  r.cor r.drop mean   sd
self_esteem01 74 0.564 0.556  0.491  0.447  3.0 0.56
self_esteem02 75 0.653 0.631  0.583  0.511  2.5 0.74
self_esteem03 75 0.704 0.728  0.709  0.633  3.3 0.49
self_esteem04 75 0.684 0.706  0.676  0.605  3.2 0.48
self_esteem05 75 0.719 0.725  0.706  0.630  3.1 0.57
self_esteem06 74 0.693 0.672  0.629  0.583  3.2 0.66
self_esteem07 75 0.682 0.684  0.636  0.588  3.3 0.51
self_esteem08 74 0.056 0.079 -0.072 -0.068  1.8 0.46
self_esteem09 73 0.666 0.656  0.620  0.541  3.3 0.71
self_esteem10 75 0.821 0.827  0.829  0.762  3.2 0.58

Non missing response frequency for each item
                 1    2    3    4 miss
self_esteem01 0.00 0.18 0.69 0.14 0.01
self_esteem02 0.05 0.51 0.35 0.09 0.00
self_esteem03 0.00 0.01 0.67 0.32 0.00
self_esteem04 0.00 0.04 0.73 0.23 0.00
self_esteem05 0.00 0.11 0.67 0.23 0.00
self_esteem06 0.01 0.11 0.58 0.30 0.01
self_esteem07 0.00 0.03 0.67 0.31 0.00
self_esteem08 0.22 0.76 0.03 0.00 0.01
self_esteem09 0.03 0.05 0.47 0.45 0.03
self_esteem10 0.01 0.05 0.68 0.25 0.00
경고메시지(들):
In alpha(diag_scale_subset) :
  Some items were negatively correlated with the total scale and probably
should be reversed.
To do this, run the function again with the 'check.keys=TRUE' option
```

어떤 척도의 항목이 전체 척도와 부적(−) 관계로 나타날 경우 역코딩, 즉 부호를 바꾸어줄 필요가 있다. 이때 사용하는 기능이 check.keys=TRUE이다. 그리고 신뢰도 분석에서 이 경우가 나타날 때 보통 경고가 발생한다. 따라서 수정한 분석에서는 아래에서 보는 것처럼 알파신뢰도＝0.84로 나타났다.

> alpha(diag_scale_subset, check.keys=TRUE)

```
> alpha(diag_scale_subset, check.keys=TRUE)

Reliability analysis
Call: alpha(x = diag_scale_subset, check.keys = TRUE)

 raw_alpha std.alpha G6(smc) average_r S/N   ase mean   sd
      0.84      0.84    0.87      0.35 5.3 0.027 3.1 0.37

 lower alpha upper     95% confidence boundaries
0.79 0.84 0.89

 Reliability if an item is dropped:
              raw_alpha std.alpha G6(smc) average_r S/N alpha se
self_esteem01      0.83      0.83    0.85      0.36 5.0     0.028
self_esteem02      0.83      0.83    0.85      0.36 5.0     0.028
self_esteem03      0.81      0.81    0.84      0.33 4.4     0.031
self_esteem04      0.82      0.82    0.84      0.33 4.5     0.030
self_esteem05      0.82      0.82    0.84      0.34 4.5     0.031
self_esteem06      0.82      0.83    0.85      0.35 4.8     0.030
self_esteem07      0.82      0.82    0.85      0.34 4.6     0.030
self_esteem08-     0.86      0.87    0.88      0.42 6.5     0.025
self_esteem09      0.83      0.83    0.85      0.35 4.8     0.029
self_esteem10      0.80      0.81    0.83      0.32 4.2     0.033

 Item statistics
                n raw.r std.r r.cor r.drop mean   sd
self_esteem01  74  0.59  0.59 0.523  0.477  3.0 0.56
self_esteem02  75  0.62  0.60 0.545  0.480  2.5 0.74
self_esteem03  75  0.74  0.76 0.743  0.668  3.3 0.49
self_esteem04  75  0.70  0.71 0.684  0.617  3.2 0.48
self_esteem05  75  0.71  0.71 0.691  0.622  3.1 0.57
self_esteem06  74  0.68  0.65 0.608  0.569  3.2 0.66
self_esteem07  75  0.69  0.71 0.661  0.615  3.3 0.51
self_esteem08- 74  0.20  0.23 0.099  0.068  3.2 0.46
self_esteem09  73  0.66  0.65 0.610  0.537  3.3 0.71
self_esteem10  75  0.82  0.81 0.815  0.755  3.2 0.58
```

7.3 조직헌신도 척도의 신뢰도 분석

이번에는 조직헌신도 척도의 신뢰도를 분석해 보자. 분석결과 알파신뢰도＝0.90으로 나타났다.

> diag_scale_subset2 <− diag_scale[, 41:48]

　　　# 41번째에서 48번째까지 변수 선택

> head(diag_scale_subset2)

> alpha(diag_scale_subset2)

```
> alpha(diag_scale_subset2)

Reliability analysis
Call: alpha(x = diag_scale_subset2)

  raw_alpha std.alpha G6(smc) average_r S/N   ase mean   sd
      0.9       0.9    0.91      0.54 9.3 0.017  3.8 0.54

 lower alpha upper     95% confidence boundaries
0.87 0.9 0.94

 Reliability if an item is dropped:
            raw_alpha std.alpha G6(smc) average_r S/N alpha se
org_commit01      0.89      0.89    0.88      0.53 8.0    0.020
org_commit02      0.89      0.89    0.89      0.55 8.5    0.019
org_commit03      0.89      0.89    0.89      0.53 7.9    0.020
org_commit04      0.89      0.89    0.89      0.55 8.4    0.019
org_commit05      0.88      0.88    0.88      0.51 7.4    0.021
org_commit06      0.90      0.90    0.90      0.56 9.1    0.018
org_commit07      0.89      0.89    0.89      0.53 7.9    0.020
org_commit08      0.89      0.89    0.89      0.53 8.0    0.020

 Item statistics
             n raw.r std.r r.cor r.drop mean   sd
org_commit01 75  0.78  0.79  0.76   0.72 3.9 0.63
org_commit02 75  0.74  0.74  0.69   0.64 3.4 0.74
org_commit03 75  0.79  0.79  0.76   0.72 3.9 0.68
org_commit04 75  0.75  0.75  0.70   0.66 3.7 0.75
org_commit05 75  0.85  0.85  0.84   0.79 3.8 0.72
org_commit06 75  0.68  0.68  0.62   0.58 3.6 0.67
org_commit07 75  0.79  0.79  0.76   0.72 4.1 0.65
org_commit08 75  0.79  0.79  0.75   0.71 3.6 0.72
```

R 추론통계분석

08 통계적 검정(statistical test)

표본으로부터 산출된 통계치를 모집단에 적용하는 통계분석을 추론통계분석이라 부르며, 이를 위한 통계적 검정 방법은 일반적으로 다음의 두 가지 방법으로 구분할 수 있다.

- 가설검정
- 신뢰구간 검정

통계적 검정 방법으로 가설검정을 전통적으로 사용해 왔으나 신뢰구간 검정은 영가설 또는 귀무가설(예: 집단 간 평균차이＝0)에 대한 구체적인 정보(예: 신뢰구간)를 가지고 있으므로 더 유용하다고 할 수 있다.

8.1 가설검정

8.1.1 가설검정의 주요 용어

- 가설(hypothesis)

가설은 영가설과 대립가설로 구분할 수 있는데 영가설(null hypothesis)은 연구자의 주장과 상반된 것이며, 대립가설(alternative hypothesis)은 연구자의 주장(검정하고 싶은 것)을 말한다. 가설검정에서는 직접 대립가설을 검정하지 않고 영가설을 기각함으로써 대립가설을 지지하는 간접적인 방식을 취한다.

예) 영가설: 두 집단(남, 여) 간에 소득 차이가 없다(표본에서 나온 통계치의 차이는 우연히 발생한 것이다).

대립가설: 두 집단(남, 여) 간에 소득 차이가 있다.

영가설(남, 여 소득 차이＝0)

	True(참)	False(허위)
기각하지 않음	바른 결정	2종 오류
기각함	1종 오류	바른 결정

• 1종 오류

영가설이 참일 때 영가설을 기각할 확률을 말한다.

• 검정통계량(test statistic)

관찰이나 실험의 결과로 나온 요약된 값(통계치)을 의미하며, 모수적 방법은 통계치(statistics)로 모수(parameters)를 추정하는 데 반해 비모수적 방법은 모수와 통계치의 관계를 다루지 않으며 표본이 작거나 분석에 대한 가정(예: 정규분포)을 충족하지 못할 때 이용한다.

보통 통계적 검정방법으로 t-검정, F-검정, 카이제곱 검정이 주로 이용되고 있는데 이는 분석 결과로 구한 통계치가 특정분포(t-분포, F-분포, χ^2분포)를 따르기 때문에 붙여진 이름이다. 그리고 각 방법으로 구한 통계치를 t값, F값, χ^2값이라고 한다.

• 유의수준(α)

1종 오류를 허용하는 기준을 의미하며(검정통계량이 영가설하에서 발생할 확률 기준), 보통 $\alpha＝0.05$(5%)를 유의수준으로 결정한다. 즉, 검정통계량이 영가설하에서 발생할 확률이 5% 미만인 경우 영가설을 기각한다고 미리 결정하는 것이다.

• 유의확률(p-value)

영가설하에서 검정통계량(관찰된 통계량)만큼의 극단적인 값이 관찰될 확률을 말한다(권재명, 2017). 또는 검정통계량이 영가설을 지지하는 정도를 말한다고 할 수 있다. 그리고 영가설이 참(true)임에도 영가설을 기각함으로써 1종 오류를 범할 확률을 의미하기도 한다. 유의확률(p-value)이 유의수준보다 작으면 '통계적으로 유의한 결과(statistically significant)'라고 해석하고 영가설을 기각한다. 즉, 영가설을 지지하는 정도가 유의수준보다 작으므로 영가설을 기각하게 된다.

이상을 정리하면 다음과 같다.

 요약

1종 오류
영가설이 참(true)임에도 이를 기각하는 것. 즉, 결과가 유의하지 않은데 유의하다고 하는 경우

유의수준 또는 알파(α)
1종 오류의 허용 기준/확률(일반적으로 알파＝0.05를 기준, 즉 유의수준 5% 또는 신뢰수준 95%)

유의확률(p-value)
영가설하에서 검정통계량이 관찰될 확률을 의미한다. 즉, 표본의 결과가 우연히(due to chance) 발생할 확률을 의미하며 영가설을 기각함으로써 1종 오류를 범할 확률을 말한다.

따라서 유의확률(p)이 알파(α)보다 작으면 영가설 기각에 확신을 갖게 된다. 즉, 대립가설을 지지하게 되고, 분석결과가 통계적으로 유의(statistically significant)하다고 판단한다.

Tip | Statistical chance

"… 대부분의 연구에서는 어떤 결과(차이)가 우연히 일어날 확률(statistical chance)이 0.05보다 작으면, 우연히 일어날 가능성을 배제하게 된다. 즉, 통계적으로 유의하다고 판단한다"(Rubin, 2008, p. 73)

이때 유의확률은 분석결과가 우연히(due to chance) 발생할 확률을 의미하므로 유의확률, 즉 우연히 일어날 확률이 낮을수록 그 결과는 통계적으로 유의하다고 본다.

8.1.2 가설검정의 절차 및 사례

- 영가설(H_0)과 대립가설(H_a)의 설정(예: 남, 여 소득 차이＝0)
- 통계분석방법 결정(t–검정, 카이스퀘어 검정 등) (연구목적과 데이터 속성에 따라 결정)
- 유의수준(α) 결정(1종 오류 허용 기준)
- 검정통계량 계산: 실험, 관찰 및 조사 후 그 결과를 통계적으로 요약한 값(t값, F값 등)
- 검정통계량과 기각영역을 비교하여 영가설을 기각 또는 기각하지 않음을 결정 (실험 및 관찰의 결과로 요약된 값이 영가설하에서 쉽게 발생할 수 있는 값인지 확인) ([그림 8–1])
- 또는 영가설의 가정하에서 검정통계량만큼의 극단적인 값이 발생할 확률인 유의확률(p–value)이 유의수준(α) 보다 작은지 확인하여 영가설을 기각하거나 기각하지 않는다.

다음 결과는 어떤 조직에서 남녀 간의 월 소득 차이를 검정한 결과이다.

```
> t.test(m_income ~ gender2, var.equal=TRUE, data=diag)

        Two Sample t-test

data:  m_income by gender2
t = -2.7327, df = 73, p-value = 0.007874
alternative hypothesis: true difference in means is not equal to 0
95 percent confidence interval:
 -74.99436 -11.73898
sample estimates:
mean in group Female    mean in group Male
          150.4667              193.8333
```

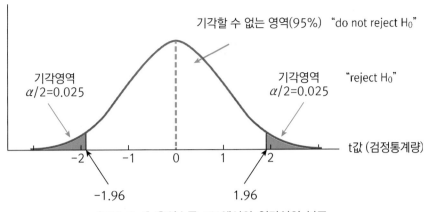

[그림 8-1] 유의수준 5%에서의 영가설의 분포

우선, 영가설은 남녀 간 소득차이＝0으로 설정하였으며, 두 집단의 차이 검정이므로 t-검정을 실시하였다. 유의수준은 일반적으로 5%, 즉 알파＝0.05로 기준값을 정하였으며, 분석 결과 검정통계량은 t＝−2.73으로 나타났다. 여기서 영가설을 기각하려면 분석 결과로 나타난 검정통계량이 발생할 확률(유의확률)이 유의수준 0.05보다 작아야한다. 위 분석결과에서 보듯이 유의확률 p＝0.008로 나타나 유의수준보다 작으므로 영가설을 기각하게 된다. 또 위 [그림 8-1]의 영가설 분포를 보면 검정통계량 t＝−2.73이 속할 영역은 영가설의 기각영역에 속하므로 영가설을 기각하게 된다. 따라서 표본데이터의 분석결과는 우연히 나타난 것이 아니므로 두 집단의 월소득의 차이는 통계적으로 유의하다고 해석한다.

> -◎- Tip
>
> • 단측검정: 한쪽 방향만 고려하여 검정을 시행하는 것이 양측을 모두 고려하는 양측 검정에 비해 영가설을 기각할 가능성이 높아진다. 즉, 검정력이 높아진다.
>
> • 검정력과 표본수: 두 집단의 평균이나 비율의 차이를 검정할 때 표본수(sample size)가 크면 작은 차이라도 영가설을 기각할 가능성이 높아지는데, 이를 영가설이 잘못되었을 때 기각할 수 있는 확률, 즉 검정력(power)이 크다고 한다.

8.2　신뢰구간 검정

　전통적인 통계적 검정방법인 가설검정 방법을 사용하지 않고, 추정하고자 하는 모수가 포함되었을 것이라고 생각되는 신뢰구간을 제시하여 통계적 검정을 하는 방법을 의미한다.

8.2.1 신뢰구간 검정의 주요 용어

　신뢰구간(confidence interval: CI): 모수가 가질 값의 범위를 의미하며, 예를 들어 95% 신뢰구간은 표본추출을 반복해서 만들어지는 신뢰구간 중 모수값을 포함할 확률이 95%가 되도록 만들어진 구간을 말한다.

　모수의 신뢰구간을 추정하고자 할 때는 표본평균 분포의 표준편차, 즉 표준오차(standard error, SE, $\sigma_{\overline{X}}$)를 이용한다.

$$\sigma_{\overline{X}} = SE = \frac{s}{\sqrt{n}}$$

　즉, 정규분포에서 95%의 신뢰수준에 모수의 신뢰구간은 평균±(표준화값*표준오차), 즉 $\overline{X} - (1.96 * \sigma_{\overline{X}}) \le \mu \le \overline{X} + (1.96 * \sigma_{\overline{X}})$이 된다. 이때 표본이 클수록 신뢰구간은 작아져서 더 정확한 추정이 된다.

8.2.2 신뢰구간 검정 사례

　예를 들어, 남녀 간 월소득 차이에 대한 검정결과가 다음과 같이 나왔다면, 영가설 검정의 경우 검정통계량 t = 2.669, 유의확률값 = 0.009이므로 영가설의 기각영역에 속한다. 따라서 남녀 간의 월소득의 차이는 통계적으로 유의하다(statistically significant). 즉, 월소득의 차이는 우연히 생긴 것이 아니라고 할 수 있다.

집단통계량

	성별	N	평균	표준편차	평균의 표준오차
월소득	남	30	193.83	73.034	13.334
	여	43	150.49	64.776	9.878

독립표본 검정

		Levene의 등분산 검정		평균의 동일성에 대한 t-검정					차이의 95% 신뢰구간	
		F	유의확률	t	자유도	유의확률 (양쪽)	평균차	차이의 표준오차	하한	상한
월소득	등분산이 가정됨	1.640	.204	2.669	71	.009	43.345	16.240	10.963	75.727
	등분산이 가정되지 않음			2.612	57.590	.011	43.345	16.595	10.122	76.568

하지만 신뢰구간 검정의 경우 다음과 같이 검정통계량 t값과 t-분포표를 이용하여 (〈표 8-1〉) 표준화된 t값 1.994를 구한 다음 아래 공식에 따라 상한선, 하한선 값을 구한다. 즉, 표본 데이터로부터 남녀 간의 월소득 차이는 약 43,000원이지만 모수의 추정값은 약 11,000원에서 76,000원의 범위에 있음을 알 수 있다.

$$t_\alpha^{df} = t_{0.05}^{71} = 1.994$$

신뢰구간 하한선(LL) $= 43.345 - (1.994 \times 16.240) = 10.963$

신뢰구간 상한선(UL) $= 43.345 + (1.994 \times 16.240) = 75.727$

그러므로 95%의 신뢰구간이 영가설의 값(여기서는 0)을 포함하지 않으므로 유의수준 5%에서 영가설을 기각하게 된다. 따라서 추정통계량은 통계적으로 유의하다고 결론을 내리며, 남녀 간의 월소득의 차이는 통계적으로 유의하다고 한다.

〈표 8-1〉 검정통계량 t 테이블

t Table

cum. prob	$t_{.50}$	$t_{.75}$	$t_{.80}$	$t_{.85}$	$t_{.90}$	$t_{.95}$	$t_{.975}$	$t_{.99}$	$t_{.995}$	$t_{.999}$	$t_{.9995}$
one-tail	0.50	0.25	0.20	0.15	0.10	0.05	0.025	0.01	0.005	0.001	0.0005
two-tails	1.00	0.50	0.40	0.30	0.20	0.10	0.05	0.02	0.01	0.002	0.001
df											
1	0.000	1.000	1.376	1.963	3.078	6.314	12.71	31.82	63.66	318.31	636.62
2	0.000	0.816	1.061	1.386	1.886	2.920	4.303	6.965	9.925	22.327	31.599
3	0.000	0.765	0.978	1.250	1.638	2.353	3.182	4.541	5.841	10.215	12.924
4	0.000	0.741	0.941	1.190	1.533	2.132	2.776	3.747	4.604	7.173	8.610
5	0.000	0.727	0.920	1.156	1.476	2.015	2.571	3.365	4.032	5.893	6.869
6	0.000	0.718	0.906	1.134	1.440	1.943	2.447	3.143	3.707	5.208	5.959
7	0.000	0.711	0.896	1.119	1.415	1.895	2.365	2.998	3.499	4.785	5.408
8	0.000	0.706	0.889	1.108	1.397	1.860	2.306	2.896	3.355	4.501	5.041
9	0.000	0.703	0.883	1.100	1.383	1.833	2.262	2.821	3.250	4.297	4.781
10	0.000	0.700	0.879	1.093	1.372	1.812	2.228	2.764	3.169	4.144	4.587
11	0.000	0.697	0.876	1.088	1.363	1.796	2.201	2.718	3.106	4.025	4.437
12	0.000	0.695	0.873	1.083	1.356	1.782	2.179	2.681	3.055	3.930	4.318
13	0.000	0.694	0.870	1.079	1.350	1.771	2.160	2.650	3.012	3.852	4.221
14	0.000	0.692	0.868	1.076	1.345	1.761	2.145	2.624	2.977	3.787	4.140
15	0.000	0.691	0.866	1.074	1.341	1.753	2.131	2.602	2.947	3.733	4.073
16	0.000	0.690	0.865	1.071	1.337	1.746	2.120	2.583	2.921	3.686	4.015
17	0.000	0.689	0.863	1.069	1.333	1.740	2.110	2.567	2.898	3.646	3.965
18	0.000	0.688	0.862	1.067	1.330	1.734	2.101	2.552	2.878	3.610	3.922
19	0.000	0.688	0.861	1.066	1.328	1.729	2.093	2.539	2.861	3.579	3.883
20	0.000	0.687	0.860	1.064	1.325	1.725	2.086	2.528	2.845	3.552	3.850
21	0.000	0.686	0.859	1.063	1.323	1.721	2.080	2.518	2.831	3.527	3.819
22	0.000	0.686	0.858	1.061	1.321	1.717	2.074	2.508	2.819	3.505	3.792
23	0.000	0.685	0.858	1.060	1.319	1.714	2.069	2.500	2.807	3.485	3.768
24	0.000	0.685	0.857	1.059	1.318	1.711	2.064	2.492	2.797	3.467	3.745
25	0.000	0.684	0.856	1.058	1.316	1.708	2.060	2.485	2.787	3.450	3.725
26	0.000	0.684	0.856	1.058	1.315	1.706	2.056	2.479	2.779	3.435	3.707
27	0.000	0.684	0.855	1.057	1.314	1.703	2.052	2.473	2.771	3.421	3.690
28	0.000	0.683	0.855	1.056	1.313	1.701	2.048	2.467	2.763	3.408	3.674
29	0.000	0.683	0.854	1.055	1.311	1.699	2.045	2.462	2.756	3.396	3.659
30	0.000	0.683	0.854	1.055	1.310	1.697	2.042	2.457	2.750	3.385	3.646
40	0.000	0.681	0.851	1.050	1.303	1.684	2.021	2.423	2.704	3.307	3.551
60	0.000	0.679	0.848	1.045	1.296	1.671	2.000	2.390	2.660	3.232	3.460
80	0.000	0.678	0.846	1.043	1.292	1.664	1.990	2.374	2.639	3.195	3.416
100	0.000	0.677	0.845	1.042	1.290	1.660	1.984	2.364	2.626	3.174	3.390
1000	0.000	0.675	0.842	1.037	1.282	1.646	1.962	2.330	2.581	3.098	3.300
z	0.000	0.674	0.842	1.036	1.282	1.645	1.960	2.326	2.576	3.090	3.291
	0%	50%	60%	70%	80%	90%	95%	98%	99%	99.8%	99.9%
							Confidence Level				

여기서 t값은 아래와 같이 R에서 바로 구할 수 있다.

```
> qt (0.025, 71, lower.tail=F)
```

또는 엑셀 함수계산법을 이용하여 TINV(0.05, 71)＝1.994로 계산할 수 있다.

09 카이스퀘어 검정

9.1 카이스퀘어 검정(test of independence): 독립성 검정

두 명목변수의 독립성(또는 연관성)을 검정하는 방법으로 카이스퀘어 검정이 있으며, chisq.test( ) 기능을 활용하게 된다. 아래와 같이 vcd 패키지에 있는 관절염치료 데이터 Arthritis를 활용하여 분석해 보자.

```
> library(vcd)
> data(Arthritis)
> mytable <- xtabs(~ Treatment + Improved, data=Arthritis)
> chisq.test(mytable)
```

```
> library(vcd)
필요한 패키지를 로딩중입니다: grid
> mytable=xtabs(~Treatment+Improved, data=Arthritis)
> mytable
          Improved
Treatment None Some Marked
  Placebo   29    7      7
  Treated   13    7     21
> chisq.test(mytable)

        Pearson's Chi-squared test

data:  mytable
X-squared = 13.055, df = 2, p-value = 0.001463
```

두 변수, 즉 치료집단 여부(Treatment)와 증상개선(Improved)의 독립성 검정을 실시한 결과 유의확률=0.001로 나타났으므로 영가설(두 변수가 서로 독립적이다)을 기각하게 되어 증상개선은 치료집단에 따라 다르게 됨을 알 수 있다. 이때 유의확률은 영가설을 지지할 확률을 의미하는데 유의수준 5%보다 낮으므로 영가설을 기각하였다. 또 유의확률은 모집단에서 두 변수의 독립성을 가정한 상태(영가설)에서 표본의 결과(검정통계량)가 발생할 확률을 의미하기도 한다.

카이스퀘어 값은 아래 공식에서처럼 관찰빈도와 기대빈도로서 계산되며, 자유도에 따라 그 분포가 매우 다르게 나타난다([그림 9-1]).

```
> chisq.test(mytable)$expected
          Improved
Treatment None   Some Marked
  Placebo 21.5 7.1667 14.333
  Treated 20.5 6.8333 13.667
```

$$\chi^2 = \sum \frac{(관찰빈도 - 기대빈도)^2}{기대빈도} \qquad df(자유도) = (r-1) \times (c-1)$$

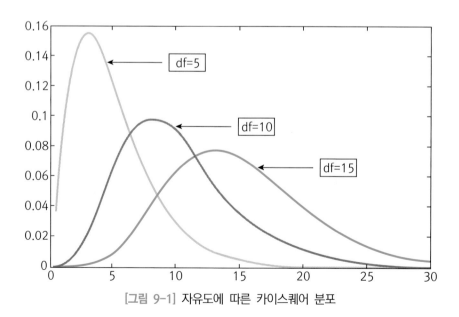

[그림 9-1] 자유도에 따른 카이스퀘어 분포

9.2 Fisher's exact test

Fisher's exact test는 카이스퀘어 검정에서 기대빈도가 5 이하인 cell이 있는 경우 권장되는 분석기법으로, 카이스퀘어 검정에서 경고메시지가 출력되면 Fisher's exact test로 수행하는 것이 적절하다.

```
> mytable2 <- xtabs(~ Improved + Sex, data=Arthritis)
> chisq.test(mytable2)
> chisq.test(mytable2)$expected

# Fisher's exact test
> fisher.test(mytable2)
```

```
> chisq.test(mytable2)

        Pearson's Chi-squared test

data:  mytable2
X-squared = 4.84, df = 2, p-value = 0.089

경고메시지(들):
In chisq.test(mytable2) :
  카이제곱 approximation은 정확하지 않을수도 있습니다
> chisq.test(mytable2)$expected
        Sex
Improved  Female    Male
  None   29.5000 12.5000
  Some    9.8333  4.1667
  Marked 19.6667  8.3333
경고메시지(들):
In chisq.test(mytable2) :
  카이제곱 approximation은 정확하지 않을수도 있습니다
> # Fisher's exact test(when cells have expected values less than five)
> fisher.test(mytable2)

        Fisher's Exact Test for Count Data

data:  mytable2
p-value = 0.11
alternative hypothesis: two.sided
```

앞의 분석결과를 보면 경고메시지가 있는데 이는 성별과 증상개선의 분할표에서 하나의 셀에서 기댓값이 4.17로 5보다 작게 나타났기 때문이다. 이런 경우에는 카이스퀘어 추정이 정확하지 않기 때문에 좀 더 엄밀한 검정방법인 Fisher's exact 검정을 실시하는 것이 바람직하다. 분석결과를 살펴보면 p=0.11이므로 영가설을 기각할 수 없게 된다. 즉, 증상개선은 성별에 따라 차이가 없다는 것을 알 수 있다.

9.3 연관성의 정도(measures of association)

카이스퀘어 검정에서 영가설을 기각하게 되면 두 변수가 서로 관련이 있는 것으로 볼 수 있는데 이때 두 변수의 관련성(association)이 어느 정도인지 추가로 분석해볼 수 있다. 이 경우에는 assocstats( ) 기능을 활용하게 되며, 두 명목변수 간의 연관성의 정도인 Cramer's V를 보면 0.394라는 결과를 얻게 되며, 이 수치가 클수록 연관성의 정도가 더 강하다고 해석한다.

> mytable <− xtabs(~ Treatment + Improved, data=Arthritis)

> mytable

> chisq.test(mytable)

> assocstats(mytable)

```
> mytable
          Improved
Treatment None Some Marked
  Placebo   29    7      7
  Treated   13    7     21
> chisq.test(mytable)

        Pearson's Chi-squared test

data:  mytable
X-squared = 10, df = 2, p-value = 0.001

> # Measures of association
> assocstats(mytable)
                  X^2 df  P(> X^2)
Likelihood Ratio 13.530  2 0.0011536
Pearson          13.055  2 0.0014626

Phi-Coefficient  : NA
Contingency Coeff.: 0.367
Cramer's V        : 0.394
```

9.4 Cochran-Mantel-Haenszel chi-square test

Cochran-Mantel-Haenszel 카이스퀘어 검정 방법은 2개의 명목변수가 3번째 변수의 각 수준에 따라 독립적인지를 검정하는 방법이다.

> mytable3 <— xtabs(~ Treatment + Improved + Sex, data=Arthritis)
> mantelhaen.test(mytable3)

```
> mantelhaen.test(mytable3)

        Cochran-Mantel-Haenszel test

data:  mytable3
Cochran-Mantel-Haenszel M^2 = 10, df = 2, p-value = 7e-04
```

위 결과를 보면 치료집단 여부와 증상개선의 관계는 성별과 독립적이지 않음을 나타내고 있다(p=0.0007). 즉, 성별에 따라 치료집단과 통제집단의 증상 개선효과가 차이가 있음을 알 수 있다.

9.5 McNemar 검정

McNemar 검정은 연관된 두 이분형(binary) 변수의 일치도를 조사할 때 사용하며, 이 경우 측정된 이분형 변수의 값은 서로 연관된(matched-pair) 값이다.

사례 1

BTS 그룹의 L사 제품 광고 후 L사 제품 선호도와 경쟁사 S사와 제품 선호도에 있어서 차이가 있는가?

광고 전	광고 후	
	L사	S사
L사	50	50
S사	150	70

> mcnemar.test(matrix(c(50, 150, 50, 70), ncol=2))

```
> mcnemar.test(matrix(c(50,150,50,70), ncol=2))

        McNemar's Chi-squared test with continuity correction

data:  matrix(c(50, 150, 50, 70), ncol = 2)
McNemar's chi-squared = 49.005, df = 1, p-value = 2.553e-12
```

McNemar 분석결과 $p < 0.001$이므로 영가설, 즉 두 회사 제품 선호도에 있어서 차이가 없다는 영가설을 기각하게 되므로 BTS 그룹의 광고는 제품 선호도에 영향을 준다고 할 수 있다.

사례 2

남학생과 여학생의 통계분석 강의 만족도에 있어서 만족도가 일치하는가?

남학생	여학생	
	불만	만족
불만	20	20
만족	15	30

> mcnemar.test(matrix(c(20, 15, 20, 30), ncol=2))

```
> mcnemar.test(matrix(c(20,15,20,30), ncol=2))

        McNemar's Chi-squared test with continuity correction

data:  matrix(c(20, 15, 20, 30), ncol = 2)
McNemar's chi-squared = 0.45714, df = 1, p-value = 0.499
```

 분석결과 p＝0.499이므로 남학생과 여학생의 통계분석 강의 만족도에 있어서 차이
가 없다고 하겠다.

10 평균차이 검정(t-test)

t-검정은 검정통계량이 스튜던트(Student) t-분포를 따르는 통계적 검정을 말한다. t-통계량은 1908년 기네스 맥주회사에서 일하던 화학자 Willimam Gosset이 맥주의 품질을 모니터링하기 위한 방법으로 개발하였으며, 연구를 발표할 때 Student란 이름으로 발표했기 때문에 스튜던트 t-검정이라 부른다(http://en.wikipedia.org/wiki/ Student%27s_t-test).

t-통계량은 모분산 σ^2를 표본분산 s^2로 추정한 통계량을 의미하며 자유도가 커질수록 정규분포에 근접하지만 자유도가 작을수록 양쪽 꼬리는 두터워진다. t-분포는 [그림 10-1]과 같다.

정규분포: $X_i \sim {}_{iid}N(\mu, \sigma^2)$

표준정규분포: $Z = \dfrac{\overline{X} - \mu}{\sqrt{\sigma^2/n}} \sim N(0, 1)$

t-분포: $t = \dfrac{\overline{X} - \mu}{\sqrt{s^2/n}} \sim t_{df}$

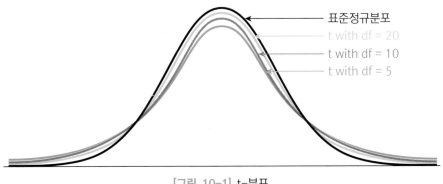

표준정규분포
t with df = 20
t with df = 10
t with df = 5

[그림 10-1] t-분포

10.1 단일집단 평균차이 검정(one-sample t-test)

2007년 조사에 의하면 한국인의 1인 1일 평균 알코올(소주) 섭취량은 8.1cc이었다. 하지만 10년이 지난 2017년에는 여성의 사회적 참여와 양성평등에 대한 사회적 인식 변화로 인해 알코올 섭취량이 2007년과 달라졌는지 궁금하였다. 그래서 2017년 10명을 무작위로 선정해서 다음과 같은 결과를 얻었다(안재형, 2011).

8.27　3.66　14.27　3.11　5.05　5.76　3.75　9.48　8.36　2.87

이제 위의 데이터를 R에 직접 입력한 후 shapiro.test( )를 이용하여 정규성 검정을 한 후 단일집단 t-검정을 해 보자. 왜냐하면 t-검정은 정규분포를 가정하기 때문이다.

> x <− c(8.27, 3.66, 14.27, 3.11, 5.05, 5.76, 3.75, 9.48, 8.36, 2.87)

> x

> mean(x)

> shapiro.test(x) # 정규성 검정

```
> x <- c(8.27, 3.66, 14.27, 3.11, 5.05, 5.76, 3.75, 9.48, 8.36, 2.87)
> x
 [1]  8.27  3.66 14.27  3.11  5.05  5.76  3.75  9.48  8.36  2.87
> mean(x)
[1] 6.458
> sd(x)
[1] 3.632804
> shapiro.test(x)

        Shapiro-Wilk normality test

data:  x
W = 0.88055, p-value = 0.1324
```

정규성 검정 결과 p=0.132로 나타나 정규분포를 따른다는 영가설을 기각할 수 없어 데이터가 정규분포를 따르고 있음을 알 수 있다.

그리고 다음과 같이 단일집단 t−검정을 실시한 결과 p＝0.187이므로 2017년 평균 알코올 섭취량이 8.1cc라는 영가설을 기각할 수 없음을 알 수 있다. 따라서 10년이 지난 후에도 알코올 섭취량은 2007년에 비해 차이가 없음을 알 수 있다. 그리고 단측검정 (평균＞8.1cc)에도 동일한 결과가 나타났다.

```
> t.test(x, mu=8.1)
> t.test(x, mu=8.1, alter="greater")  # 단측검정
```

```
> t.test(x, mu=8.1)

        One Sample t-test

data:  x
t = -1.4293, df = 9, p-value = 0.1867
alternative hypothesis: true mean is not equal to 8.1
95 percent confidence interval:
 3.859249 9.056751
sample estimates:
mean of x
    6.458

> t.test(x, mu=8.1, alter="greater")

        One Sample t-test

data:  x
t = -1.4293, df = 9, p-value = 0.9067
alternative hypothesis: true mean is greater than 8.1
95 percent confidence interval:
 4.352132       Inf
sample estimates:
mean of x
    6.458
```

10.2 대응집단 평균차이 검정(paired t-test)

대응집단 검정은 쌍둥이, 부부 또는 부모−자녀 관계 등 서로 대응이 되는 (matched or paired) 집단의 평균차이 검정을 의미한다. 여기서는 통계학자 Francis Galton이 수집한 아버지와 아들의 키(단위: 인치)에 대한 데이터를 활용해서 분석해 보자(Lander, 2014).

> library(UsingR)

> head(father.son)

> attach(father.son)

```
> head(father.son)
   fheight   sheight
1 65.04851 59.77827
2 63.25094 63.21404
3 64.95532 63.34242
4 65.75250 62.79238
5 61.13723 64.28113
6 63.02254 64.24221
> attach(father.son)
```

먼저, 정규성 검정결과 데이터가 정규분포를 따름을 알 수 있다(p = 0.509).

> shapiro.test(fheight − sheight)

```
> shapiro.test(fheight - sheight)

        Shapiro-Wilk normality test

data:  fheight - sheight
W = 0.99853, p-value = 0.5087
```

대응집단 t−검정의 경우 일반적으로 두 변수의 차이를 구한 후 단일집단 t−검정을 실시할 수 있다. 다음 분석 결과를 보면 아들의 키와 아버지의 키 차이가 유의하게 다름을 알 수 있다(p<0.001).

> t.test(sheight − fheight)

```
> t.test(sheight-fheight)

        One Sample t-test

data:  sheight - fheight
t = 11.789, df = 1077, p-value < 2.2e-16
alternative hypothesis: true mean is not equal to 0
95 percent confidence interval:
 0.8310296 1.1629160
sample estimates:
mean of x
0.9969728
```

또는 아래 경우처럼 두 변수 fheight, sheight를 투입한 후 paired=T를 추가할 수 있으며 이 경우에도 결과는 앞의 결과와 동일함을 알 수 있다. 즉, 아버지의 키와 아들의 키는 서로 유의하게 다름을 알 수 있다(p<0.001).

> t.test(fheight, sheight, paired=T)

```
> t.test(fheight, sheight, paired=T)

        Paired t-test

data:  fheight and sheight
t = -11.789, df = 1077, p-value < 2.2e-16
alternative hypothesis: true difference in means is not equal to 0
95 percent confidence interval:
 -1.1629160 -0.8310296
sample estimates:
mean of the differences
          -0.9969728
```

한편, 아들의 키를 먼저 명시하면 t값이 양의 값을 가짐을 알 수 있다. 하지만 이 경우에도 앞서와 마찬가지로 p-값은 동일하다.

> t.test(sheight, fheight, paired=T)

```
> t.test(sheight, fheight, paired=T)

        Paired t-test

data:  sheight and fheight
t = 11.789, df = 1077, p-value < 2.2e-16
alternative hypothesis: true difference in means is not equal to 0
95 percent confidence interval:
 0.8310296 1.1629160
sample estimates:
mean of the differences
              0.9969728
```

10.3 두 집단 평균차이 검정(two-sample t-test)

두 집단의 평균차이 검정의 경우 두 집단은 서로 독립적인 집단으로서 남성, 여성 집단 또는 실험 및 통제집단의 경우에 해당된다. 여기서는 자아존중감향상 프로그램의 효과를 검정한 repeated.csv 데이터를 통해 실험집단과 통제집단의 사전-사후 차이점수를 이용한 평균차이 검정을 실시해 보자.

> \# 사전－사후차이를 이용한 두 집단 t－검정

> repeated=read.csv("D:/R/repeated.csv")

> repeated

> attach(repeated)

```
> repeated <- read.csv("D:/R/repeated.csv")
> repeated
   group pre post
1      1  78   79
2      1  61   60
3      1  73   72
4      1  66   79
5      1  61   74
6      1  51   77
7      1  70   78
8      1  59   77
9      1  52   73
10     1  76   80
11     1  54   66
12     1  57   67
13     1  56   65
14     1  79   85
15     1  83   85
16     2  72   71
17     2  66   65
```

먼저, 데이터로부터 사전－사후 차이(post － pre)를 계산해 보자.

> diff <－ post － pre

> diff

> summary(diff)

```
> diff=post-pre
> diff
 [1]   1  -1  -1  13  13  26   8  18  21   4  12  10   9   6   2  -1  -1
[25]   4   3   4  -2   4  -9 -10
> summary(diff)
   Min. 1st Qu.  Median    Mean 3rd Qu.    Max.
-10.000  -1.000   4.000   4.452   8.500  26.000
```

t-검정은 정규분포를 가정한 상태에서 두 집단의 평균 차이를 검정하는 것이므로 데이터의 정규성 검정과 두 집단 간의 분산의 동일성 검정이 선행되어야 한다.

> # 정규성 검정

두 집단 t-검정은 one-way ANOVA의 특수한 유형으로 ANOVA에서와 같이 관찰치에서 각 그룹의 평균을 빼준 잔차를 shapiro.test( )를 통해 정규성 검정을 한다. 하지만 t.test( )는 잔차의 결과를 제공하지 않으므로 선형회귀분석인 lm( ) 결과를 out으로 저장하면 repeated의 잔차가 저장되어 resid(out)으로 정규성 검정을 할 수 있다(안재형, 2011, p. 75).

> out <− lm(diff ~ group, data=repeated)

> shapiro.test(resid(out))

```
> out <- lm(diff ~ group, data=repeated)
> shapiro.test(resid(out))

        Shapiro-Wilk normality test

data:  resid(out)
W = 0.96354, p-value = 0.3608
```

데이터, 즉 잔차의 정규성 검정 결과 잔차는 정규분포를 따르는 것으로 나타났다 (p=0.361).

> # 분산의 동일성 검정

그리고 t-검정에 앞서 먼저 두 집단의 분산의 동일성 가정을 검정해 보면, 검정결과 두 집단, 즉 실험집단과 통제집단의 분산의 동일성을 기각할 수 없음(p=0.110)을 알 수 있다.

> var.test(diff ~ group)

```
> var.test(diff ~ group)

        F test to compare two variances

data:  diff by group
F = 2.3651, num df = 14, denom df = 15, p-value = 0.1096
alternative hypothesis: true ratio of variances is not equal to 1
95 percent confidence interval:
 0.817959 6.975472
sample estimates:
ratio of variances
         2.365111
```

이제 분산이 동일한 경우의 t-검정을 다음과 같이 실시하면 두 집단의 평균의 차이 (9.4 vs. -0.2)가 유의하게 서로 다름을 알 수 있다(p<0.001).

> t.test(diff ~ group, var.equal=T)

```
> t.test(diff ~ group, var.equal=T)

        Two Sample t-test

data:  diff by group
t = 3.9691, df = 29, p-value = 0.0004351
alternative hypothesis: true difference in means is not equal to 0
95 percent confidence interval:
  4.647122 14.527878
sample estimates:
mean in group 1 mean in group 2
         9.4000         -0.1875
```

Tip | 분산의 동일성 여부에 따른 t값 계산

두 집단의 분산이 동일한 경우(t_1)

$$t_1 = \frac{(m_1 - m_2)}{\sqrt{S_p^2\left(\frac{1}{n_1} + \frac{1}{n_2}\right)}} \qquad S_p = \frac{(n_1 - 1)S_1^2 + (n_2 - 1)S_2^2}{(n_1 + n_2 - 2)}$$

두 집단의 분산이 다른 경우(t_2)

$$t_2 = \frac{(m_1 - m_2)}{\sqrt{\frac{s_1^2}{n_1} + \frac{s_2^2}{n_2}}}$$

만약 두 집단의 분산이 동일하지 않다면 이 경우에는 아래와 같이 Welch 검정을 실시할 수 있다. 이 경우에도 검정 결과는 동일함을 알 수 있다($p < 0.001$).

```
> # 분산이 동일하지 않은 경우 t-검정
> t.test(diff ~ group)
```

```
> t.test(diff ~ group)

        Welch Two Sample t-test

data:  diff by group
t = 3.9157, df = 23.807, p-value = 0.0006595
alternative hypothesis: true difference in means is not equal to 0
95 percent confidence interval:
  4.531877 14.643123
sample estimates:
mean in group 1 mean in group 2
        9.4000         -0.1875
```

평균차이에 대한 비모수 검정
(nonparametric tests of group differences)

11

앞서 살펴본 평균차이 검정은 정규분포에 기반한 검정인 반면 비모수 검정(nonparametric tests)은 모수적 가정을 충족하지 못할 경우 활용한다. 예를 들어, 정규분포를 이루지 못한다든가 분산의 동일성이 가정되지 않는 경우에 활용하는 검정이다. 이런 경우 데이터의 순서에 의존해서 분석을 하게 되며, 이때 데이터는 대체로 한쪽으로 치우친 분포를 보이거나(skewed data), 순서형 데이터(ordinal data)이거나 또는 표본이 작은 경우에 해당된다(안재형, 2011; Kabacoff, 2015).

단일집단 평균차이 검정(one-sample t-test)과 대응집단 평균차이 검정(paired t-test)에 해당되는 비모수 방법은 Wilcoxon signed-rank test이며, 두 집단 평균차이 검정(two-sample t-test)에 해당되는 비모수 방법은 Wilcoxon rank-sum test이며, 이는 Mann-Whitney U test와 동일하다.

11.1 단일집단 비모수 검정

단일집단 비모수 검정을 위해 어떤 복지기관의 조직진단 데이터인 diag3.csv를 다음과 같이 불러온다.

```
> diag=read.csv("D:/R/diag3.csv")
```

> head(diag)

> with(diag,summary(age))

```
> diag <- read.csv("D:/R/diag3.csv")
> head(diag)
  id gender age position work_month education religion marital_status hous
1  1      1  40        5        128         4        1              3
2  2      1  28        1         77         2        3              2
3  3      1  32        2        120         2        1              1
4  4      1  30        1         64         5        1              2
5  5      1  26        1         21         2        3              2
6  6      1  27        1         36         2        3              2
  org_commit client_commit decision_part education2 self_esteem job_satis
1       3.75          4.00          3.35          2         2.8      3.63
2       3.25          4.43          2.35          1         3.0      3.33
3       3.38          3.71          2.87          1         2.5      2.83
4       2.75          3.43          1.26          3         1.7      2.42
5       3.13          4.00          2.04          1         2.8      3.79
6       3.75          3.86          2.43          1         3.2      3.08
         pos2
1     manager
2       staff
3 mid-manager
4       staff
5       staff
6       staff
> with(diag, summary(age))
   Min. 1st Qu.  Median    Mean 3rd Qu.    Max.
  21.00   27.00   30.00   31.75   34.00   61.00
```

> # 정규성 검정

> with(diag, shapiro.test(age))

```
> with(diag, shapiro.test(age))

        Shapiro-Wilk normality test

data:  age
W = 0.87989, p-value = 3.56e-06
```

정규성 검정 결과 $p<0.001$이므로 영가설(정규분포)은 기각하게 된다.

다음과 같이 연령(age)의 히스토그램을 그려 보면 정규분포를 보이고 있지 않음을
확인할 수 있다(왼쪽으로 치우친 분포를 보이고 있다).

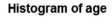

> with(diag, hist(age))

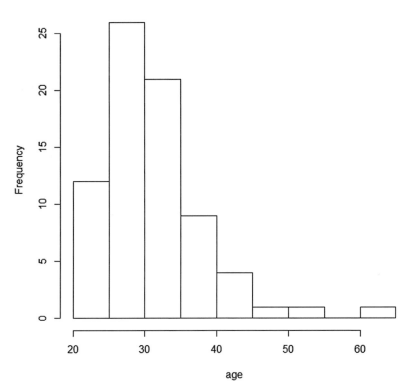

정규성 검정 결과 정규분포를 따르지 않으므로 비모수 검정을 실시해야 하며, 이때
영가설은 대상자 연령의 중위수인 30세로 설정한다.

> \# 비모수 검정 (Wilcoxon signed−rank test)

> with(diag, wilcox.test(age, mu=30))

```
> with(diag, wilcox.test(age, mu=30))

        Wilcoxon signed rank test with continuity correction

data:  age
V = 1425, p-value = 0.1937
alternative hypothesis: true location is not equal to 30
```

비모수 검정(Wilcoxon signed-rank test) 결과 대상자 연령의 중위수가 30세라는 영가설을 기각하지 못한다(p=0.194).

Ⓞ Tip │ 중위수(median)

Wilcoxon signed-rank test는 평균이 0인지 검정하는 t-test와는 달리 자료의 순서를 사용하여 자료의 중위수(median)가 0인지를 검정한다. 즉, 양수('+')인 데이터와 음수('−')인 데이터의 수가 동일하다면 중위수가 0이 된다(안재형, 2011, p. 59).

11.2 대응집단 비모수 검정(사례1)

대응집단 비모수 검정을 위해 MASS 패키지에 있는 UScrime 데이터를 활용하고자 한다. 비교 집단은 U1(도시 남성 14~24세 실업률), U2(도시 남성 35~39세 실업률)로 서로 대응집단이 된다.

> # 대응집단(dependent samples) 비모수 검정

> library(MASS)

> data(UScrime)

```
> head(UScrime)
    M So  Ed Po1 Po2  LF  M.F  Pop  NW  U1 U2 GDP Ineq     Prob    Time    y
1 151  1  91  58  56 510  950   33 301 108 41 394  261 0.084602 26.2011  791
2 143  0 113 103  95 583 1012   13 102  96 36 557  194 0.029599 25.2999 1635
3 142  1  89  45  44 533  969   18 219  94 33 318  250 0.083401 24.3006  578
4 136  0 121 149 141 577  994  157  80 102 39 673  167 0.015801 29.9012 1969
5 141  0 121 109 101 591  985   18  30  91 20 578  174 0.041399 21.2998 1234
6 121  0 110 118 115 547  964   25  44  84 29 689  126 0.034201 20.9995  682
```

패키지 psych를 이용하여 먼저 U1, U2의 기술통계량을 알아보자.

```
> library(psych)
> describe(UScrime[, c("U1", "U2")])
   vars  n  mean    sd median trimmed   mad min max range skew kurtosis   se
U1    1 47 95.47 18.03     92   93.69 17.79  70 142    72 0.77    -0.13 2.63
U2    2 47 33.98  8.45     34   33.49  8.90  20  58    38 0.54     0.17 1.23
> |
```

U1, U2는 미국 47개 주의 평균 실업률로 인구 1,000명당 실업자의 수이다. 두 집단의 실업률은 95.5명, 34.0명으로 다소 차이가 많이 나는 것으로 보인다.

비모수 검정을 실시하기 전에 다음과 같이 먼저 정규성 검정을 실시하게 되면 p＝
0.020으로 나타나 정규성을 가정하는 영가설을 기각하게 된다. 따라서 비모수 검정을
실시해야 하며 여기서는 두 변수가 서로 대응이 되므로 대응집단 비모수 검정방법인
Wilcoxon 부호순위 검정을 실시하게 된다. 그런데 이 경우 데이터의 순서(order)를 이
용해서 검정하므로 순서에 중복되는 경우가 있으면 정확한 p값을 구할 수 없으므로
exact=FALSE를 추가해준다. 아래 결과에서 보는 것처럼 두 집단의 실업률의 차이는
서로 유의하게 다름을 알 수 있다(p＜0.001).

```
> attach(UScrime)
> shapiro.test(U1 − U2)  # 정규분포 검정
> wilcox.test(U1 − U2)  # 비모수 검정
> wilcox.test(U1 − U2, exact=F)  # 순서에 중복이 있는 경우 비모수 검정
```

```
> attach(UScrime)
> shapiro.test(U1-U2)

        Shapiro-Wilk normality test

data:  U1 - U2
W = 0.94147, p-value = 0.02027

> wilcox.test(U1-U2)

        Wilcoxon signed rank test with continuity correction

data:  U1 - U2
V = 1128, p-value = 2.464e-09
alternative hypothesis: true location is not equal to 0

경고메시지(들):
In wilcox.test.default(U1 - U2) :
  tie가 있어 정확한 p값을 계산할 수 없습니다
> wilcox.test(U1-U2, exact=FALSE)

        Wilcoxon signed rank test with continuity correction

data:  U1 - U2
V = 1128, p-value = 2.464e-09
alternative hypothesis: true location is not equal to 0
```

한편 Wilcoxon 부호 순위 검정은 wilcox.test(U1, U2, paired=T) 명령문을 사용해도 동일한 결과를 얻게 됨을 알 수 있다.

> wilcox.test(U1, U2, paired=T)

> wilcox.test(U1, U2, paired=T, exact=F)

```
> wilcox.test(U1, U2, paired=T)

        Wilcoxon signed rank test with continuity correction

data:  U1 and U2
V = 1128, p-value = 2.464e-09
alternative hypothesis: true location shift is not equal to 0

경고메시지(들):
In wilcox.test.default(U1, U2, paired = T) :
  tie가 있어 정확한 p값을 계산할 수 없습니다
> wilcox.test(U1, U2, paired=T, exact=F)

        Wilcoxon signed rank test with continuity correction

data:  U1 and U2
V = 1128, p-value = 2.464e-09
alternative hypothesis: true location shift is not equal to 0
```

11.3 대응집단 비모수 검정(사례2)

이번에는 패키지 MASS에 포함된 젊은 거식증 여성 환자에 대한 치료효과 관련 데이터 파일인 anorexia.csv를 불러온 후 인지행동치료 집단인 CBT 집단만 선정한다.

> library(MASS)

> CBT <- anorexia[anorexia$Treat=="CBT",]

> CBT

```
     Treat Prewt Postwt
27    CBT   80.5   82.2
28    CBT   84.9   85.6
29    CBT   81.5   81.4
30    CBT   82.6   81.9
31    CBT   79.9   76.4
32    CBT   88.7  103.6
33    CBT   94.9   98.4
34    CBT   76.3   93.4
35    CBT   81.0   73.4
36    CBT   80.5   82.1
37    CBT   85.0   96.7
38    CBT   89.2   95.3
39    CBT   81.3   82.4
40    CBT   76.5   72.5
```

먼저 사전-사후 차이에 대한 정규성 검정을 실시한 결과 p=0.007로 나타나 정규성을 가정한 영가설을 기각하게 된다. 따라서 비모수 검정인 Wilcoxon 부호순위 검정을 실시하는 것이 적절하다고 하겠다.

```
> with(CBT, shapiro.test(Postwt−Prewt))
> with(CBT, wilcox.test(Postwt−Prewt))
> with(CBT, wilcox.test(Postwt−Prewt, exact=FALSE))
```

```
> with(CBT, shapiro.test(Postwt-Prewt))

        Shapiro-Wilk normality test

data:  Postwt - Prewt
W = 0.89618, p-value = 0.007945

> with(CBT, wilcox.test(Postwt-Prewt))

        Wilcoxon signed rank test with continuity correction

data:  Postwt - Prewt
V = 303.5, p-value = 0.06447
alternative hypothesis: true location is not equal to 0

warning message:
In wilcox.test.default(Postwt - Prewt) :
  cannot compute exact p-value with ties
> with(CBT, wilcox.test(Postwt-Prewt, exact=FALSE))

        Wilcoxon signed rank test with continuity correction

data:  Postwt - Prewt
V = 303.5, p-value = 0.06447
alternative hypothesis: true location is not equal to 0
```

거식증 환자에 대한 CBT 치료 결과, 치료 전후에 몸무게 차이가 없는 것으로 나타났다(p=0.064).

11.4 두 집단 비모수 검정

이번에는 복지기관 직원들의 성별에 따른, 즉 남녀 간 월소득 차이를 검정해 보자. 데이터는 앞서 사용한 diag3.csv를 활용한다.

```
> diag <- read.csv("D:/R/diag3.csv")
> head(diag)
> aggregate(m_income ~ gender2, data=diag, mean)
```

```
> diag <- read.csv("D:/R/diag3.csv")
> head(diag)
  id gender age position work_month education religion marital_status housing
1  1      1  40        5        128         4        1              3       1
2  2      1  28        1         77         2        3              2       4
3  3      1  32        2        120         2        1              1       2
4  4      1  30        1         64         5        1              2       1
5  5      1  26        1         21         2        3              2       1
6  6      1  27        1         36         2        3              2       4
  org_commit client_commit decision_part education2 self_esteem job_satis posi
1       3.75          4.00          3.35         2         2.8      3.63
2       3.25          4.43          2.35         1         3.0      3.33
3       3.38          3.71          2.87         1         2.5      2.83
4       2.75          3.43          1.26         3         1.7      2.42
5       3.13          4.00          2.04         1         2.8      3.79
6       3.75          3.86          2.43         1         3.2      3.08
        pos2
1    manager
2      staff
3 mid-manager
4      staff
5      staff
6      staff
> aggregate(m_income ~ gender2, data=diag, mean)
  gender2 m_income
1  Female 150.4667
2    Male 193.8333
```

다음 결과에서 보는 것처럼 먼저 정규성 검정을 실시한 결과 p<0.001로 나타났으므로 정규분포가 아님을 알 수 있다. 따라서 비모수 검정 방법인 wilcoxon rank sum test를 실시하였으며, 분석결과 남녀 간에 월소득은 동일하지 않은 것으로 나타났다 (p=0.001).

```
> # 정규성 검정
> out=lm(m_income ~ gender2, data=dig)
> shapiro.test(resid(out))


> # 정규분포가 아닌 경우 비모수 검정
> wilcox.test(m_income ~ gender2, data=diag)
> wilcox.test(m_income ~ gender2, exact=F, data=diag)
```

```
> out <- lm(m_income ~ gender2, data=diag)
> shapiro.test(resid(out))

        Shapiro-Wilk normality test

data:  resid(out)
W = 0.8194, p-value = 3.713e-08

> wilcox.test(m_income ~ gender2, data=diag)

        Wilcoxon rank sum test with continuity correction

data:  m_income by gender2
W = 379, p-value = 0.001338
alternative hypothesis: true location shift is not equal to 0

경고메시지(들):
In wilcox.test.default(x = c(200L, 130L, 150L, 130L, 114L, 130L,  :
  tie가 있어 정확한 p값을 계산할 수 없습니다
> wilcox.test(m_income ~ gender2, exact=FALSE, data=diag)

        Wilcoxon rank sum test with continuity correction

data:  m_income by gender2
W = 379, p-value = 0.001338
alternative hypothesis: true location shift is not equal to 0
```

정리: 비모수 검정(nonparametric tests of group differences)

종속변수가 한쪽으로 치우친 분포를 보이는 경우 또는 그 속성이 순서형인 경우 검정방법

\# 단일집단 검정(Wilcoxon signed rank test)

```
> diag <- read.csv("D:/R/diag3.csv")
> with(diag, shapiro.test(age))
> with(diag, wilcox.test(age, mu=30)
```

\# 대응집단 검정(Wilcoxon signed rank test)

```
> library(MASS)
> sapply(UScrime[c("U1", "U2")], median)
> with(UScrime, shapiro.test(U1 - U2))
> with(UScrime, wilcox.test(U1, U2, paired=T, exact=F))
```

\# 독립집단 검정(Wilcoxon rank sum test)

```
> out=lm(m_income ~ gender2, data=diag)
> shapiro.test(resid(out))
> wilcox.test(m_income ~ gender2, exact=F, data=diag)
```

12 상관분석(correlation analysis)

12.1 상관분석

상관분석은 주로 두 수량변수(numerical variables) 간의 관계를 분석하는 방법으로, 유형은 크게 다음과 같이 분류될 수 있다.

- 두 수량변수 간 피어선 상관분석(Pearson product−moment correlation for two quantitative variables)
- 두 서열변수 간 스피어만 상관분석(Spearman correlation for two rank−ordered variables)
- 서열관계에 대한 캔달타우 비모수 검정(Kendall's tau for nonparametric measure of rank correlation)

먼저, 상관분석을 위한 데이터 state.x77(미국 50개 주의 인구, 소득, 문맹률 등을 조사한 데이터)을 불러온다.

```
> states <− state.x77[ , 1:6]  # 첫 6개 변수만 선택
> head(states)
> cov(states)  # covariances
```

```
> states <- state.x77[ , 1:6]
> head(states)
           Population Income Illiteracy Life Exp Murder HS Grad
Alabama          3615   3624        2.1     69.0   15.1    41.3
Alaska            365   6315        1.5     69.3   11.3    66.7
Arizona          2212   4530        1.8     70.5    7.8    58.1
Arkansas         2110   3378        1.9     70.7   10.1    39.9
California      21198   5114        1.1     71.7   10.3    62.6
Colorado         2541   4884        0.7     72.1    6.8    63.9
> cov(states)
           Population  Income Illiteracy Life Exp   Murder   HS Grad
Population   19931684  571230    292.868 -407.842  5663.52  -3551.51
Income         571230  377573   -163.702  280.663  -521.89   3076.77
Illiteracy        293    -164      0.372   -0.482     1.58     -3.24
Life Exp         -408     281     -0.482    1.802    -3.87      6.31
Murder           5664    -522      1.582   -3.869    13.63    -14.55
HS Grad         -3552    3077     -3.235    6.313   -14.55     65.24
```

우선 전체 변수를 대상으로 상관분석을 다음과 같이 실시해 본다.

> cor(states) # correlations

만약 서열상관분석을 실시하고 싶다면 method="spearman"을 추가한다.

> cor(states, method="spearman") # 서열상관분석

```
> cor(states)
           Population Income Illiteracy Life Exp  Murder HS Grad
Population     1.0000  0.208      0.108  -0.0681   0.344 -0.0985
Income         0.2082  1.000     -0.437   0.3403  -0.230  0.6199
Illiteracy     0.1076 -0.437      1.000  -0.5885   0.703 -0.6572
Life Exp      -0.0681  0.340     -0.588   1.0000  -0.781  0.5822
Murder         0.3436 -0.230      0.703  -0.7808   1.000 -0.4880
HS Grad       -0.0985  0.620     -0.657   0.5822  -0.488  1.0000
> cor(states, method="spearman")
           Population Income Illiteracy Life Exp  Murder HS Grad
Population      1.000  0.125      0.313   -0.104   0.346  -0.383
Income          0.125  1.000     -0.315    0.324  -0.217   0.510
Illiteracy      0.313 -0.315      1.000   -0.555   0.672  -0.655
Life Exp       -0.104  0.324     -0.555    1.000  -0.780   0.524
Murder          0.346 -0.217      0.672   -0.780   1.000  -0.437
HS Grad        -0.383  0.510     -0.655    0.524  -0.437   1.000
>
```

이때 상관분석의 결과를 한쪽 방향(예: 대각선 아래 방향)으로만 제시하고 싶다면 다음의 명령어를 사용한다.

> lowerCor(states, use="pairwise.complete.obs") # pairwise 결측치 제거

```
> lowerCor(states, use="pairwise.complete.obs")
           Ppltn Incom Illtr Lf.Ex Murdr HS.Gr
Population  1.00
Income      0.21  1.00
Illiteracy  0.11 -0.44  1.00
Life.Exp   -0.07  0.34 -0.59  1.00
Murder      0.34 -0.23  0.70 -0.78  1.00
HS.Grad    -0.10  0.62 -0.66  0.58 -0.49  1.00
> |
```

만약 상관관계의 통계적 유의성 검정(testing correlation for significance)을 하려면 cor.test( ) 기능을 활용한다.

> states <— data.frame(states)

> attach(states)

> colnames(states)

> cor.test(Illiteracy, Murder)

```
> states=data.frame(states)
> attach(states)
> colnames(states)
[1] "Population" "Income"     "Illiteracy" "Life.Exp"   "Murder"     "HS.Grad"
> cor.test(Illiteracy, Murder)

        Pearson's product-moment correlation

data:  Illiteracy and Murder
t = 6.8479, df = 48, p-value = 1.258e-08
alternative hypothesis: true correlation is not equal to 0
95 percent confidence interval:
 0.5279280 0.8207295
sample estimates:
      cor
0.7029752
```

분석결과 문맹률(Illiteracy)과 살인율(Murder)의 상관계수는 r = 0.70으로 매우 높은 정의 상관관계를 보이고 있으며 통계적으로 유의하게 나타났다(p < 0.001).

만약 여러 변수에 대한 상관분석 매트릭스 및 유의성 검정(correlation matrix and tests of significance) 분석은 다음과 같이 실시할 수 있다. 여기에는 psych패키지가 필요하다.

> library(psych)

> corr.test(states, use="complete") # 모든 결측치 제거 (listwise deletion)

```
> # Correlation matrix and tests of significance
> corr.test(states, use="complete")
Call:corr.test(x = states, use = "complete")
Correlation matrix
           Population Income Illiteracy Life Exp Murder HS Grad
Population      1.00    0.21       0.11    -0.07   0.34   -0.10
Income          0.21    1.00      -0.44     0.34  -0.23    0.62
Illiteracy      0.11   -0.44       1.00    -0.59   0.70   -0.66
Life Exp       -0.07    0.34      -0.59     1.00  -0.78    0.58
Murder          0.34   -0.23       0.70    -0.78   1.00   -0.49
HS Grad        -0.10    0.62      -0.66     0.58  -0.49    1.00
Sample Size
[1] 50
Probability values (Entries above the diagonal are adjusted for multiple tests.)
           Population Income Illiteracy Life Exp Murder HS Grad
Population      0.00    0.59       1.00      1.0   0.10       1
Income          0.15    0.00       0.01      0.1   0.54       0
Illiteracy      0.46    0.00       0.00      0.0   0.00       0
Life Exp        0.64    0.02       0.00      0.0   0.00       0
Murder          0.01    0.11       0.00      0.0   0.00       0
HS Grad         0.50    0.00       0.00      0.0   0.00       0
```

그러면 위 결과에서 보듯이 상관관계 매트릭스와 유의확률(p-value)을 보여 준다.

혹시 비교 변수 간 결측치가 없는 경우를 활용하려면 옵션으로 use="pairwise.complete.
obs" 추가한다.

이때 상관계수의 신뢰구간을 제시하고 싶다면 short=FALSE를 추가한다.

> print(corr.test(states, use="complete"), short=FALSE)

```
> print(corr.test(states, use="complete"), short=FALSE)
Call:corr.test(x = states, use = "complete")
Correlation matrix
          Population Income Illiteracy Life.Exp Murder HS.Grad
Population      1.00   0.21       0.11    -0.07   0.34   -0.10
Income          0.21   1.00      -0.44     0.34  -0.23    0.62
Illiteracy      0.11  -0.44       1.00    -0.59   0.70   -0.66
Life.Exp       -0.07   0.34      -0.59     1.00  -0.78    0.58
Murder          0.34  -0.23       0.70    -0.78   1.00   -0.49
HS.Grad        -0.10   0.62      -0.66     0.58  -0.49    1.00
Sample Size
[1] 50
Probability values (Entries above the diagonal are adjusted for multiple tests.)
          Population Income Illiteracy Life.Exp Murder HS.Grad
Population      0.00   0.59       1.00      1.0   0.10       1
Income          0.15   0.00       0.01      0.1   0.54       0
Illiteracy      0.46   0.00       0.00      0.0   0.00       0
Life.Exp        0.64   0.02       0.00      0.0   0.00       0
Murder          0.01   0.11       0.00      0.0   0.00       0
HS.Grad         0.50   0.00       0.00      0.0   0.00       0
```

그러면 아래와 같이 신뢰구간이 제시된다.

```
To see confidence intervals of the correlations, print with the short=FALSE option

Confidence intervals based upon normal theory.  To get bootstrapped values, try cor
             lower     r upper    p
Ppltn-Incom  -0.07  0.21  0.46 0.15
Ppltn-Illtr  -0.18  0.11  0.37 0.46
Ppltn-Lf.Ex  -0.34 -0.07  0.21 0.64
Ppltn-Murdr   0.07  0.34  0.57 0.01
Ppltn-HS.Gr  -0.37 -0.10  0.18 0.50
Incom-Illtr  -0.64 -0.44 -0.18 0.00
Incom-Lf.Ex   0.07  0.34  0.57 0.02
Incom-Murdr  -0.48 -0.23  0.05 0.11
Incom-HS.Gr   0.41  0.62  0.77 0.00
Illtr-Lf.Ex  -0.74 -0.59 -0.37 0.00
Illtr-Murdr   0.53  0.70  0.82 0.00
Illtr-HS.Gr  -0.79 -0.66 -0.46 0.00
Lf.Ex-Murdr  -0.87 -0.78 -0.64 0.00
Lf.Ex-HS.Gr   0.36  0.58  0.74 0.00
Murdr-HS.Gr  -0.67 -0.49 -0.24 0.00
```

한편, 최근 개발된 psycho 패키지를 활용하면 상관분석 결과를 좀 더 이해하기 쉽게
보여 준다.

```
> library(psycho)
> cor <− correlation(states, adjust = "none")
> summary(cor)
> library(knitr)
> kable(summary(cor))
> plot(cor)
```

```
> summary(cor)
          Population  Income Illiteracy Life.Exp   Murder
Population
Income         0.21
Illiteracy     0.11  -0.44**
Life.Exp      -0.07   0.34*     -0.59***
Murder         0.34*  -0.23       0.7*** -0.78***
HS.Grad        -0.1   0.62***   -0.66***  0.58*** -0.49***
> library(knitr)
> kable(summary(cor))


|           |Population |Income   |Illiteracy |Life.Exp  |Murder    |
|:----------|:---------|:-------|:----------|:--------|:--------|
|Population |          |         |           |          |          |
|Income     |0.21      |         |           |          |          |
|Illiteracy |0.11      |-0.44**  |           |          |          |
|Life.Exp   |-0.07     |0.34*    |-0.59***   |          |          |
|Murder     |0.34*     |-0.23    |0.7***     |-0.78***  |          |
|HS.Grad    |-0.1      |0.62***  |-0.66***   |0.58***   |-0.49***  |
> |
```

위 결과에서 보듯이 패키지 knitr의 kable( ) 기능을 활용하면 좀 더 보기 좋은 상관
분석표가 제시된다.

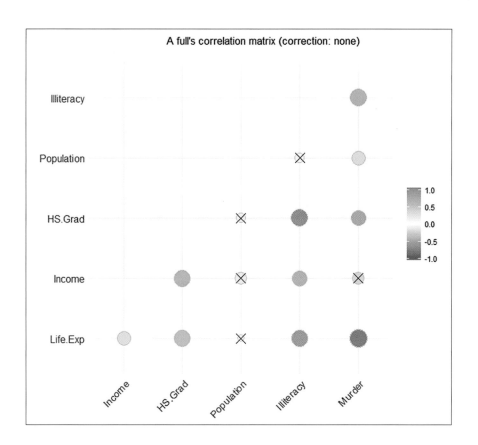

그리고 상관분석에 대한 결과를 좀 더 엄밀하게 보여 주는 그림을 얻으려면 아래와 같이 corrgram 패키지를 활용할 수 있다.

```
> library(corrgram)
> corrgram(states, order=T, lower.panel=panel.shade, upper.panel=
     panel.pie, text.panel=panel.txt, main="Corrgram of states
     intercorrelations")
```

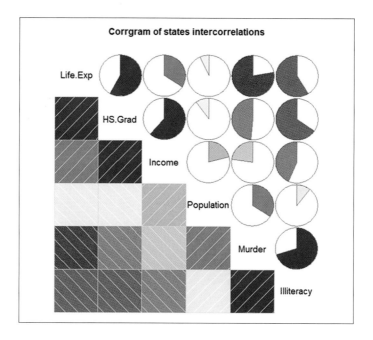

> corrgram(states, order=T, lower.panel=panel.shade, upper.panel= panel.conf, text.panel=panel.txt, main="Corrgram of states intercorrelations")

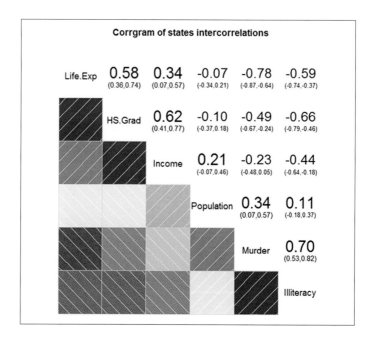

12.2 부분상관분석(partial correlations)

부분상관분석, 즉 다른 변수들을 통제한 상태에서 특정한 변수 간의 상관관계를 분석하려면 ggm 패키지의 pcor( ) 기능을 활용할 수 있다. 다음 분석결과를 보면 소득, 문맹률, 고등학교 졸업률을 통제한 상태(partialled out)에서 인구와 살인율의 상관관계는 r = 0.346으로 나타났다.

> library(ggm)

> colnames(states)

> pcor(c(1, 5, 2, 3, 6), cov(states))

```
> colnames(states)
[1] "Population" "Income"     "Illiteracy" "Life Exp"   "Murder"     "HS Grad"
> pcor(c(1, 5, 2, 3, 6), cov(states))
[1] 0.346
>
```

pcor( ) 기능은 첫 두 변수(1, 5)의 상관관계를 보여 준다(나머지 2, 3, 6 변수를 통제한 상태에서).

13 회귀분석(regression)

회귀분석의 의미와 최소제곱회귀모형(OLS regression)

회귀분석은 하나 이상의 독립변수로부터 종속변수를 예측하는 방법을 일컫는 포괄적인 분석방법을 의미한다.[3] 그리고 회귀분석은 여러 측면에서 통계 분석의 중심에 있다고 할 수 있으며, 일반적으로 다음과 같은 목적으로 활용된다(Kabacoff, 2015, p. 167):

- 종속변수와 연관된 독립변수를 발견
- 관련된 변수들의 관계의 형태(the form of relationships)를 서술
- 독립변수로부터 종속변수를 예측하는 방정식(equation)을 제시

회귀분석모형의 유형

- 일반선형모형/최소제곱회귀모형(general or ordinary least squares (OLS) regression)
- 일반화 선형모형(예: 로지스틱 회귀분석, 포아송 회귀분석)

---

[3] 독립변수에 대한 다른 이름으로 예측변수(predictors) 또는 설명변수(explanatory variables)가 있으며, 종속변수에 대해서는 반응변수(response variable), 기준변수(criterion variable) 또는 결과변수(outcome variable)라고도 부른다.

최소제곱회귀모형(OLS regression)

회귀모형에서 종속변수는 가중치가 부여된 예측변수들(weighted sum of predictor variables)로부터 예측된다. 여기서 가중치란 데이터로부터 추정된 모수, 즉 추정계수 (parameters)를 의미한다. 다음 회귀식에서 $\hat{\beta}_0$, $\hat{\beta}_j$ 등은 추정계수에 해당된다.

$$\hat{Y}_i = \hat{\beta}_0 + \hat{\beta}_1 X_{1i} + \cdots + \hat{\beta}_k X_{ki} \ (i = 1 \cdots n)$$

$\hat{Y}_i$: 관측치 i에 대한 종속변수 예측값(구체적으로 어떤 일련의 예측값들에
　　대해 종속변수 분포의 추정된 평균을 의미한다)

X_{ji}: 관측치 i의 독립변수값

$\hat{\beta}_0$: 절편(intercept), 즉 모든 독립변수가 제로일 때 종속변수의 예측값

$\hat{\beta}_j$: 회귀계수(기울기), 즉 독립변수가 한 단위 변할 때 변화되는 종속변수의
　　값(slope representing the change in Y for a unit change in X_i)

여기서 우리가 구하고자 하는 것은 종속변수의 실제 값(actual response values)과 회귀 모형에 의한 추정(예측) 값(those predicted by the model) 간의 차이를 최소화할 수 있는 모형의 계수(parameters), 즉 절편과 기울기를 구하는 것이다. 즉, 실제 값과 예측 값의 차이을 의미하는 오차(errors)의 제곱합(sum of squared residuals)을 최소화하도록(minimize) 모형의 계수를 구하는 것이다. 이것이 바로 최소제곱회귀모형(OLS regression)이다 (Kabacoff, 2015, p. 171).

$$\sum_{i=1}^{n}(Y_i - \hat{Y}_i)^2 = \sum_{i=1}^{n}(Y_i - \{\hat{\beta}_0 + \hat{\beta}_1 X_{1i} + \cdots + \hat{\beta}_k X_{ki}\})^2 = \sum_{i=1}^{n}\epsilon_i^2$$

다음 [그림 13-1]은 독립변수와 종속변수의 선형 관계를 보여 주는 산점도이다. 이 때 [그림 13-2]에서 보듯이 선형관계를 설명하려는 회귀선에 의해 설명되지 못하는 오 차가 있음을 알 수 있으며, 이 회귀선은 독립변수와 종속변수의 평균을 통과하는 선이 다. 한편, [그림 13-3]과 [그림 13-4]를 비교해 보면 독립변수와 종속변수의 관계를 설 명하려는 선(lines) 중에서 [그림 13-4]의 회귀선(regression line)은 그 계수(절편과 기울

기)가 최선의 오차제곱합(mean squared errors)을 제공하기 때문에 이를 "best fit" line 이라고 부르기도 하고 "least squares" line이라고도 부른다. 요약하면 회귀선, 즉 최소 제곱선(least squared line)은 데이터를 지나는 모든 선(all lines) 중에서 평균 오차(root mean squared error, rmse)를 최소화하는 선(line)이다.

> **Tip | 오차의 추정**
>
> - 오차(error)=실제 값-예측 값=$(Y_i - \hat{Y}_i)$
> - 오차는 긍정(+)의 값과 부정(-)의 값이 있다.
>   - 오차가 서로 상쇄되지 않도록 제곱: $(Y_i - \hat{Y}_i)^2$
>   - 제곱한 오차의 대푯값(평균)을 구하기 위해: $\sum (Y_i - \hat{Y}_i)^2 / (n-2)$
>   - 단위 문제를 해소하기 위해 제곱근을 하면: $\sqrt{\sum (Y_i - \hat{Y}_i)^2 / (n-2)}$
> - 이를 평균 오차(root mean squared error, rmse)라고 부른다.

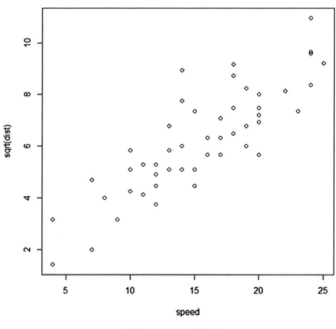

[그림 13-1] 산점도

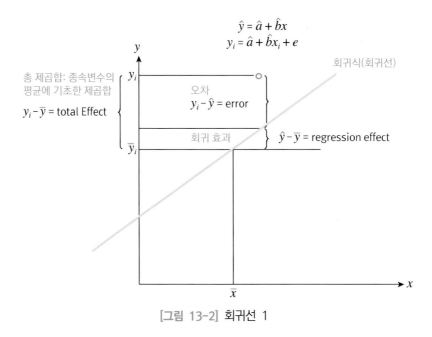

[그림 13-2] 회귀선 1

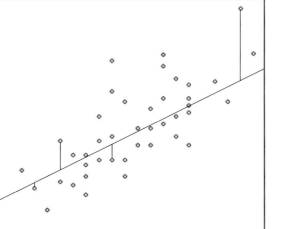

[그림 13-3] 회귀선 2

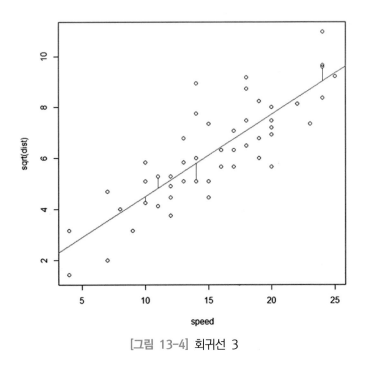

[그림 13-4] 회귀선 3

13.2　회귀분석의 실행

　회귀분석에 사용할 데이터는 R base 프로그램에 있는 데이터 cars를 활용하고자 한다. 이 데이터는 자동차의 속도(speed)와 정지거리(dist)에 대한 데이터이며, 먼저 데이터를 불러오면 다음과 같다.

> data(cars) # 자동차의 속도(speed, mph)와 정지거리(stopping distance, ft)

```
> cars
   speed dist
1      4    2
2      4   10
3      7    4
4      7   22
5      8   16
6      9   10
7     10   18
8     10   26
9     10   34
10    11   17
11    11   28
12    12   14
13    12   20
14    12   24
15    12   28
```

먼저 데이터의 속성과 각 변수의 요약 통계량(summary)을 다음과 같이 구해 보자.

> str(cars)

> summary(cars)

```
> head(cars)
  speed dist
1     4    2
2     4   10
3     7    4
4     7   22
5     8   16
6     9   10
> str(cars)
'data.frame':   50 obs. of  2 variables:
 $ speed: num  4 4 7 7 8 9 10 10 10 11 ...
 $ dist : num  2 10 4 22 16 10 18 26 34 17 ...
> summary(cars)
     speed           dist
 Min.   : 4.0   Min.   :  2.00
 1st Qu.:12.0   1st Qu.: 26.00
 Median :15.0   Median : 36.00
 Mean   :15.4   Mean   : 42.98
 3rd Qu.:19.0   3rd Qu.: 56.00
 Max.   :25.0   Max.   :120.00
>
```

이어서 lm( ) 기능을 활용하여 종속변수로 dist, 독립변수로 speed로 투입해서 일반
선형회귀분석을 실시하면 다음의 결과를 얻게 된다.

```
> out <- lm(dist ~ speed, data=cars)
> summary(out)
```

```
> summary(out)

Call:
lm(formula = dist ~ speed, data = cars)

Residuals:
    Min     1Q  Median     3Q    Max
-29.069  -9.525  -2.272   9.215  43.201

Coefficients:
            Estimate Std. Error t value Pr(>|t|)
(Intercept) -17.5791     6.7584  -2.601   0.0123 *
speed         3.9324     0.4155   9.464 1.49e-12 ***
---
Signif. codes:  0 '***' 0.001 '**' 0.01 '*' 0.05 '.' 0.1 ' ' 1

Residual standard error: 15.38 on 48 degrees of freedom
Multiple R-squared:  0.6511,    Adjusted R-squared:  0.6438
F-statistic: 89.57 on 1 and 48 DF,  p-value: 1.49e-12
```

위 분석결과에서 결정계수(coefficient of determination)인 R^2(multiple R-squared)는 모
형의 설명력을 의미하며, 조정된 결정계수(adjusted R^2)는 독립변수의 수를 감안한 모형
의 설명력으로 독립변수의 수가 서로 다른 회귀모형 간에 설명력을 비교하는 데 유용하
다(일반적으로 독립변수의 수가 증가하면 R^2도 증가한다). 평균 잔차(residual standard error)
는 15.38로 이 수치는 회귀모형으로 종속변수(정지거리)를 예측함에 있어 평균적으로
15.38만큼 오류가 있음을 의미한다. 그리고 모형의 전반적인 검정에서 F=89.57(p<0.001)
로 나타나 모형이 통계적으로 유의함을 알 수 있다. 즉, 독립변수를 투입한 모형이 종
속변수를 설명함에 있어서 적합한 모형임을 보여 준다.

이제 회귀분석 결과에서 회귀분석 관련 여러 통계 값들을 추출해 보자.

```
> out <- lm(dist ~ speed, data=cars)
> summary(out)
> anova(out)
> out$coef  # 회귀계수
> confint(out)  # 신뢰구간
> fitted(out)  # 예측치
> resid(out)  # 잔차
> cars$dist - fitted(out)  # 잔차=관측치-예측치
> summary(out)$sigma  # 평균 잔차 (residual standard error)
> sqrt(sum(resid(out)^2)/(length(cars$dist)-2))  # 평균 잔차
```

```
> out <- lm(dist ~ speed, data=cars)
> summary(out)

Call:
lm(formula = dist ~ speed, data = cars)

Residuals:
    Min      1Q  Median      3Q     Max
-29.069  -9.525  -2.272   9.215  43.201

Coefficients:
            Estimate Std. Error t value Pr(>|t|)
(Intercept) -17.5791     6.7584  -2.601   0.0123 *
speed         3.9324     0.4155   9.464 1.49e-12 ***
---
Signif. codes:  0 '***' 0.001 '**' 0.01 '*' 0.05 '.' 0.1 ' ' 1

Residual standard error: 15.38 on 48 degrees of freedom
Multiple R-squared:  0.6511,    Adjusted R-squared:  0.6438
F-statistic: 89.57 on 1 and 48 DF,  p-value: 1.49e-12
```

```
> anova(out)
Analysis of Variance Table

Response: dist
          Df Sum Sq Mean Sq F value    Pr(>F)
speed      1  21186 21185.5  89.567 1.49e-12 ***
Residuals 48  11354   236.5
---
Signif. codes:  0 '***' 0.001 '**' 0.01 '*' 0.05 '.' 0.1 ' ' 1
```

```
> out$coef # 회귀계수
(Intercept)         speed
 -17.579095     3.932409
> fitted(out) # 예측치
        1         2         3         4         5         6         7         8
-1.849460 -1.849460  9.947766  9.947766 13.880175 17.812584 21.744993 21.744993
       11        12        13        14        15        16        17        18
25.677401 29.609810 29.609810 29.609810 29.609810 33.542219 33.542219 33.542219
       21        22        23        24        25        26        27        28
```

```
> resid(out) # 잔차
        1          2          3          4          5          6          7
 3.849460  11.849460  -5.947766  12.052234   2.119825  -7.812584  -3.744993
       10         11         12         13         14         15         16
-8.677401   2.322599 -15.609810  -9.609810  -5.609810  -1.609810  -7.542219
       19         20         21         22         23         24         25
12.457781 -11.474628  -1.474628  22.525372  42.525372 -21.407036 -15.407036
       28         29         30         31         32         33         34
-5.339445 -17.271854  -9.271854   0.728146 -11.204263   2.795737  22.795737
       37         38         39         40         41         42         43
-11.136672  10.863328 -29.069080 -13.069080  -9.069080  -5.069080   2.930920
       46         47         48         49         50
-6.798715  15.201285  16.201285  43.201285   4.268876
```

```
> cars$dist - fitted(out)  # 잔차 = 관측치 - 예측치
        1          2          3          4          5          6          7
 3.849460  11.849460  -5.947766  12.052234   2.119825  -7.812584  -3.744993
       10         11         12         13         14         15         16
-8.677401   2.322599 -15.609810  -9.609810  -5.609810  -1.609810  -7.542219
       19         20         21         22         23         24         25
12.457781 -11.474628  -1.474628  22.525372  42.525372 -21.407036 -15.407036
       28         29         30         31         32         33         34
-5.339445 -17.271854  -9.271854   0.728146 -11.204263   2.795737  22.795737
       37         38         39         40         41         42         43
-11.136672  10.863328 -29.069080 -13.069080  -9.069080  -5.069080   2.930920
       46         47         48         49         50
-6.798715  15.201285  16.201285  43.201285   4.268876
> summary(out)$sigma  # 평균잔차
[1] 15.37959
> sqrt(sum(resid(out)^2)/(length(cars$dist)-2)) # 평균잔차
[1] 15.37959
> |
```

잔차(residuals)는 회귀분석에서 오차의 측정값(measurements of errors)을 의미하며, 잔차의 합은 항상 제로(0)가 된다. 그리고 종속변수의 전체 분산 중에서 예측값(fitted values)의 분산이 차지하는 비중이 R^2(r-squared)이며, 전체 분산 중에서 잔차(residuals)의 분산이 차지하는 비중은 $1-R^2$이다.

참고로 cor.test로 구한 상관계수의 t값 및 p-value는 기울기의 t값 및 p-value와 일치한다. 따라서 단순회귀분석에서는 기울기의 유의성이 모형 자체의 유의성과 동일함을 알 수 있다.

```
> with(cars, cor(speed, dist)^2)  # R²와 동일
```

```
[1] 0.6510794
> with(cars, cor.test(speed, dist))

        Pearson's product-moment correlation

data:  speed and dist
t = 9.464, df = 48, p-value = 1.49e-12
alternative hypothesis: true correlation is not equal to 0
95 percent confidence interval:
 0.6816422 0.8862036
sample estimates:
       cor
0.8068949
```

이제 회귀모형을 그림(플롯)으로 나타내 보자. 아래 명령어를 이용하면 회귀선이 만들어짐을 알 수 있다.

```
> plot(dist ~ speed, data=cars, col="blue")
> abline(out, col="red")
```

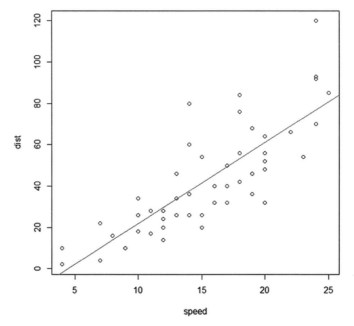

[그림 13-5] 정지거리와 속도의 관계를 보이는 산점도 및 회귀선

13.3 회귀모형의 진단(regression diagnostics)

일반적으로 회귀모형의 분석 결과로 제시되는 통계치만으로는 그 분석모형이 적절한지에 대해서 알 수 없다. 왜냐하면 분석 결과에 기초한 회귀모형으로부터의 추론에 대한 확신은 분석한 회귀모형, 즉 OLS 모형이 어느 정도 통계적 가정을 충족하고 있느냐에 달려 있기 때문이다(Kabacoff, 2015).

이것이 중요한 이유는 부적절한 데이터나 독립변수와 종속변수 간의 잘못된 관계의 설정은 결과적으로 적합하지 못한 모형, 즉 오류가 있는 모형을 만들기 때문이다. 즉, 모형분석(fitting the model)은 단지 회귀분석의 첫 단계(only the first step)에 해당된다고 하겠다.

따라서 OLS 모형의 계수(coefficients)를 바르게 해석하기 위해서는 몇 가지 통계적 가정(statistical assumptions)을 충족해야 한다(Kabacoff, 2015, pp. 183-184).

통계적 가정	
정규성(normality)	종속변수가 정규분포를 이루면 잔차는 정규분포가 된다(평균=0).
독립성(independence)	종속변수는 서로 독립적이어야 하며, 수집된 데이터에 대한 이해가 필요하다.
선형성(linearity)	종속변수가 독립변수와 선형관계를 보이면 잔차와 예측치 간에 어떤 체계적인 관계를 보이지 않는다.
등분산성 (homoscedasticity)	종속변수의 분산이 독립변수의 수준에 따라 달라져서는 안 된다 (constant variance).

만약 이러한 가정을 위배한다면 통계적 검정 결과와 추정된 신뢰구간은 정확하지 않을 수 있다.

13.3.1 회귀진단

앞서 설명한대로 잔차(residuals)는 관찰치(observed values)와 예측치(fitted values)의 차이이다. 적합한 모형에서 나온 잔차는 정규분포를 따라야 하고, 분산이 일정하며(constant variance), 어떤 체계적인 패턴을 보이지 않아야 한다. 즉, 잔차는 관찰치와 예측치의 차이이므로 의미 있는 정보를 가져서는 곤란하며, 모형에 의해 설명되고 남은 것(residuals)에 해당된다. 만약 잔차가 어떤 체계적인 패턴(관계)을 보인다면 모형에 포함되어야 할 (중요한) 정보가 누락되었다고 할 수 있다. 즉, 적합한 모형이라고 할 수 없다(안재형, 2011, p. 96).

우선 회귀진단을 위해 플롯을 만들어 보자.

```
> par(mfrow=c(2,2))  # 화면 분할 기능
> plot(out)
```

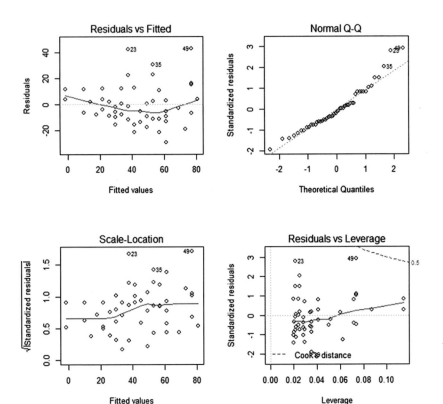

[그림 13-6] 회귀진단을 위한 플롯

이제 구체적으로 회귀분석의 통계적 가정을 하나씩 살펴보자.

13.3.1.1 정규성(normality)

종속변수가 독립변수에 대해 정규분포를 이룬다면 잔차의 값들은 평균이 0인 정규분포를 이루어야 한다. 정규 Q-Q 플롯은 정규분포하에서 기대되는 값에 대해 표준화된 잔차의 확률 플롯이다. 이 정규분포 가정을 충족하게 된다면 이 플롯의 데이터(점)들은 모두 45도 선위에 위치해야 한다. 여기서는 정규분포의 가정을 위반한 것으로 보인다.

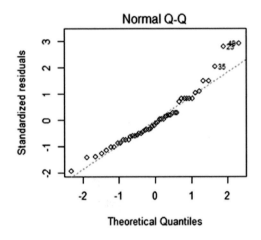

정규분포의 가정에 대한 검정을 위해 좀 더 구체적인 Normal Q-Q Plot을 만들어 보면 위의 그림보다 잔차가 정규분포를 따른다고 보기 어렵다는 점이 좀 더 명확하게 나타난다.

```
> qqnorm(resid(out))
> qqline(resid(out))
```

Normal Q-Q Plot

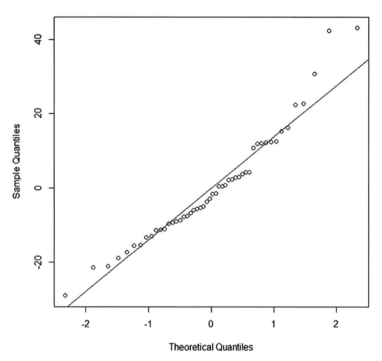

이번에는 구체적으로 잔차의 정규성 검정을 위해 Shapiro 검정을 실시해 보자. 아래 분석 결과에서 보듯이 정규성 검정 결과 잔차가 정규분포를 보이지 않음을 알 수 있다 (p=0.021).

> shapiro.test(resid(out))

```
> shapiro.test(resid(out))  # 정확한 p-value 제시

        Shapiro-Wilk normality test

data:  resid(out)
W = 0.94509, p-value = 0.02152

> |
```

13.3.1.2 독립성(independence)

앞에서 본 플롯 [그림 13-6]에서는 종속변수의 값들이 서로 독립적인지 알 수 없다. 일반적으로 종속변수의 독립성을 알기 위해서는 데이터가 어떻게 수집되었는가를 이해해야 한다. 즉, 데이터가 어떻게 수집되었는가를 이해하는 것이 종속변수와 그 잔차(the residuals)가 서로 독립적인지 이해할 수 있는 최선의 방법이 된다. 예를 들어, 어떤 자동차의 정지거리(stopping distance)가 또 다른 자동차의 정지거리에 영향을 준다는 사전적인 이유가 없다면 데이터는 독립적이라 할 수 있다. 하지만 동일한 회사의 동일한 모델로부터 수집된 데이터라면 독립성 가정을 조정할 필요가 있을 것이다(Kabacoff, 2015).

잔차의 독립성(independence of errors)

예를 들어, 시계열 데이터의 경우 종종 자기상관관계(autocorrelation)를 보인다. 즉, 시간적으로 인접한 관찰치들은 시간적으로 멀리 떨어져 있는 관찰치보다 서로 더 높은 상관관계를 보인다. car 패키지에는 이러한 자기상관관계 오류를 발견하는 Durbin-Watson 검정 기능이 있다.

```
> library(car)
> durbinWatsonTest(out)
```

```
> library(car)
> durbinWatsonTest(out)
 lag Autocorrelation D-W Statistic p-value
   1       0.1604322      1.676225   0.184
 Alternative hypothesis: rho != 0
> |
```

통계적으로 유의하지 않은 p값(p=0.184)을 보면 자기상관관계가 없는, 즉 잔차의 독립성을 알 수 있다.

이 검정은 시간의존적인 데이터(time-dependent data)인 경우 적절하지만 그렇지 않은 데이터일 경우 적합하지 않다고 하겠다. durbinWatsonTest는 p값을 구하기 위해 부트스트레핑 방법(bootstrapping)을 사용하기 때문에 simulate=FALSE 옵션을 사용하지 않는 이상 검정할 때마다 약간 다른 값을 산출하게 된다(Kabacoff, 2015, p. 190).

13.3.1.3 선형관계(linearity)

종속변수가 독립변수와 선형관계라면 잔차(residuals)와 예측치(fitted or predicted values) 간에는 어떤 체계적인 관계가 없어야 한다. 즉, 모형은 데이터의 모든 체계적인 분산을 포괄할 수 있어야 하며 남아있는 것은 다만 랜덤분산이어야 하는 것이다. 아래 플롯에서는 별다른 체계적인 관계가 보이지 않는다.

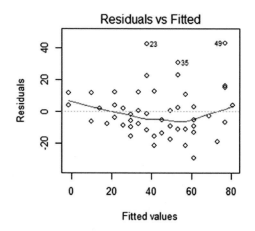

13.3.1.4 등분산성(homoscedasticity)

등분산성을 충족하려면, 다음 그래프에서 데이터의 값들은 수평선을 중심으로 (어떤 특정한 모형이 없는) 랜덤형태(random band around a horizontal line)로 나타나야 하는데 이 가정은 대체로 충족된 것으로 보인다.

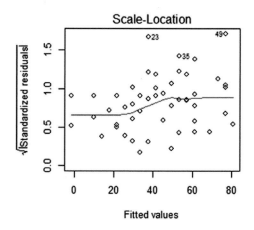

마지막으로 잔차와 레버리지 그래프는 주의를 기울여야 할 개별 데이터 값들에 대한 정보를 제공한다. 이 그래프는 이상치, 높은 레버리지 포인트 그리고 영향력 있는 관찰값들을 발견할 수 있도록 한다(Kabacoff, 2015, pp. 184-185).

- 이상치(outlier)는 회귀모형에 의해 잘 예측되지 않는 관찰값을 말하며 표준화 잔차 (standardized residuals)가 큰 경우에 해당된다(보통 ±2.0보다 큰 경우).
- 높은 레버리지값(high leverage vlaue)을 가진 관찰값은 특이한 예측변수의 값(unusual combination of predictor values)으로 구성된다. 즉, 독립변수 측면에서 이상치를 말하며 레버리지를 계산하는 데 종속변수는 사용되지 않는다. 레버리지는 hat값으로 나타내며 평균보다 2~3배 크면 높은값이다.
- 영향력 있는 관찰값(influential observation)은 모형의 계수(model parameters)를 결정하는 데 특이한 영향(disproportionate impact)을 주는 값을 말하며, Cook's distance 통계치로 파악될 수 있다(보통±1.0 이상).

다음 그림에서는 23번과 49번 케이스가 이상치에 해당되는 점을 제외하고는 특이사항이 없다고 하겠다.

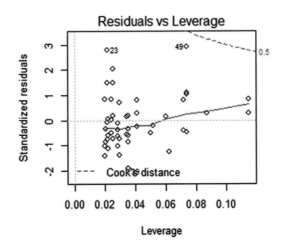

13.3.1.5 선형모형의 가정에 대한 종합적 검정

한편, 패키지 'gvlma'를 활용하여 선형모형의 가정에 대한 전반적인 검정을 (global validation of linear model assumptions) 실시할 수 있다.

```
> library(gvlma)
> gvmodel <- gvlma(out)
> summary(gvmodel)
```

```
ASSESSMENT OF THE LINEAR MODEL ASSUMPTIONS
USING THE GLOBAL TEST ON 4 DEGREES-OF-FREEDOM:
Level of Significance = 0.05

Call:
 gvlma(x = out)

                      Value  p-value                     Decision
Global Stat          15.801 0.003298 Assumptions NOT satisfied!
Skewness              6.528 0.010621 Assumptions NOT satisfied!
Kurtosis              1.661 0.197449    Assumptions acceptable.
Link Function         2.329 0.126998    Assumptions acceptable.
Heteroscedasticity    5.283 0.021530 Assumptions NOT satisfied!
> |
```

gvlma 기능은 선형모형의 가정에 대한 종합적 검정 기능을 갖고 있으며 또한 왜도, 첨도 및 등분산성에 대한 검정기능도 갖추고 있다. 다시 말하면 모형의 가정에 대한 단순화된 종합 검정 결과를 제시한다.

위 출력 결과 중 Global Stat을 보면 전반적으로 OLS 회귀모형의 통계적 가정을 충족하지 않음을 알 수 있다($p=0.003$). 구체적으로 왜도(skewness)와 등분산성에서 가정을 충족시키지 못하고 있음을 ($p=0.010$, $p=0.021$) 보여 준다. 따라서 우선적으로 정규분포의 가정을 위반하고 있는 문제를 해결해 보자.

13.3.2 종속변수의 변환

데이터가 정규분포를 보이지 못하거나 분산이 퍼질 때 log( )나 sqrt( )로 종속변수를 변환시키면 데이터가 선형에 가깝고 분산도 일정해진다(안재형, 2011). 다음 분석 결과를 보면 sqrt-변환이 log-변환보다 선형에 더 가깝고 분산도 더 집중되어 있음을 알 수 있다.

> plot(log(dist)~speed, data=cars)

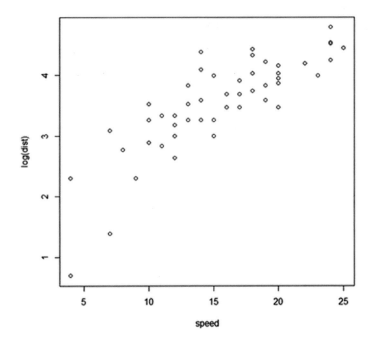

> plot(sqrt(dist)~speed, data=cars)

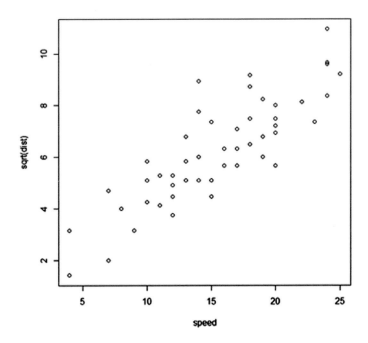

정규성 가정을 위반할 경우 종속변수를 변환(transform)하는 것이 일반적이다. 아래 종속변수 변환 결과를 보면 $dist^{0.5}$하는 것(제곱근으로 변환)이 적절하게 보이며, lambda=1(변환하지 않는 것) 가설이 기각됨(p=0.004)이 이 변환을 강하게 뒷받침하고 있다.

> library(car)

> summary(powerTransform(cars$dist))

```
> library(car)
필요한 패키지를 로딩중입니다: carData
> summary(powerTransform(cars$dist))
bcPower Transformation to Normality
          Est Power Rounded Pwr Wald Lwr Bnd Wald Upr Bnd
cars$dist    0.4951         0.5       0.1816       0.8085

Likelihood ratio test that transformation parameter is equal to 0
 (log transformation)
                           LRT df     pval
LR test, lambda = (0) 11.671  1 0.000635

Likelihood ratio test that no transformation is needed
                           LRT df    pval
LR test, lambda = (1) 8.2987  1 0.00397
>
```

λ	-2	-1	-0.5	0	0.5	1	2
변환	$1/Y^2$	$1/Y$	$1/\sqrt{Y}$	$\log(Y)$	$\sqrt{Y}$	None	Y^2

출처: Kabacoff(2015), p. 199.

앞의 결과를 바탕으로 해서 종속변수를 제곱근으로 변환한 후 모형분석을 시행하면 다음과 같은 결과를 얻게 된다. 즉, 원 모형에 비해 R^2가 0.651에서 0.709로 증가하였음을 알 수 있다.

> out2 <− lm(sqrt(dist) ~ speed, data=cars)

> summary(out2)

```
> out2 <- lm(sqrt(dist) ~ speed, data=cars)
> summary(out2)

Call:
lm(formula = sqrt(dist) ~ speed, data = cars)

Residuals:
    Min      1Q  Median      3Q     Max
-2.0684 -0.6983 -0.1799  0.5909  3.1534

Coefficients:
            Estimate Std. Error t value Pr(>|t|)
(Intercept)  1.27705    0.48444   2.636   0.0113 *
speed        0.32241    0.02978  10.825 1.77e-14 ***
---
Signif. codes:  0 '***' 0.001 '**' 0.01 '*' 0.05 '.' 0.1 ' ' 1

Residual standard error: 1.102 on 48 degrees of freedom
Multiple R-squared:  0.7094,    Adjusted R-squared:  0.7034
F-statistic: 117.2 on 1 and 48 DF,  p-value: 1.773e-14
```

> plot(out2, col="blue")

> abline(out2, col="red")

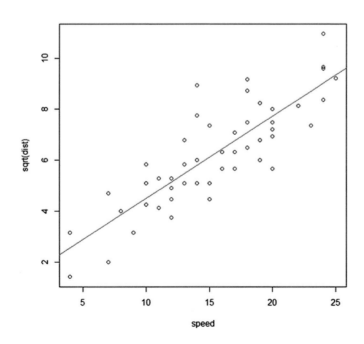

이제 두 번째 모형으로 다시 회귀진단을 실시하면 아래 그림에서 보는 것처럼 plot
(out2)는 plot(out)과 큰 차이가 없지만 조금 더 정규분포에 가까워 보임을 알 수 있다.

```
> par(mfrow=c(2,2))
> plot(out2)
```

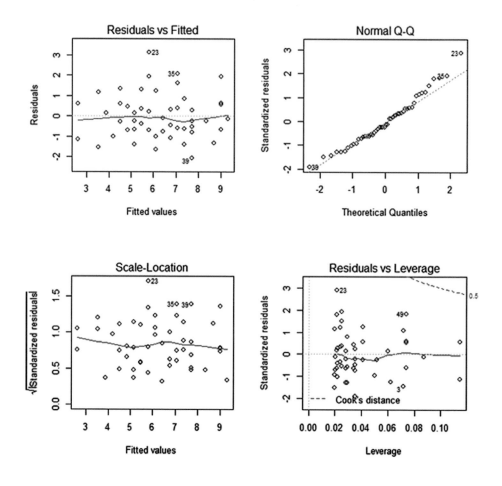

13.3.2.1 정규성(normality)

앞서 설명한대로 정규 Q-Q 플롯은 정규분포하에서 기대되는 값에 대해 표준화된 잔차의 확률 플롯이다. 이 정규분포 가정을 충족하게 된다면 이 플롯의 데이터(점)들은 모두 45도 선 위에 위치해야 한다. 여기서는 정규분포의 가정을 크게 위반한 것으로 보이지 않는다.

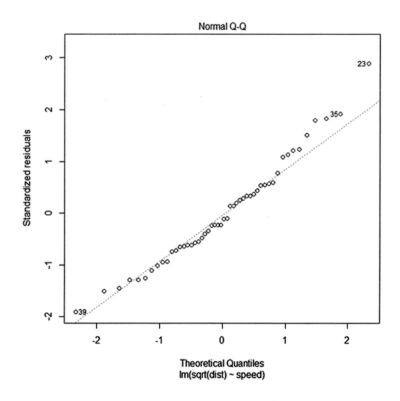

정규성을 좀 더 세밀하게 검정하기 위해 다음에 나오는 Q-Q Normal Plot을 살펴보면 잔차는 비교적 정규분포를 따른다고 볼 수 있다.

```
> qqnorm(resid(out2))
> qqline(resid(out2))
```

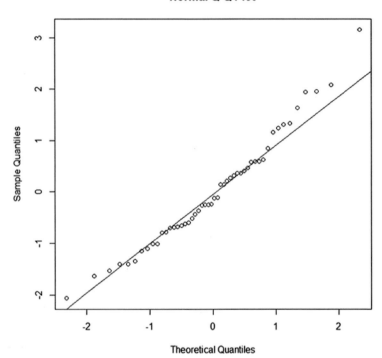

Normal Q-Q Plot

이어서 정규분포 검정을 해 보면 종속변수를 제곱근으로 변환하였을 경우에는 잔차는 정규분포를 따른다고 하겠다(p=0.314).

```
> shapiro.test(resid(out2))
```

```
> shapiro.test(resid(out2))

        Shapiro-Wilk normality test

data:  resid(out2)
W = 0.97332, p-value = 0.3143

>
```

13.3.2.2 독립성(independence)

이 분석의 종속변수인 자동차의 정지거리(stopping distance)가 또 다른 자동차의 정지거리에 영향을 준다는 구체적인 이유가 없다면 데이터는 독립적이라고 볼 수 있다.

13.3.2.3 선형관계(linearity)

종속변수가 독립변수와 선형관계라면 잔차와 예측치 간에는 어떤 체계적인 관계가 없어야 한다. 즉, 모형은 데이터의 모든 체계적인 분산을 포괄할 수 있어야 하며 남아 있는 것은 다만 랜덤분산이어야 하는 것이다. 아래 플롯에서는 별다른 체계적인 관계가 보이지 않는다.

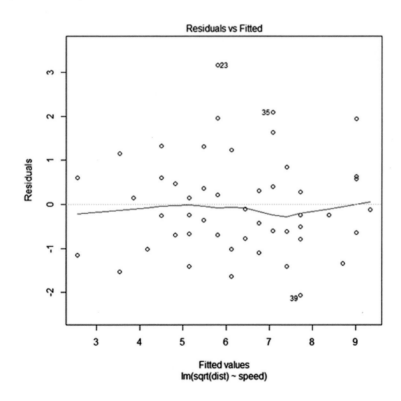

13.3.2.4 등분산성(homoscedasticity)

등분산성을 충족하려면, 아래 그래프에서 데이터의 값들은 수평선을 중심으로 (어떤 특정한 모형이 없는) 랜덤형태로 나타나야 한다. 이 가정은 충족된 것을 보인다.

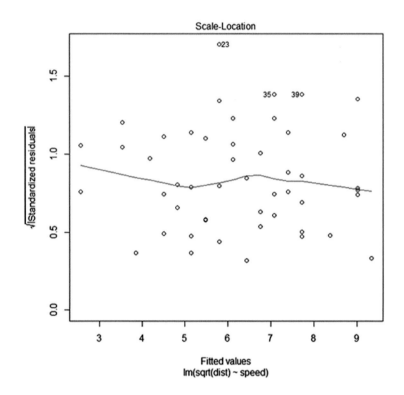

마지막으로 아래 그림에서 잔차, 레버리지 그래프, 그리고 영향력 있는 관찰값들을 살펴보면 이상치로 보이는 23번 케이스 외에는 특이사항이 없다고 하겠다.

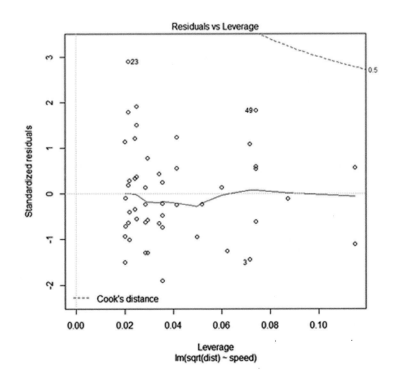

13.3.2.5 선형모형의 가정에 대한 종합적 검정

앞선 분석에서와 마찬가지로 package 'gvlma'를 활용하여 선형모형의 가정에 대한 전반적인 검정을 실시하여 얻게 된 결과는 다음과 같다.

```
> library(gvlma)

> gvmodel <- gvlma(out2)

> summary(gvmodel)
```

```
ASSESSMENT OF THE LINEAR MODEL ASSUMPTIONS
USING THE GLOBAL TEST ON 4 DEGREES-OF-FREEDOM:
Level of Significance =  0.05

Call:
 gvlma(x = out2)

                        Value p-value                   Decision
Global Stat         3.03592 0.55183 Assumptions acceptable.
Skewness            2.81284 0.09351 Assumptions acceptable.
Kurtosis            0.04915 0.82455 Assumptions acceptable.
Link Function       0.09269 0.76078 Assumptions acceptable.
Heteroscedasticity 0.08124 0.77563 Assumptions acceptable.
> |
```

선형모형의 가정에 대한 단순화된 종합 검정 결과를 제시하는 gvlma 기능을 활용하여 분석한 결과, 전반적으로(Global Stat) OLS 회귀모형의 통계적 가정을 충족하고 있음을 알 수 있다(p=0.552). 그리고 왜도(p=0.094) 및 등분산성(p=0.776)에서도 가정이 충족되었음을 확인할 수 있다.

14 다중회귀분석(multiple regression)

독립변수가 1개인 단순회귀분석에 비해 다중회귀분석(multiple regression)은 독립변수가 2개 이상인 경우의 회귀분석을 의미한다. 어떤 사회현상이나 관계를 설명하거나 예측하고자 하는 경우에는 대체로 독립변수를 2개 이상 포함하는 것이 일반적이다.

다중회귀모형에 포함할 독립변수들을 선정할 때 일반적인 기준은 다음과 같다.

- 각 독립변수는 종속변수와 상관관계가 높아야 한다. (상관분석 활용)
- 선택된 독립변수들 간에는 상관관계가 낮아야 한다. (다중공선성 해결)
- 모형에는 간명성의 원칙(parsimonious model)을 따른다. (되도록이면 적은 독립변수로 모형 설정)

출처: 안재형(2011), p. 109.

회귀모형에 포함된 독립변수들 간의 상관관계가 높다는 것은 중복된 정보를 모형에 포함시키는 의미로 이해할 수 있으며, 이는 간명성의 원칙에 위배되는 변수의 중복을 초래하여 다중공선성(multicollinearity) 문제를 야기할 수 있다.

14.1 다중회귀분석(multiple linear regression)

여기서 사용할 데이터는 state.x77으로 미국 50개 주의 인구, 소득, 문맹률 등에 대한 데이터이다. 아래는 state.x77에 대한 간략한 설명이다.

---

state.x77:

matrix with 50 rows and 8 columns giving the following statistics in the respective columns.

Population:

population estimate as of July 1, 1975

Income:

per capita income (1974)

Illiteracy:

illiteracy (1970, percent of population)

Life Exp:

life expectancy in years (1969–71)

Murder:

murder and non-negligent manslaughter rate per 100,000 population (1976)

Income: 인구 1인당 소득
Murder: 인구 100,000명당 살인(과실치사)율
Frost: 최저기온이 영하로 내려가는 평균일 수(days)

우선 state.x77 데이터 중에서 5개의 변수만 선정한 데이터프레임을 만든다.

```
> head(state.x77)
> states <- data.frame(state.x77[, c("Murder", "Population",
      "Illiteracy", "Income", "Frost")])
> head(states)
> cor(states)  # 상관분석
```

```
> # Multiple linear regression
> head(state.x77)
           Population Income Illiteracy Life Exp Murder HS Grad Frost    Area
Alabama          3615   3624        2.1    69.05   15.1    41.3    20   50708
Alaska            365   6315        1.5    69.31   11.3    66.7   152  566432
Arizona          2212   4530        1.8    70.55    7.8    58.1    15  113417
Arkansas         2110   3378        1.9    70.66   10.1    39.9    65   51945
California      21198   5114        1.1    71.71   10.3    62.6    20  156361
Colorado         2541   4884        0.7    72.06    6.8    63.9   166  103766
> states <- as.data.frame(state.x77[, c("Murder", "Population", "Illiteracy", "Income", "Frost")])
> head(states)
           Murder Population Illiteracy Income Frost
Alabama      15.1       3615        2.1   3624    20
Alaska       11.3        365        1.5   6315   152
Arizona       7.8       2212        1.8   4530    15
Arkansas     10.1       2110        1.9   3378    65
California   10.3      21198        1.1   5114    20
Colorado      6.8       2541        0.7   4884   166
> cor(states)
             Murder Population Illiteracy    Income     Frost
Murder      1.00000    0.34364    0.70298  -0.23008  -0.53888
Population  0.34364    1.00000    0.10762   0.20823  -0.33215
Illiteracy  0.70298    0.10762    1.00000  -0.43708  -0.67195
Income     -0.23008    0.20823   -0.43708   1.00000   0.22628
Frost      -0.53888   -0.33215   -0.67195   0.22628   1.00000
```

이어서 str( ) 및 class( ) 기능을 활용하여 데이터 구조를 살펴보자.

> str(states)

> class(states)

```
> str(state.x77)
 num [1:50, 1:8] 3615 365 2212 2110 21198 ...
 - attr(*, "dimnames")=List of 2
  ..$ : chr [1:50] "Alabama" "Alaska" "Arizona" "Arkansas" ...
  ..$ : chr [1:8] "Population" "Income" "Illiteracy" "Life Exp" ...
> class(state.x77)
[1] "matrix"
> dim(state.x77)
[1] 50  8
> str(states)
'data.frame':   50 obs. of  5 variables:
 $ Murder    : num  15.1 11.3 7.8 10.1 10.3 6.8 3.1 6.2 10.7 13.9 ...
 $ Population: num  3615 365 2212 2110 21198 ...
 $ Illiteracy: num  2.1 1.5 1.8 1.9 1.1 0.7 1.1 0.9 1.3 2 ...
 $ Income    : num  3624 6315 4530 3378 5114 ...
 $ Frost     : num  20 152 15 65 20 166 139 103 11 60 ...
> class(states)
[1] "data.frame"
> |
```

다중회귀분석을 시행하기에 앞서 각 변수 간의 관계를 검토하기 위해 psycho 패키
지를 이용하여 변수 간 상관분석을 실시하면 다음과 같다.

```
> cor(states)

> library(psycho)

> cor <− correlation(states, adjust="none")

> summary(cor)

> plot(cor)
```

```
> cor(states)
            Murder Population Illiteracy     Income      Frost
Murder    1.0000000  0.3436428  0.7029752 -0.2300776 -0.5388834
Population 0.3436428  1.0000000  0.1076224  0.2082276 -0.3321525
Illiteracy 0.7029752  0.1076224  1.0000000 -0.4370752 -0.6719470
Income    -0.2300776  0.2082276 -0.4370752  1.0000000  0.2262822
Frost     -0.5388834 -0.3321525 -0.6719470  0.2262822  1.0000000
> library(psycho)
> cor <- correlation(states, type="full", method="pearson", adjust="none")
> summary(cor)
           Murder Population Illiteracy Income
Murder
Population   0.34*
Illiteracy  0.7***      0.11
Income      -0.23       0.21    -0.44**
Frost       -0.54***   -0.33*   -0.67***  0.23
> plot(cor)
```

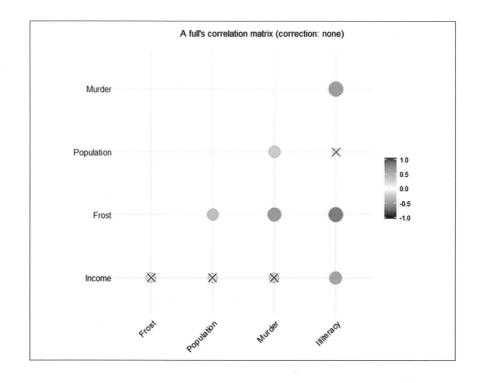

이제 Murder를 종속변수로 하고 나머지 변수들을 독립변수로 투입하여 회귀분석을 실행해 보자. 아래 분석결과를 보면 회귀모형은 전반적으로 종속변수를 설명하는 데 유의한 회귀모형(F=14.7, p<0.001)이며 종속변수의 분산을 56.7% 설명하고 있다. 4개의 독립변수 중에서 Population과 Illiteracy는 통계적으로 유의하며, 나머지 변수들을 통제한 상태에서 인구가 많을수록 살인비율은 증가하며, 마찬가지로 문맹률이 증가할수록 살인비율은 증가하는 것으로 나타났다.

> fit <− lm(Murder ~ Population + Illiteracy + Income + Frost,
    data=states)
> summary(fit)

```
> fit <- lm(Murder ~ Population + Illiteracy + Income + Frost, data=states)
> summary(fit)

Call:
lm(formula = Murder ~ Population + Illiteracy + Income + Frost,
    data = states)

Residuals:
   Min     1Q Median     3Q    Max
-4.796 -1.649 -0.081  1.482  7.621

Coefficients:
            Estimate Std. Error t value Pr(>|t|)
(Intercept) 1.23e+00   3.87e+00    0.32    0.751
Population  2.24e-04   9.05e-05    2.47    0.017 *
Illiteracy  4.14e+00   8.74e-01    4.74  2.2e-05 ***
Income      6.44e-05   6.84e-04    0.09    0.925
Frost       5.81e-04   1.01e-02    0.06    0.954
---
Signif. codes:  0 '***' 0.001 '**' 0.01 '*' 0.05 '.' 0.1 ' ' 1

Residual standard error: 2.53 on 45 degrees of freedom
Multiple R-squared:  0.567,    Adjusted R-squared:  0.528
F-statistic: 14.7 on 4 and 45 DF,  p-value: 9.13e-08

> |
```

한편 표준화된 회귀계수(standardized regression coefficients)를 제시하고 싶다면 scale ( ) 기능을 사용하여 데이터를 먼저 표준화한 다음 회귀분석을 다음과 같이 실시한다(Kabacoff, 2015).

> zstates=data.frame(scale(states))

> zfit <− lm(Murder ~ Population + Illiteracy + Income + Frost,
   data=zstates)

> coef(zfit) # 회귀계수만 제시

> summary(zfit)

```
> zstates=data.frame(scale(states))
> zfit=lm(Murder ~ Population + Illiteracy + Income + Frost, data=zstates)
> coef(zfit)
  (Intercept)     Population      Illiteracy         Income          Frost
-2.054026e-16   2.705095e-01   6.840496e-01   1.072372e-02   8.185407e-03
> summary(zfit)

Call:
lm(formula = Murder ~ Population + Illiteracy + Income + Frost,
    data = zstates)

Residuals:
     Min      1Q   Median      3Q     Max
-1.29918 -0.44682 -0.02197  0.40132  2.06446

Coefficients:
             Estimate Std. Error t value Pr(>|t|)
(Intercept) -2.054e-16  9.711e-02   0.000   1.0000
Population   2.705e-01  1.095e-01   2.471   0.0173 *
Illiteracy   6.840e-01  1.444e-01   4.738 2.19e-05 ***
Income       1.072e-02  1.138e-01   0.094   0.9253
Frost        8.185e-03  1.416e-01   0.058   0.9541
---
Signif. codes:  0 '***' 0.001 '**' 0.01 '*' 0.05 '.' 0.1 ' ' 1

Residual standard error: 0.6867 on 45 degrees of freedom
Multiple R-squared:  0.567,    Adjusted R-squared:  0.5285
F-statistic: 14.73 on 4 and 45 DF,  p-value: 9.133e-08
```

위의 결과를 보면 통계적으로 유의한 두 독립변수 Population(0.27)과 Illiteracy(0.68)를 비교해 보면 Illiteracy의 영향력이 더 큰 것으로 나타났다.

14.2 회귀모형의 진단(regression diagnostics)

앞장에서 설명한대로 회귀모형 분석 결과 제시되는 통계치는 그 분석모형이 적절한지에 대해서는 알려주지 않기 때문에 회귀모형(계수)으로부터의 올바른 추론을 하려면 회귀모형이 어느 정도 통계적 가정을 충족하고 있느냐에 달려 있다. 왜냐하면 데이터 의 부적절성이나 독립변수와 종속변수 간의 잘못된 관계의 설정은 결과적으로 적합하 지 못한 모형(not a proper model)을 만들기 때문이다(Kabacoff, 2015).

```
> fit <- lm(Murder ~ Population + Illiteracy + Income + Frost,
        data=states)
> par(mfrow=c(2,2))
> plot(fit)
```

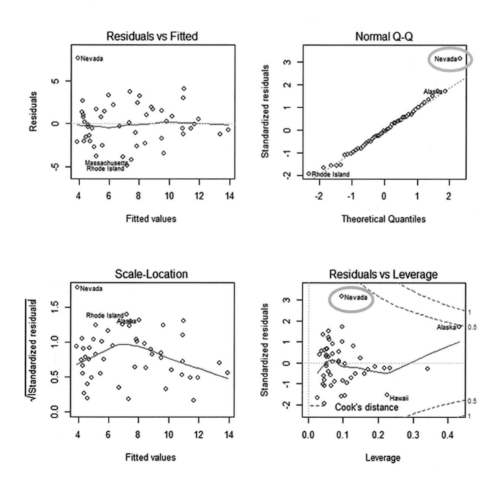

위의 결과에서 이상치(outlier)로 보이는 Nevada의 경우를 제외하고는 모형의 가정

(정규성, 선형관계, 등분산성)은 대체로 잘 충족된 것으로 보인다.

정규성에 대한 보다 엄밀한 검정을 다음과 같이 qqPlot을 통해 확인할 수 있다. 다음 플롯은 id.method="identify"를 통해 이상치를 보이는 데이터에 대한 확인과 아울러 simulate=TRUE를 통해 붓스트랩을 통한 95% 신뢰구간을 제시한 결과이다(Kabacoff, 2015, p. 188).

```
> library(car)
> fit <- lm(Murder ~ Population + Illiteracy + Income + Frost,
      data=states)
> qqPlot(fit, labels=row.names(states), id.method="identify", simulate=
      T, main="Q-Q Plot")
```

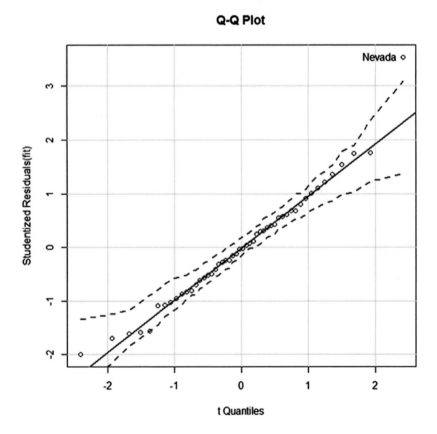

그리고 아래와 같이 이상치로 의심되는 Nevada의 예측치와 잔차를 살펴보니 관측치와 예측치의 차이인 잔차가 크게 나타났다.

> states["Nevada",]

> fitted(fit)["Nevada"]

> residuals(fit)["Nevada"]

레버리지를 고려한 표준화된 잔차(studentized residuals)

> rstudent(fit)["Nevada"]

```
>
> states["Nevada", ]
       Murder Population Illiteracy Income Frost
Nevada   11.5        590        0.5   5149   188
> fitted(fit)["Nevada"]
  Nevada
3.878958
> residuals(fit)["Nevada"]
  Nevada
7.621042
> rstudent(fit)["Nevada"]
  Nevada
3.542929
> |
```

14.2.1 이상치(Outliers)

이상치는 모형에 의해 잘 예측되지 않는 관측치를 말하며 일반적으로 잔차($Y_i - \hat{Y_i}$)가 이상적으로 큰 경우를 말한다. 정적 잔차의 경우 모형이 종속변수를 과소추정하고 있음을 그리고 부적 잔차의 경우 모형이 과대추정을 하고 있음을 보여 준다. 이상치를 검정하는 outlierTest 기능은 가장 큰 잔차(절대값)에 대한 Bonferroni 수정된 유의확률 값을 보여 준다(Kabacoff, 2015, p. 194).

```
> library(car)

> outlierTest(fit)
```

```
> # Assesing outliers
> library(car)
경고메시지(들):
패키지 'car'는 R 버전 3.3.3에서 작성되었습니다
> outlierTest(fit)
        rstudent unadjusted p-value Bonferonni p
Nevada 3.542929         0.00095088     0.047544
> |
```

위 결과를 보면 Nevada가 이상치(p=0.048)로 발견되었으며, 이 분석방법은 가장 큰 잔차를 이상치로 검정하고 있다. 만약 유의하지 않다면 데이터에 잔차가 없는 것으로 볼 수 있으며, 만약 유의하다면 이 이상치를 제외하고 다시 분석하여 다른 이상치가 있는지 검토하는 것이 필요하다.

그러므로 이상치 Nevada(28번째 케이스)를 제외하고 다시 분석해 보면 다음과 같은 결과를 얻을 수 있다.

```
> fita <- lm(Murder ~ Population + Illiteracy + Income + Frost,
        data=states[-28, ])
> summary(fita)
> outlierTest(fita)
```

```
> fita <- lm(Murder ~ Population + Illiteracy + Income + Frost, data=states[-28,])
> summary(fita)

Call:
lm(formula = Murder ~ Population + Illiteracy + Income + Frost,
    data = states[-28, ])

Residuals:
    Min      1Q  Median      3Q     Max
-4.3849 -1.6753 -0.1691  1.5937  4.4115

Coefficients:
              Estimate Std. Error t value Pr(>|t|)
(Intercept)  3.037e+00  3.486e+00   0.871  0.38838
Population   2.481e-04  8.104e-05   3.061  0.00375 **
Illiteracy   4.020e+00  7.807e-01   5.150 5.87e-06 ***
Income      -2.599e-04  6.167e-04  -0.421  0.67546
Frost       -4.133e-03  9.066e-03  -0.456  0.65071
---
Signif. codes:  0 '***' 0.001 '**' 0.01 '*' 0.05 '.' 0.1 ' ' 1

Residual standard error: 2.261 on 44 degrees of freedom
Multiple R-squared:  0.6541,   Adjusted R-squared:  0.6226
F-statistic:  20.8 on 4 and 44 DF,  p-value: 1.108e-09

> outlierTest(fita)

No Studentized residuals with Bonferonni p < 0.05
Largest |rstudent|:
       rstudent unadjusted p-value Bonferonni p
Alaska 2.840868          0.0068493      0.33562
```

위 결과에서 보듯이 Nevada를 제외하고 이상치 검정을 한 결과 더 이상 이상치가 없음을 알 수 있다. 그리고 회귀분석 모형에서는 원 모형에 비해 R^2가 0.567에서 0.654로 증가하였음을 알 수 있다.

14.2.2 선형모형의 가정에 대한 종합적 검정

이제 선형모형의 가정에 대한 종합적인 검정을 실시해 보자.

```
> library(gvlma)
> gvmodel <- gvlma(fit)
> summary(gvmodel)
```

```
ASSESSMENT OF THE LINEAR MODEL ASSUMPTIONS
USING THE GLOBAL TEST ON 4 DEGREES-OF-FREEDOM:
Level of Significance =  0.05

Call:
 gvlma(x = fit)

                   Value  p-value            Decision
Global Stat        2.7728 0.5965 Assumptions acceptable.
Skewness           1.5374 0.2150 Assumptions acceptable.
Kurtosis           0.6376 0.4246 Assumptions acceptable.
Link Function      0.1154 0.7341 Assumptions acceptable.
Heteroscedasticity 0.4824 0.4873 Assumptions acceptable.
> |
```

검정 결과(Global Stat)를 보면 전반적으로 OLS 회귀모형의 통계적 가정을 충족하고 있음을 알 수 있다(p=0.597). 만약 이 가정이 충족되지 않는다면(예를 들어 $p < 0.05$), 어떤 가정이 위배되었는지 앞서 제시한 방법을 활용해 데이터를 다시 검정해야 할 것이다.

14.3　다중공선성(multicollinearity)

회귀분석의 통계적 가정과 직접 관련된 것은 아니지만 다중회귀분석 결과를 해석할 때 유의해야 할 내용이 바로 다중공선성이다. 예를 들어 아동의 어휘력에 대한 연구에서 독립변수로 신발크기와 나이를 포함하고 있다고 할 때 이 모형의 전반적인 설명력을 말해주는 F-test의 결과는 $p < 0.001$로 유의하게 나왔지만 신발크기와 나이(age)의 개별 회귀계수는 유의하지 않음을 발견할 수 있다(즉, 어떤 독립변수도 종속변수와 연관되지 않게 나온다).

문제는 신발크기와 나이는 거의 완벽하게 상관관계를 이루고 있다는 것이다. 각 회귀계수는 다른 모든 독립변수를 통제한(동일하게 둔) 상태에서 한 독립변수가 종속변수에 미치는 영향력을 측정하는 것이다. 즉, 나이를 통제한 상태에서 어휘력과 신발크기의 관계를 본 것이다. 이 문제가 바로 다중공선성이며 이로 인해 계수의 신뢰구간이 커져서 각 회귀계수의 올바른 해석을 어렵게 만든다(Kabacoff, 2015).

이제 car 패키지 vif( ) 기능을 이용하여 모형의 다중공선성(multicollinearity)을 검정해 보자.

```
> library(car)
> fit <- lm(Murder ~ Population + Illiteracy + Income + Frost,
        data=states)
> vif(fit)
> sqrt(vif(fit))
```

```
> library(car)
> vif(fit)
Population Illiteracy     Income      Frost
  1.245282   2.165848   1.345822   2.082547
> sqrt(vif(fit)) > 2 # Problem?
Population Illiteracy     Income      Frost
     FALSE      FALSE      FALSE      FALSE
> sqrt(vif(fit))
Population Illiteracy     Income      Frost
  1.115922   1.471682   1.160096   1.443103
> |
```

다중공선성을 나타내는 통계치가 바로 분산팽창요인(variance inflation factor, VIF)이다. 각 독립변수의 VIF의 제곱근은 각 변수의 회귀계수의 신뢰구간이 서로 상관이 없는 독립변수들로 구성된 모형에 비해서 팽창/확대(expanded)되는 정도를 나타낸다. 일반적으로 VIF의 제곱근의 값이 2보다 크게 되면($\sqrt{VIF} > 2$) 다중공선성의 문제가 있음을 나타낸다(Kabacoff, 2015, p. 194). 따라서 위의 결과를 보면 독립변수들의 다중공선성 문제는 없음을 알 수 있다.

다중공선성 검정 사례2

이번에는 mtcars 데이터를 이용하여 다중공선성 문제를 다루어 보자.

```
> head(mtcars)

> mtcars2 <- data.frame(mtcars[, c(1,3,4,6)])

> corr.test(mtcars2, use="complete")
```

```
> head(mtcars)
                   mpg cyl disp  hp drat    wt  qsec vs am gear carb
Mazda RX4         21.0   6  160 110 3.90 2.620 16.46  0  1    4    4
Mazda RX4 Wag     21.0   6  160 110 3.90 2.875 17.02  0  1    4    4
Datsun 710        22.8   4  108  93 3.85 2.320 18.61  1  1    4    1
Hornet 4 Drive    21.4   6  258 110 3.08 3.215 19.44  1  0    3    1
Hornet Sportabout 18.7   8  360 175 3.15 3.440 17.02  0  0    3    2
Valiant           18.1   6  225 105 2.76 3.460 20.22  1  0    3    1
> mtcars2=data.frame(mtcars[, c(1,3,4,6)])
> corr.test(mtcars2, use="complete")
Call:corr.test(x = mtcars2, use = "complete")
Correlation matrix
      mpg  disp    hp    wt
mpg   1.00 -0.85 -0.78 -0.87
disp -0.85  1.00  0.79  0.89
hp   -0.78  0.79  1.00  0.66
wt   -0.87  0.89  0.66  1.00
Sample Size
[1] 32
Probability values (Entries above the diagonal are adjusted for multiple tests.)
     mpg disp hp wt
mpg    0    0  0  0
disp   0    0  0  0
hp     0    0  0  0
wt     0    0  0  0

 To see confidence intervals of the correlations, print with the short=FALSE option
> |
```

다음 검정 결과 여기서는 disp와 wt의 VIF 제곱근이 모두 2.0을 초과함을 알 수 있다. 다중공선성 문제를 해결하는 가장 간단한 방법은 다중공선성을 보이는 변수를 제거하는 것이다. 따라서 여기서는 VIF가 가장 큰 disp을 제거하고 분석해 보자.

> fit <− lm(mpg ~ disp + hp + wt, data=mtcars)

> summary(fit)

> library(car)

> vif(fit)

> sqrt(vif(fit))

```
> fit=lm(mpg ~ disp + hp + wt, data=mtcars)
> summary(fit)

Call:
lm(formula = mpg ~ disp + hp + wt, data = mtcars)

Residuals:
   Min     1Q  Median     3Q    Max
-3.891 -1.640 -0.172  1.061  5.861

Coefficients:
             Estimate Std. Error t value Pr(>|t|)
(Intercept) 37.105505   2.110815  17.579  < 2e-16 ***
disp        -0.000937   0.010350  -0.091  0.92851
hp          -0.031157   0.011436  -2.724  0.01097 *
wt          -3.800891   1.066191  -3.565  0.00133 **
---
Signif. codes:  0 '***' 0.001 '**' 0.01 '*' 0.05 '.' 0.1 ' ' 1

Residual standard error: 2.639 on 28 degrees of freedom
Multiple R-squared:  0.8268,   Adjusted R-squared:  0.8083
F-statistic: 44.57 on 3 and 28 DF,  p-value: 8.65e-11

> library(car)
> vif(fit)
    disp       hp       wt
7.324517 2.736633 4.844618
> sqrt(vif(fit)) > 2 # Problem?
 disp   hp   wt
 TRUE FALSE  TRUE
> sqrt(vif(fit))
    disp       hp       wt
2.706385 1.654277 2.201049
```

다음 결과를 보면 disp를 제외한 나머지 독립변수들로만 구성된 회귀식의 경우 hp와 wt 간의 다중공선성 문제는 없음을 알 수 있다.

> fit <− lm(mpg ~ hp + wt, data=mtcars)

> summary(fit)

> vif(fit)

> sqrt(vif(fit))

```
> fit=lm(mpg ~ hp + wt, data=mtcars)
> summary(fit)

Call:
lm(formula = mpg ~ hp + wt, data = mtcars)

Residuals:
   Min     1Q Median     3Q    Max
-3.941 -1.600 -0.182  1.050  5.854

Coefficients:
            Estimate Std. Error t value Pr(>|t|)
(Intercept) 37.22727    1.59879  23.285  < 2e-16 ***
hp          -0.03177    0.00903  -3.519  0.00145 **
wt          -3.87783    0.63273  -6.129 1.12e-06 ***
---
Signif. codes:  0 '***' 0.001 '**' 0.01 '*' 0.05 '.' 0.1 ' ' 1

Residual standard error: 2.593 on 29 degrees of freedom
Multiple R-squared:  0.8268,    Adjusted R-squared:  0.8148
F-statistic: 69.21 on 2 and 29 DF,  p-value: 9.109e-12

> vif(fit)
      hp       wt
1.766625 1.766625
> sqrt(vif(fit))
      hp       wt
1.329144 1.329144
```

14.4 모형비교(model comparison)

앞서 본 4개의 독립변수로 구성된 원 모형(fit)에서 통계적으로 유의하지 않은 (p-value가 큰) Income, Frost를 제외하고 다시 모형을 분석하면 다음의 결과를 얻게 된다. 원 모형에 비해 R^2가 거의 비슷하게 나왔음을 알 수 있다.

> fit2 <− lm(Murder ~ Population + Illiteracy, data=states)

> summary(fit2)

```
> fit2 <- lm(Murder ~ Population + Illiteracy, data=states)
> summary(fit2)

Call:
lm(formula = Murder ~ Population + Illiteracy, data = states)

Residuals:
    Min      1Q  Median      3Q     Max
-4.7652 -1.6561 -0.0898  1.4570  7.6758

Coefficients:
             Estimate Std. Error t value Pr(>|t|)
(Intercept) 1.652e+00  8.101e-01   2.039  0.04713 *
Population  2.242e-04  7.984e-05   2.808  0.00724 **
Illiteracy  4.081e+00  5.848e-01   6.978 8.83e-09 ***
---
Signif. codes:  0 '***' 0.001 '**' 0.01 '*' 0.05 '.' 0.1 ' ' 1

Residual standard error: 2.481 on 47 degrees of freedom
Multiple R-squared:  0.5668,    Adjusted R-squared:  0.5484
F-statistic: 30.75 on 2 and 47 DF,  p-value: 2.893e-09
```

이제 두 모형을 비교하는데 여기서는 F−test [anova(작은 모형, 큰 모형)]를 이용해 보자.

> anova(fit2, fit)

> AIC(fit2, fit)

```
> anova(fit2, fit)
Analysis of Variance Table

Model 1: Murder ~ Population + Illiteracy
Model 2: Murder ~ Population + Illiteracy + Income + Frost
  Res.Df    RSS Df Sum of Sq      F Pr(>F)
1     47 289.25
2     45 289.17  2  0.078505 0.0061 0.9939
> AIC(fit2, fit)
     df      AIC
fit2  4 237.6565
fit   6 241.6429
> |
```

두 모형의 RSS(Residual Sum of Squares)의 차이를 검정하는 F검정 결과 p-value＝ 0.994로 모형1과 모형2가 차이가 없는 것으로 나타났다. 즉, 제거된 두 변수 Income, Frost가 미치는 모형에 대한 기여도가 없다고 하겠다. 여기서 유의할 점은 작은 모형부 터 차례로 투입한다는 점이다. 그리고 모형에 대한 비교로 사용되는 지수인 AIC로 비 교하여도 작은 모형(fit2)의 AIC가 더 작은 것으로 나타난다.

Tip

참고로 AIC는 anova F-test와 달리 내재된 모형(nested models)이 아닌 경우에도 사용 가능 하며, 모형의 설명력에 설명변수의 수(number of parameters)를 고려한다.

지금까지 분석한 두 모형을 비교하면 [그림 14-1]과 같다.

	독립변수 수	R^2	Adjusted-R^2
Model 2 (fit)	4	0.5670	0.5285
Model 1 (fit2)	2	0.5668	0.5484

[그림 14-1] 회귀모형의 비교

모형비교에서 R^2는 독립변수의 수가 많을수록 무조건 커지기 때문에 독립변수의 수 를 고려한 모형의 설명력을 나타내는 adjusted-R^2를 활용하게 된다. adjusted-R^2 기 준으로 할 때 Model 1이 선택될 수 있으며, 모형의 간명성을 고려할 때는 Model 1을 선 택해야 함이 더욱 분명해 보인다.

14.5 최선의 모형 선택(selecting the "best" model)

최선의 모형(best model)을 위한 모형 선택에는 forward selection(가장 유의한 변수부 터 덜 유의한 변수 순으로 하나씩 추가), backward selection(모든 변수를 넣고 가장 기여도가 낮은 변수부터 하나씩 제거), 이 두 가지 방법을 조합한 stepwise selection이 있다. 변수가 너무 많지 않을 경우 backward selection을 권장한다(Kabacoff, 2015, p. 203). 따라서 아래와 같이 backward selection을 통해 최선의 모형을 분석해 보면, Population과 Illiteracy만 포함한 모형의 AIC가 93.76으로 가장 적합한 모형임을 알 수 있다.

> library(MASS)

> fit <− lm(Murder ~ Population + Illiteracy + Income + Frost,
    data=states)

> stepAIC(fit, direction="backward")

```
> library(MASS)
> fit <- lm(Murder ~ Population + Illiteracy + Income + Frost, data=states)
> stepAIC(fit, direction="backward")
Start:  AIC=97.75
Murder ~ Population + Illiteracy + Income + Frost

              Df Sum of Sq    RSS     AIC
- Frost        1     0.021 289.19  95.753
- Income       1     0.057 289.22  95.759
<none>                     289.17  97.749
- Population   1    39.238 328.41 102.111
- Illiteracy   1   144.264 433.43 115.986

Step:  AIC=95.75
Murder ~ Population + Illiteracy + Income

              Df Sum of Sq    RSS     AIC
- Income       1     0.057 289.25  93.763
<none>                     289.19  95.753
- Population   1    43.658 332.85 100.783
- Illiteracy   1   236.196 525.38 123.605

Step:  AIC=93.76
Murder ~ Population + Illiteracy

              Df Sum of Sq    RSS     AIC
<none>                     289.25  93.763
- Population   1    48.517 337.76  99.516
- Illiteracy   1   299.646 588.89 127.311

Call:
lm(formula = Murder ~ Population + Illiteracy, data = states)

Coefficients:
(Intercept)   Population   Illiteracy
  1.6515497    0.0002242    4.0807366
```

15 매개효과 및 조절효과

15.1 매개효과

회귀분석에서 매개변수는 독립변수와 종속변수 사이에 위치하며, 매개변수를 거쳐 종속변수에 영향을 주기 때문에 이를 간접효과라고도 한다. 이제 다문화가정 아동의 학교적응 데이터(mfchildren.csv)를 활용하여 매개효과 분석을 실시해 보자. 여기서 독립변수는 부모태도, 종속변수는 학교적응, 그리고 매개변수는 자아존중감으로 설정한다.

1	성별	부모태도	사회적지지	자아존중감	학교적응
2	1	2.9	3.5	3.8	3.0833333
3	1	3.6	3.3	4.3	3.0833333
4	1	3.5	2.3	3.8	3.4166667
5	0	3.4	3.5	3.5	3.5833333
6	0	3.3	2.3	3.4	1.8333333
7	0	3	3.3	3	3.25
8	0	3.2	3.8	3.4	4
9	1	4	4.6	4.8	4.5833333
10	0	3.3	3.1	4	3.4166667
11	1	4	3.3	3.9	2.5
12	1	4.5	4.7	4.2	4.5
13	0	3.7	3.9	4.2	3.9166667
14	1	3.4	3.4	3.8	4.25
15	1	3.6	4.2	3	4.75
16	1	4.1	3.5	3.9	3.5
17	0	3.8	3.3	3.5	3.25
18	1	4.9	3.9	2.8	3.5833333
19	1	3.9	5	4.3	5
20	0	3.1	3.6	3.1	3.3333333
21	0	2.2	2.9	2.6	2.5

```
> mfchildren <− read.csv("D:/R/mfchildren.csv")
> library(psych)
> out1 <− mediate(y="학교적응", x="부모태도", m="자아존중감",
        data=mfchildren)
```

분석결과 [그림 15-1]과 다음 페이지 결과에서 보듯이 부모태도가 학교적응에 미치는 직접효과는 0.33(p<0.001)이고, 간접효과는 a(0.48) × b(0.42)＝0.2로 나타나 총효과는 0.54이다. 이때 간접효과(ab)는 통계적으로 유의하며 (95% CI: 0.10~0.34) 부분매개효과가 있는 것으로 나타났다.

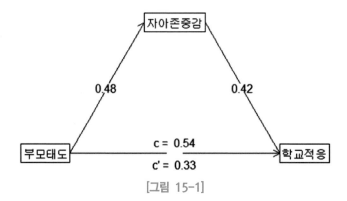

Mediation model

[그림 15-1]

> out1

```
Call: mediate(y = "학교적응", x = "부모태도", m = "자아존중감", data = mfchildren)

The DV (Y) was  학교적응 . The IV (X) was  부모태도 . The mediating variable(s) =  자아존중감

Total Direct effect(c) of  부모태도  on  학교적응  = 0.54  S.E. = 0.1  t direct = 5.64
Direct effect (c') of  부모태도  on  학교적응  removing  자아존중감  = 0.33  S.E. = 0.1  t
Indirect effect (ab) of  부모태도  on  학교적응  through  자아존중감  = 0.2
Mean bootstrapped indirect effect = 0.2 with standard error = 0.06  Lower CI = 0.1    Upp
R2 of model = 0.3
 To see the longer output, specify short = FALSE in the print statement

 Full output

 Total effect estimates (c)
        학교적응  se    t      Prob
부모태도    0.54 0.1 5.64 7.84e-08

Direct effect estimates    (c')
         학교적응   se    t      Prob
부모태도     0.33 0.10 3.48 6.45e-04
자아존중감   0.42 0.08 5.34 3.27e-07

 'a'  effect estimates
         부모태도   se    t      Prob
자아존중감   0.48 0.09 5.42 2.18e-07

 'b'  effect estimates
         학교적응   se    t      Prob
자아존중감   0.42 0.08 5.34 3.27e-07

 'ab'  effect estimates
        학교적응 boot   sd lower upper
부모태도     0.2 0.2 0.06   0.1  0.34
>
```

부모태도와 자아존중감의 위치 변경이 필요

15.2 조절효과

조절변수는 독립변수와 종속변수의 관계에 영향을 미치는 변수로 조절변수가 통계적으로 유의하다면 독립변수가 종속변수에 미치는 효과가 조절변수에 따라 달라진다. 여기서는 자동차 연비에 대한 데이터인 mtcars 데이터를 이용하여 조절효과를 분석해보자. 이때 종속변수는 연비(mpg), 독립변수는 마력(hp)과 무게(wt)이며 조절변수는 hp:wt로 설정한다(Kabacoff, 2015).

> head(mtcars).

```
> head(mtcars)
                   mpg cyl disp  hp drat    wt  qsec vs am gear carb
Mazda RX4         21.0   6  160 110 3.90 2.620 16.46  0  1    4    4
Mazda RX4 Wag     21.0   6  160 110 3.90 2.875 17.02  0  1    4    4
Datsun 710        22.8   4  108  93 3.85 2.320 18.61  1  1    4    1
Hornet 4 Drive    21.4   6  258 110 3.08 3.215 19.44  1  0    3    1
Hornet Sportabout 18.7   8  360 175 3.15 3.440 17.02  0  0    3    2
Valiant           18.1   6  225 105 2.76 3.460 20.22  1  0    3    1
```

분석결과 두 독립변수 hp의 회귀계수($p < 0.001$)와 wt의 회귀계수($p < 0.001$)는 모두 유의한 것으로 나타났으며, 계수는 모두 음의 수(−)이다. 즉, 자동차의 마력(hp)과 무게(wt)가 클수록 연비(mpg)는 모두 낮아지는 것으로 나타났다. 하지만 상호작용항(hp:wt)의 회귀계수가 양의 수(0.02)인 것은 hp의 기울기가 wt에 따라 완화된다는 것을 의미한다. 이를 그림으로 나타내면 [그림 15−2]와 같다.

> fit <− lm(mpg ~ hp + wt + hp:wt, data=mtcars)

> summary(fit)

> mean(mtcars$wt)

```
> fit <- lm(mpg ~ hp + wt + hp:wt, data=mtcars)
> summary(fit)

Call:
lm(formula = mpg ~ hp + wt + hp:wt, data = mtcars)

Residuals:
   Min    1Q Median    3Q    Max
-3.063 -1.649 -0.736  1.421  4.551

Coefficients:
            Estimate Std. Error t value Pr(>|t|)
(Intercept) 49.80842    3.60516   13.82  5.0e-14 ***
hp          -0.12010    0.02470   -4.86  4.0e-05 ***
wt          -8.21662    1.26971   -6.47  5.2e-07 ***
hp:wt        0.02785    0.00742    3.75  0.00081 ***
---
Signif. codes:  0 '***' 0.001 '**' 0.01 '*' 0.05 '.' 0.1 ' ' 1

Residual standard error: 2.15 on 28 degrees of freedom
Multiple R-squared:  0.885,    Adjusted R-squared:  0.872
F-statistic: 71.7 on 3 and 28 DF,  p-value: 2.98e-13

> mean(mtcars$wt)
[1] 3.2172
```

> library(effects)

> plot(effect("hp:wt", fit, , list(wt=c(2.2, 3.2, 4.2))), multiline=T)

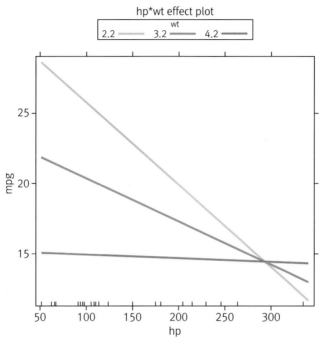

[그림 15-2] 자동차 마력과 무게의 상호작용효과

[그림 15-2]에서 보듯이 wt의 평균은 3.2로 나타났으며, wt가 평균 이하일 경우(−1 표준편차) hp가 커짐에 따라 mpg가 급격하게 줄어든다. 하지만 wt가 평균보다 큰 경우에는(+1 표준편차) hp와 mpg의 기울기는 완만해짐을 알 수 있다. 즉, hp에 따른 mpg의 기울기는 wt에 따라 달라짐을 알 수 있다. 따라서 hp:wt의 조절효과가 유의함을 알 수 있다.

---

mpg(wt=2.2) = 49.81−0.12*hp−8.22*(2.2)+0.03*hp*(2.2) = 31.41−0.06hp

mpg(wt=3.2) = 49.81−0.12*hp−8.22*(3.2)+0.03*hp*(3.2) = 23.37−0.03hp

mpg(wt=4.2) = 49.81−0.12*hp−8.22*(4.2)+0.03*hp*(4.2) = 15.33−0.003hp

위 회귀식을 보면 wt=2.2일 때 기울기가 가장 가파르며, wt=4.2일 때 가장 완만함을 알 수 있다.   출처: Kabacoff(2015), p. 181.

한편, 회귀식에 포함된 독립변수 hp와 wt 간에 다중공선성 문제가 있는지 확인해 보자. vif( )기능을 활용한 다음 분석결과를 보면 각 변수의 VIF 제곱근이 모두 2.0보다 작으므로 다중공선성 문제는 없는 것으로 나타났다.

```
> fit <- lm(mpg ~ hp + wt, data=mtcars)
> summary(fit)

Call:
lm(formula = mpg ~ hp + wt, data = mtcars)

Residuals:
    Min     1Q Median     3Q    Max
-3.941 -1.600 -0.182  1.050  5.854

Coefficients:
             Estimate Std. Error t value Pr(>|t|)
(Intercept) 37.22727    1.59879  23.285  < 2e-16 ***
hp          -0.03177    0.00903  -3.519  0.00145 **
wt          -3.87783    0.63273  -6.129 1.12e-06 ***
---
Signif. codes:  0 '***' 0.001 '**' 0.01 '*' 0.05 '.' 0.1 ' ' 1

Residual standard error: 2.593 on 29 degrees of freedom
Multiple R-squared:  0.8268,    Adjusted R-squared:  0.8148
F-statistic: 69.21 on 2 and 29 DF,  p-value: 9.109e-12

> library(car)
> vif(fit)
      hp       wt
1.766625 1.766625
> sqrt(vif(fit))
      hp       wt
1.329144 1.329144
```

일반적으로 VIF의 제곱근 값이 2보다 크게 되면($\sqrt{VIF} > 2$) 다중공선성의 문제가 있음을 알 수 있다.

한편, 다중공선성은 일반적으로 두 변수의 상관관계가 0.85 이상일 경우 발생한다고 할 수 있다(김태근, 2006). 따라서 두 변수의 상관계수는 0.658로 나타나 다중공선성 문제는 없음을 알 수 있다.

```
> cor.test(hp, wt)

        Pearson's product-moment correlation

data:  hp and wt
t = 4.7957, df = 30, p-value = 4.146e-05
alternative hypothesis: true correlation is not equal to 0
95 percent confidence interval:
 0.4025113 0.8192573
sample estimates:
      cor
0.6587479
```

15.2.1 표준화(scaling)

표준화는 각 변수의 고유값을 표준화시킨 값(standard units)으로 전환한 것으로서 그 계산은 (관찰치−평균)/표준편차로 이루어진다. R에서는 scale( ) 기능을 이용하여 표준화 및 중심화를 실행한다. scale( ) 기능에는 먼저 표준화할 변수를 선정하고 이어서 관측치에서 평균을 빼주는 중심화(centering) 그리고 이를 표준편차로 나누어 주는 표준화(scaling)를 수행한다. 보통 상호작용항이 있는 회귀분석(regression with interactions)에서는 중심화와 표준화를 모두 수행하는 것이 필요하다. 예를 들어 다음과 같은 명령문으로 중심화와 표준화를 모두 실행할 수 있다.

> head(mtcars)

> zmtcars <− scale(mtcars)

> zmtcars <− data.frame(zmtcars)

> zmtcars

> summary(mtcars)

```
> head(mtcars)
                   mpg cyl disp  hp drat    wt  qsec vs am gear carb
Mazda RX4         21.0   6  160 110 3.90 2.620 16.46  0  1    4    4
Mazda RX4 Wag     21.0   6  160 110 3.90 2.875 17.02  0  1    4    4
Datsun 710        22.8   4  108  93 3.85 2.320 18.61  1  1    4    1
Hornet 4 Drive    21.4   6  258 110 3.08 3.215 19.44  1  0    3    1
Hornet Sportabout 18.7   8  360 175 3.15 3.440 17.02  0  0    3    2
Valiant           18.1   6  225 105 2.76 3.460 20.22  1  0    3    1
> zmtcars <- scale(mtcars)
> zmtcars
                         mpg         cyl        disp          hp        drat           wt
Mazda RX4          0.15088482 -0.1049878 -0.57061982 -0.53509284  0.56751369 -0.610399567
Mazda RX4 Wag      0.15088482 -0.1049878 -0.57061982 -0.53509284  0.56751369 -0.349785269
Datsun 710         0.44954345 -1.2248578 -0.99018209 -0.78304046  0.47399959 -0.917004624
Hornet 4 Drive     0.21725341 -0.1049878  0.22009369 -0.53509284 -0.96611753 -0.002299538
Hornet Sportabout -0.23073453  1.0148821  1.04308123  0.41294217 -0.83519779  0.227654255
Valiant           -0.33028740 -0.1049878 -0.04616698 -0.60801861 -1.56460776  0.248094592
Duster 360        -0.96078893  1.0148821  1.04308123  1.43390296 -0.72298087  0.360516446
Merc 240D          0.71501778 -1.2248578 -0.67793094 -1.23518023  0.17475447 -0.027849959
Merc 230           0.44954345 -1.2248578 -0.72553512 -0.75387015  0.60491932 -0.068730634
Merc 280          -0.14777380 -0.1049878 -0.50929918 -0.34548584  0.60491932  0.227654255
Merc 280C         -0.38006304 -0.1049878 -0.50929918 -0.34548584  0.60491932  0.227654255
Merc 450SE        -0.61235388  1.0148821  0.36371309  0.48586794 -0.98482035  0.871524874
Merc 450SL        -0.46302456  1.0148821  0.36371309  0.48586794 -0.98482035  0.524039143
Merc 450SLC       -0.81145962  1.0148821  0.36371309  0.48586794 -0.98482035  0.575139986
Cadillac Fleetwood -1.60788262  1.0148821  1.94675381  0.85049680 -1.24665983  2.077504765
```

```
attr(,"scaled:center")
      mpg       cyl      disp        hp      drat        wt      qsec        vs         a
20.090625  6.187500 230.721875 146.687500  3.596563  3.217250 17.848750  0.437500  0.40625
     gear      carb
 3.687500  2.812500
attr(,"scaled:scale")
      mpg       cyl      disp        hp      drat        wt      qsec        vs
6.0269481 1.7859216 123.9386938 68.5628685 0.5346787 0.9784574 1.7869432 0.5040161
     gear      carb
0.7378041 1.6152000
> summary(mtcars)
      mpg            cyl             disp             hp             drat             wt
 Min.   :10.40   Min.   :4.000   Min.   : 71.1   Min.   : 52.0   Min.   :2.760   Min.   :1.513
 1st Qu.:15.43   1st Qu.:4.000   1st Qu.:120.8   1st Qu.: 96.5   1st Qu.:3.080   1st Qu.:2.581
 Median :19.20   Median :6.000   Median :196.3   Median :123.0   Median :3.695   Median :3.325
 Mean   :20.09   Mean   :6.188   Mean   :230.7   Mean   :146.7   Mean   :3.597   Mean   :3.217
 3rd Qu.:22.80   3rd Qu.:8.000   3rd Qu.:326.0   3rd Qu.:180.0   3rd Qu.:3.920   3rd Qu.:3.610
 Max.   :33.90   Max.   :8.000   Max.   :472.0   Max.   :335.0   Max.   :4.930   Max.   :5.424
      qsec            vs               am             gear            carb
 Min.   :14.50   Min.   :0.0000   Min.   :0.0000   Min.   :3.000   Min.   :1.000
 1st Qu.:16.89   1st Qu.:0.0000   1st Qu.:0.0000   1st Qu.:3.000   1st Qu.:2.000
 Median :17.71   Median :0.0000   Median :0.0000   Median :4.000   Median :2.000
 Mean   :17.85   Mean   :0.4375   Mean   :0.4062   Mean   :3.688   Mean   :2.812
 3rd Qu.:18.90   3rd Qu.:1.0000   3rd Qu.:1.0000   3rd Qu.:4.000   3rd Qu.:4.000
 Max.   :22.90   Max.   :1.0000   Max.   :1.0000   Max.   :5.000   Max.   :8.000
```

또는 아래와 같은 명령어로 평균과 표준편차를 제시할 수 있다.

```
> with(mtcars, sapply(mtcars, mean))

> with(mtcars, sapply(mtcars, sd))
```

```
> with(mtcars, sapply(mtcars, mean))
      mpg       cyl      disp        hp      drat        wt      qsec        vs         a
20.090625  6.187500 230.721875 146.687500  3.596563  3.217250 17.848750  0.437500  0.40625
     gear      carb
 3.687500  2.812500
> with(mtcars, sapply(mtcars, sd)
+ )
      mpg       cyl      disp        hp      drat        wt      qsec        vs
 6.0269481  1.7859216 123.9386938 68.5628685  0.5346787  0.9784574  1.7869432  0.5040161
     gear      carb
 0.7378041  1.6152000
```

그리고 아래와 같이 wt의 표준화된 평균을 구할 수 있다.

> mean(zmtcars$wt)

> with(zmtcars, sapply(zmtcars, mean))

> mean(mtcars$wt)

```
> mean(zmtcars$wt)
[1] 4.681043e-17
> with(zmtcars, sapply(zmtcars, mean))
          mpg           cyl          disp            hp          drat            wt
 7.112366e-17 -1.474515e-17 -9.084937e-17  1.040834e-17 -2.918672e-16  4.681043e-17
           vs            am          gear          carb
 6.938894e-18  4.510281e-17 -3.469447e-18  3.165870e-17
> mean(mtcars$wt)
[1] 3.21725
```

위 결과에서 보듯이 표준화된 wt의 평균은 0에 가깝다. 이제 표준화된 값으로 회귀분석을 실시하면 다음과 같은 결과를 얻게 된다.

> fit2 <- lm(mpg ~ hp + wt + hp:wt, data=zmtcars)

> summary(fit2)

```
> zmtcars <- data.frame(zmtcars)
> fit2 <- lm(mpg ~ hp + wt + hp:wt, data=zmtcars)
> summary(fit2)

Call:
lm(formula = mpg ~ hp + wt + hp:wt, data = zmtcars)

Residuals:
    Min      1Q  Median      3Q     Max
-0.5082 -0.2736 -0.1222  0.2358  0.7552

Coefficients:
            Estimate Std. Error t value Pr(>|t|)
(Intercept) -0.19782    0.08225  -2.405 0.023022 *
hp          -0.34706    0.08535  -4.066 0.000352 ***
wt          -0.67076    0.08597  -7.802 1.69e-08 ***
hp:wt        0.30998    0.08259   3.753 0.000811 ***
---
Signif. codes:  0 '***' 0.001 '**' 0.01 '*' 0.05 '.' 0.1 ' ' 1

Residual standard error: 0.3572 on 28 degrees of freedom
Multiple R-squared:  0.8848,    Adjusted R-squared:  0.8724
F-statistic: 71.66 on 3 and 28 DF,  p-value: 2.981e-13
```

앞에서 표준화 이전에서 본 것처럼 상호작용계수(hp:wt)가 양의 수(0.31)인 것은 hp의 기울기가 wt에 따라 완화된다는 것을 의미한다. 즉, wt가 클수록 hp의 기울기가 완만해짐을 알 수 있다(아래 wt의 표준화된 히스토그램과 조절효과 플롯을 참조).

```
> with(zmtcars, hist(wt, freq=F))
> with(zmtcars, lines(density(wt), col="blue"))
```

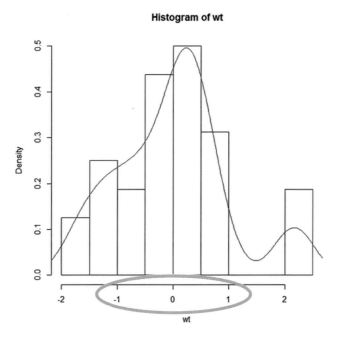

> library(effects)

> plot(effect("hp:wt", fit2, , list(wt=c(−1, 0, 1))), multiline=T)

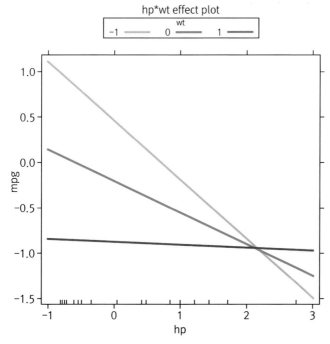

[그림 15-3] 표준화한 이후 조절효과 분석 결과

[그림 15-3]에서 보는 것처럼 wt가 평균 이하일 경우(예: -1) hp가 커짐에 따라 mpg 가 급격하게 줄어든다. 하지만 wt가 평균보다 큰 경우에는(예: +1) hp와 mpg의 기울 기는 완만해짐을 알 수 있다. 즉, hp에 따른 mpg의 기울기는 wt에 따라 달라짐을 알 수 있다. 따라서 hp:wt의 조절효과가 유의함을 알 수 있다.

15.2.2 중심화(centering)

만약 중심화(관찰치-평균)만 하고 싶다면 scale( ) 기능에서 'scale=F'를 추가해 주면 된다.

```
> zmtcars2 <- scale(mtcars, scale=F)
> zmtcars2 <- data.frame(zmtcars2)
> library(psych)
> describe(zmtcars2)
> describe(zmtcars)
> describe(mtcars)
```

```
> describe(zmtcars2)
     vars  n mean     sd median trimmed    mad     min     max  range  skew kurtosis     se
mpg     1 32    0   6.03  -0.89   -0.39   5.41   -9.69   13.81  23.50  0.61    -0.37   1.07
cyl     2 32    0   1.79  -0.19    0.04   2.97   -2.19    1.81   4.00 -0.17    -1.76   0.32
disp    3 32    0 123.94 -34.42   -8.20 140.48 -159.62  241.28 400.90  0.38    -1.21  21.91
hp      4 32    0  68.56 -23.69   -5.50  77.10  -94.69  188.31 283.00  0.73    -0.14  12.12
drat    5 32    0   0.53   0.10   -0.02   0.70   -0.84    1.33   2.17  0.27    -0.71   0.09
wt      6 32    0   0.98   0.11   -0.06   0.77   -1.70    2.21   3.91  0.42    -0.02   0.17
qsec    7 32    0   1.79  -0.14   -0.02   1.42   -3.35    5.05   8.40  0.37     0.34   0.32
vs      8 32    0   0.50  -0.44   -0.01   0.00   -0.44    0.56   1.00  0.24    -2.00   0.09
am      9 32    0   0.50  -0.41   -0.02   0.00   -0.41    0.59   1.00  0.36    -1.92   0.09
gear   10 32    0   0.74   0.31   -0.07   1.48   -0.69    1.31   2.00  0.53    -1.07   0.13
carb   11 32    0   1.62  -0.81   -0.16   1.48   -1.81    5.19   7.00  1.05     1.26   0.29
> zmtcars <- scale(mtcars)
> describe(zmtcars)
     vars  n mean sd median trimmed  mad   min  max range  skew kurtosis   se
mpg     1 32    0  1  -0.15   -0.07 0.90 -1.61 2.29  3.90  0.61    -0.37 0.18
cyl     2 32    0  1  -0.10    0.02 1.66 -1.22 1.01  2.24 -0.17    -1.76 0.18
disp    3 32    0  1  -0.28   -0.07 1.13 -1.29 1.95  3.23  0.38    -1.21 0.18
hp      4 32    0  1  -0.35   -0.08 1.12 -1.38 2.75  4.13  0.73    -0.14 0.18
drat    5 32    0  1   0.18   -0.03 1.32 -1.56 2.49  4.06  0.27    -0.71 0.18
wt      6 32    0  1   0.11   -0.07 0.78 -1.74 2.26  4.00  0.42    -0.02 0.18
qsec    7 32    0  1  -0.08   -0.01 0.79 -1.87 2.83  4.70  0.37     0.34 0.18
vs      8 32    0  1  -0.87   -0.03 0.00 -0.87 1.12  1.98  0.24    -2.00 0.18
am      9 32    0  1  -0.81   -0.04 0.00 -0.81 1.19  2.00  0.36    -1.92 0.18
gear   10 32    0  1   0.42   -0.10 2.01 -0.93 1.78  2.71  0.53    -1.07 0.18
carb   11 32    0  1  -0.50   -0.10 0.92 -1.12 3.21  4.33  1.05     1.26 0.18
> describe(mtcars)
     vars  n   mean     sd median trimmed    mad   min    max  range  skew kurtosis    se
mpg     1 32  20.09   6.03  19.20   19.70   5.41 10.40  33.90  23.50  0.61    -0.37  1.07
cyl     2 32   6.19   1.79   6.00    6.23   2.97  4.00   8.00   4.00 -0.17    -1.76  0.32
disp    3 32 230.72 123.94 196.30  222.52 140.48 71.10 472.00 400.90  0.38    -1.21 21.91
hp      4 32 146.69  68.56 123.00  141.19  77.10 52.00 335.00 283.00  0.73    -0.14 12.12
drat    5 32   3.60   0.53   3.70    3.58   0.70  2.76   4.93   2.17  0.27    -0.71  0.09
wt      6 32   3.22   0.98   3.33    3.15   0.77  1.51   5.42   3.91  0.42    -0.02  0.17
qsec    7 32  17.85   1.79  17.71   17.83   1.42 14.50  22.90   8.40  0.37     0.34  0.32
vs      8 32   0.44   0.50   0.00    0.42   0.00  0.00   1.00   1.00  0.24    -2.00  0.09
am      9 32   0.41   0.50   0.00    0.38   0.00  0.00   1.00   1.00  0.36    -1.92  0.09
gear   10 32   3.69   0.74   4.00    3.62   1.48  3.00   5.00   2.00  0.53    -1.07  0.13
carb   11 32   2.81   1.62   2.00    2.65   1.48  1.00   8.00   7.00  1.05     1.26  0.29
> |
```

중심화만 한 경우에도 분석결과는 표준화한 결과와 거의 동일함을 알 수 있다([그림 15-4] 참조).

> fit3 <− lm(mpg ~ hp + wt + hp:wt, data=zmtcars2)

> summary(fit3)

```
> fit3 <- lm(mpg ~ hp + wt + hp:wt, data=zmtcars2)
> summary(fit3)

Call:
lm(formula = mpg ~ hp + wt + hp:wt, data = zmtcars2)

Residuals:
    Min     1Q  Median      3Q     Max
-3.0632 -1.6491 -0.7362  1.4211  4.5513

Coefficients:
             Estimate Std. Error t value Pr(>|t|)
(Intercept) -1.192225   0.495703  -2.405 0.023022 *
hp          -0.030508   0.007503  -4.066 0.000352 ***
wt          -4.131649   0.529558  -7.802 1.69e-08 ***
hp:wt        0.027848   0.007420   3.753 0.000811 ***
---
Signif. codes:  0 '***' 0.001 '**' 0.01 '*' 0.05 '.' 0.1 ' ' 1

Residual standard error: 2.153 on 28 degrees of freedom
Multiple R-squared:  0.8848,    Adjusted R-squared:  0.8724
F-statistic: 71.66 on 3 and 28 DF,  p-value: 2.981e-13
```

> with(zmtcars2, hist(wt, freq=F))

> with(zmtcars2, lines(density(wt), col="blue"))

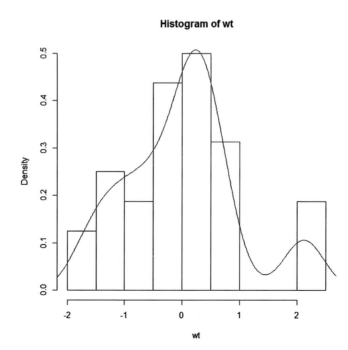

Histogram of wt

> library(effects)

> plot(effect("hp:wt", fit3, , list(wt=c(−1, 0, 1))), multiline=T)

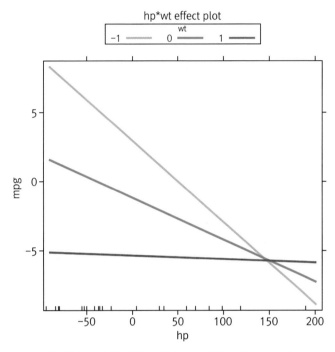

[그림 15-4] 중심화만 한 경우 조절효과분석 결과

15.2.3 median으로 중심화(centering) 및 표준화(scaling)

이번에는 중위수(median)로 중심화 및 표준화를 시도해 보자.

> head(mtcars)

> summary(mtcars$hp)

> with(mtcars, sort(hp))

```
> head(mtcars)
                   mpg cyl disp  hp drat    wt  qsec vs am gear carb
Mazda RX4         21.0   6  160 110 3.90 2.620 16.46  0  1    4    4
Mazda RX4 Wag     21.0   6  160 110 3.90 2.875 17.02  0  1    4    4
Datsun 710        22.8   4  108  93 3.85 2.320 18.61  1  1    4    1
Hornet 4 Drive    21.4   6  258 110 3.08 3.215 19.44  1  0    3    1
Hornet Sportabout 18.7   8  360 175 3.15 3.440 17.02  0  0    3    2
Valiant           18.1   6  225 105 2.76 3.460 20.22  1  0    3    1
> fivenum(mtcars$hp)
[1]  52  96 123 180 335
> summary(mtcars$hp)
   Min. 1st Qu.  Median    Mean 3rd Qu.    Max.
   52.0    96.5   123.0   146.7   180.0   335.0
> with(mtcars, mean(hp))
[1] 146.6875
> with(mtcars, hp)
 [1] 110 110  93 110 175 105 245  62  95 123 123 180 180 180 205 215 230  66  52  65  97 150 150
[26]  66  91 113 264 175 335 109
> with(mtcars, sort(hp))
 [1]  52  62  65  66  66  91  93  95  97 105 109 110 110 110 113 123 123 150 150 175 175 175 180
[26] 205 215 230 245 245 264 335
```

이제 median(=123)으로 중심화한 후 표준화를 해 보자.

> x <− with(mtcars, scale(hp, center=123))

> x

```
> x <- with(mtcars, scale(hp, center=123))
> x
            [,1]
 [1,] -0.1789055
 [2,] -0.1789055
 [3,] -0.4128589
 [4,] -0.1789055
 [5,]  0.7156221
 [6,] -0.2477153
 [7,]  1.6789595
 [8,] -0.8394797
 [9,] -0.3853350
[10,]  0.0000000
[11,]  0.0000000
[12,]  0.7844319
[13,]  0.7844319
[14,]  0.7844319
[15,]  1.1284810
[16,]  1.2661006
[17,]  1.4725300
[18,] -0.7844319
[19,] -0.9770994
[20,] -0.7981939
[21,] -0.3578110
[22,]  0.3715730
[23,]  0.3715730
[24,]  1.6789595
[25,]  0.7156221
[26,] -0.7844319
[27,] -0.4403828
[28,] -0.1376196
[29,]  1.9404368
[30,]  0.7156221
[31,]  2.9175362
[32,]  0.1936675
attr(,"scaled:center")
[1] 123
attr(,"scaled:scale")
[1] 72.66405
```

16 일원분산분석(one-way ANOVA)

16.1 일원분산분석(one-way ANOVA)

일원분산분석은 두 집단 t-test의 확장으로 세 집단 이상의 집단 평균이 동일한지를 검정한다(〈표 16-1〉 참조). 그래서 먼저 세 집단 이상의 집단 평균이 모두 동일하다는 영가설을 기각할 수 있는지 검정하며, 만약 이 영가설을 기각하게 되면 어느 집단 간에 차이가 있는지 집단 간 다중비교(multiple comparisons)를 실시하게 된다.

기본적으로 일원분산분석은 독립변수가 연속형이 아닌 범주형(factor) 회귀분석이라고 볼 수 있으며, 회귀분석과 마찬가지로 lm( ) 기능을 활용하게 되고 데이터의 정규성과 집단 간 분산의 동일성 가정이 필요하다(안재형, 2011).

〈표 16-1〉 일원분산분석의 구조

Treatment		
CBT	EMDR	Control
s1	s6	s11
s2	s7	s12
s3	s8	s13
s4	s9	s14
s5	s10	s15

16.1.1 데이터

cholesterol 환자에 대한 치료(trt: drugA, durgB, drugC)에 있어서 사전, 사후 콜레스테롤 수치의 변화, 즉 감소효과(response)를 측정한 것이다. 이 변화가 클수록 콜레스테롤 수치가 낮아져서 치료효과가 크다고 하겠다.

분석을 위해 multcomp 패키지에 있는 cholesterol 데이터를 사용하는데, 여기서는 원 데이터를 약간 수정하여 세 가지 치료방법 drugA, drugB, drugC를 비교한다.

```
> library(multcomp)
> cholesterol
> chol <- cholesterol[1:30, ]  # 30 케이스만 선택
> chol$trt <- factor(chol$trt, levels=c("1time", "2times", "4times"),
 labels=c("drugA", "drugB", "drugC"))  # 변수값을 변경
> chol
> levels(chol$trt)
```

```
> chol
    trt response
1  drugA  3.8612
2  drugA  10.3868
3  drugA  5.9059
4  drugA  3.0609
5  drugA  7.7204
6  drugA  2.7139
7  drugA  4.9243
8  drugA  2.3039
9  drugA  7.5301
10 drugA  9.4123
11 drugB  10.3993
12 drugB  8.6027
13 drugB  13.6320
14 drugB  3.5054
15 drugB  7.7703
16 drugB  8.6266
17 drugB  9.2274
18 drugB  6.3159
19 drugB  15.8258
20 drugB  8.3443
21 drugC  13.9621
22 drugC  13.9606
23 drugC  13.9176
24 drugC  8.0534
25 drugC  11.0432
26 drugC  12.3692
27 drugC  10.3921
28 drugC  9.0286
29 drugC  12.8416
30 drugC  18.1794
> levels(chol$trt)
[1] "drugA" "drugB" "drugC"
>
```

일원분산분석에 앞서 우선 tapply( ) 기능을 활용하여 기술통계분석을 실시한 결과 다음에서 보는 것처럼 치료방법 drugA, drugB, drugC의 콜레스테롤 감소 효과가 서로 다른 것으로 나타났으며, drugC가 drugA, drugB에 비해 감소 효과가 더 큰 것으로 나타났다.

> attach(chol)

> tapply(response, trt, mean)

  drugA   drugB   drugC
 5.78197 9.22497 12.37478

> boxplot(response ~ trt, col="light green", data=chol)

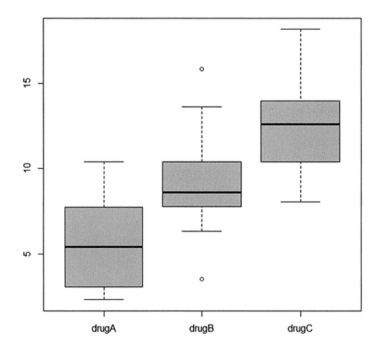

앞의 결과를 아래와 같이 또 다른 그림(평균비교, 95% 신뢰구간)으로 제시할 수 있다.

> library(gplots)

> plotmeans(response ~ trt, main="Mean Plot with 95% CI")

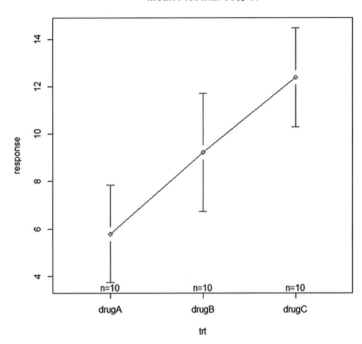

Mean Plot with 95% CI

16.1.2 일원분산분석

회귀분석과 같이 lm( ) 기능을 활용하여 분석한 결과, 아래 결과에서 보듯이 F값이 통계적으로 유의하므로(F=11.26, p<0.001) 세 가지 치료방법 간의 치료효과는 서로 다르다고 하겠다. 구체적으로 drugB는 drugA에 비해 3.44만큼, 그리고 drugC는 drugA에 비해 6.59만큼 콜레스테롤 감소 효과가 더 큰 것으로 나타났다.

```
> out <- lm(response ~ trt, data=chol)
> summary(out)
```

```
> out <- lm(response ~ trt, data=chol)
> summary(out)

Call:
lm(formula = response ~ trt, data = chol)

Residuals:
   Min     1Q Median     3Q    Max
-5.720 -1.967 -0.302  1.587  6.601

Coefficients:
            Estimate Std. Error t value Pr(>|t|)
(Intercept)   5.7820     0.9825   5.885 2.87e-06 ***
trtdrugB      3.4430     1.3895   2.478   0.0198 *
trtdrugC      6.5928     1.3895   4.745 6.05e-05 ***
---
Signif. codes:  0 '***' 0.001 '**' 0.01 '*' 0.05 '.' 0.1 ' ' 1

Residual standard error: 3.107 on 27 degrees of freedom
Multiple R-squared:  0.4549,    Adjusted R-squared:  0.4145
F-statistic: 11.26 on 2 and 27 DF,  p-value: 0.0002773
```

그리고 aov( ) 기능을 활용해도 동일한 결과를 얻게 됨을 알 수 있다. 분석 결과 F값이 통계적으로 유의하므로 (p<0.001) 세 가지 치료방법 간의 치료효과는 서로 다르다고 하겠다.

```
> anova(out)
> fit <- aov(response ~ trt, data=chol)
> summary(fit)
```

```
> anova(out)
Analysis of Variance Table

Response: response
          Df Sum Sq Mean Sq F value    Pr(>F)
trt        2 217.47 108.734  11.264 0.0002773 ***
Residuals 27 260.64   9.653
---
Signif. codes:  0 '***' 0.001 '**' 0.01 '*' 0.05 '.' 0.1 ' ' 1
> fit <- aov(response ~ trt, data=chol)
> summary(fit)
            Df Sum Sq Mean Sq F value   Pr(>F)
trt          2  217.5  108.73   11.26 0.000277 ***
Residuals   27  260.6    9.65
---
Signif. codes:  0 '***' 0.001 '**' 0.01 '*' 0.05 '.' 0.1 ' ' 1
>
```

F-test

F-검정은 세 집단의 각각 평균의 차이들의 제곱합인 집단간 변동량(분산)과 집단내 변동량(분산)을 비교함으로써 세 집단의 평균 차이가 정상적인 표본추출과정에서 발생할 수 있는 오차에 비해 얼마나 큰 지 평가한 것이다. 이 F값이 작으면 관찰된 평균의 차이가 우연히 발생할 수 있다고 보고, 만약 F값이 크면 (통계적으로 유의하면) 세 집단 간에 유의한 차이가 있다고 본다(안재형, 2011, pp. 123–124).

16.2 다중비교(multiple comparisons)

앞서 살펴본 바와 같이 세 집단 간에 치료효과가 서로 다른 것으로 나타났다면 이제 어느 집단과 어느 집단 간에 통계적으로 유의한 차이가 있는지 분석하는 것이 필요하다. 여기에는 기준집단과의 비교하는 Dunnett 방법과 모든 집단 간 차이를 비교하는 Tukey 방법이 있다. 분석방법은 multcomp 패키지의 glht( ) 기능을 활용한다.

16.2.1 Dunnett 방법

Dunnett 방법은 기준집단(drugA)과 치료집단(drugB, drugC) 간의 차이를 보여 주는데 아래 분석결과에서 보는 것처럼 drugA−drugB는 통계적으로 유의하게 차이가 나며($p = 0.036$) drugA−drugC도 통계적으로 유의한 차이를 보여 주고 있다($p < 0.001$).

```
> library(multcomp)
> out <− lm(response ~ trt, data=chol)
> dunnett <− glht(out, linfct=mcp(trt="Dunnett"))
> summary(dunnett)
```

```
> dunnett <- glht(out, linfct=mcp(trt="Dunnett"))
> summary(dunnett)

          Simultaneous Tests for General Linear Hypotheses

Multiple Comparisons of Means: Dunnett Contrasts


Fit: lm(formula = response ~ trt, data = chol)

Linear Hypotheses:
                Estimate Std. Error t value Pr(>|t|)
drugB - drugA == 0    3.443      1.389   2.478 0.036480 *
drugC - drugA == 0    6.593      1.389   4.745 0.000118 ***
---
Signif. codes:  0 '***' 0.001 '**' 0.01 '*' 0.05 '.' 0.1 ' ' 1
(Adjusted p values reported -- single-step method)
```

> par(mar=c(5,8,4,2)) # 그림의 테두리 간격 조정

> plot(dunnett)

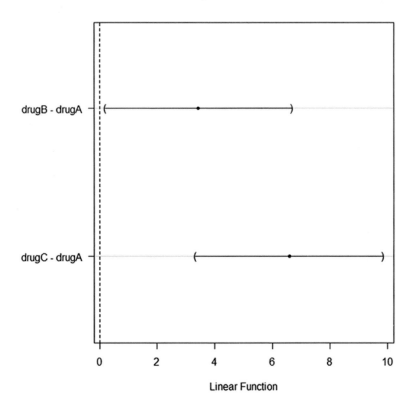

95% family-wise confidence level

16.2.2 Tukey 방법

한편 Tukey 방법은 모든 집단 간의 차이를 보여 주지만 비교하고 싶은 쌍이 많을수록 p-value는 더 크게 조정된다.[4] 따라서 Tukey의 p-value가 Dunnett의 p-value보다 높게 조정되어 있음을 알 수 있다. 따라서 아래 결과에서 보는 것처럼 drugA-drugC는 유의하지만 drugA-drugB, drugB-drugC는 유의하지 않은 것으로 나타났다. 그러므로 비교하고 싶은 쌍만 미리 정해놓고 비교하는 것이 바람직하다고 하겠다(안재형, 2011, p. 129).

```
> library(multcomp)
> out <- lm(response ~ trt, data=chol)
> tukey <- glht(out, linfct=mcp(trt="Tukey"))
> summary(tukey)
```

```
> tukey <- glht(out, linfct=mcp(trt="Tukey"))
> summary(tukey)

        Simultaneous Tests for General Linear Hypotheses

Multiple Comparisons of Means: Tukey Contrasts


Fit: lm(formula = response ~ trt, data = chol)

Linear Hypotheses:
                Estimate Std. Error t value Pr(>|t|)
drugB - drugA == 0   3.443      1.389   2.478   0.0501 .
drugC - drugA == 0   6.593      1.389   4.745   <0.001 ***
drugC - drugB == 0   3.150      1.389   2.267   0.0780 .
---
```

```
> par(mar=c(5,8,4,2))
> plot(tukey)
```

---

[4] 다집단분석을 실시할 때 비교하는 집단이 많을수록 실제 집단 간 차이가 유의하지 않음에도 유의하다고 할 가능성이 있기 때문에 p-value를 상향 조정하게 된다. 보다 자세한 것은 Kabacoff(2015), pp. 495-496을 참조하기 바란다.

95% family-wise confidence level

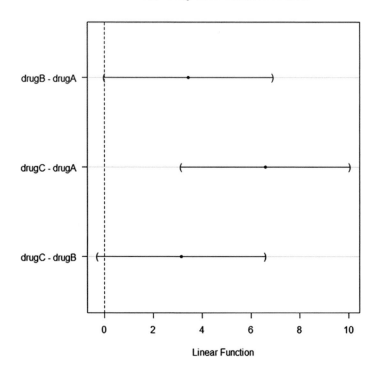

〈표 16-2〉는 하나의 대조군과 여러 개의 실험군을 비교할 때 실험군 간의 비교가 관심이 아닐 때 왜 Dunnett를 사용해야 하는지 보여 준다. 이 경우 Tukey를 사용하게 되면 비교하고자 하는 (drugB vs. drugA), (drugC vs. drugA)의 p-value가 커져서 유의한 차이가 있다는 결론을 내리기가 어렵다. 따라서 Dunnett을 사용하는 것이 바람직하다고 할 수 있다(안재형, 2011, p. 131).

〈표 16-2〉 Dunnett 방법과 Tukey 방법의 비교

	Dunnett	Tukey
drugB-drugA	0.03648	0.0501
drugC-drugA	0.00012	<0.001
drugC-drugB		0.0780

16.3 가정 검정(잔차의 정규성 및 분산의 동일성)

앞서 설명한대로 일원분산분석에서는 잔차의 정규성과 각 집단 간 분산의 동일성이 가정되어야 한다. 아래 정규성 검정 결과 잔차가 정규분포를 보이고 있으며($p = 0.710$), 분산의 동일성 분석 결과 분산이 세 집단 간에 동일함으로 나타나고 있다($p = 0.819$).

```
# 잔차의 정규성 검정
> shapiro.test(resid(out))
# 집단 간 분산의 동일성 검정
> bartlett.test(response ~ trt, data=chol)
```

```
> # 잔차의 정규성 검정(test of normality)
> shapiro.test(resid(out))

        Shapiro-Wilk normality test

data:  resid(out)
W = 0.97593, p-value = 0.7101

> # 분산의 동일성 검정(test of homogeneity of variance)
> bartlett.test(response ~ trt, data=chol)

        Bartlett test of homogeneity of variances

data:  response by trt
Bartlett's K-squared = 0.39881, df = 2, p-value = 0.8192
```

16.3.1 회귀진단

　　회귀분석과 마찬가지로 분산분석에서도 회귀진단을 실시할 수 있으며, 다음과 같이 회귀진단 결과 각 그래프를 보면 정규성, 선형관계, 등분산성에서 특이한 사항이 없음을 알 수 있다.

```
> par(mfrow=c(2,2))
> plot(out)
```

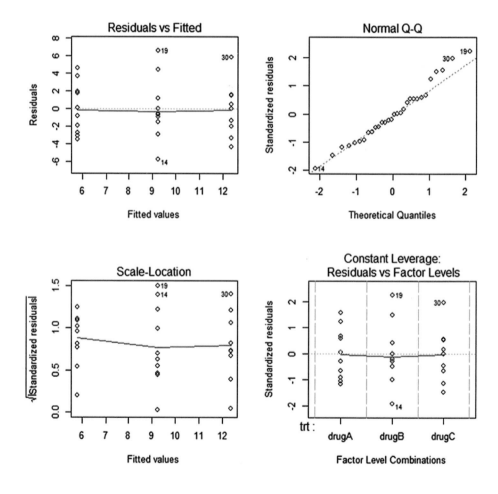

16.3.2 종속변수의 정규성 검정

종속변수의 정규성 검정을 위해 아래 분석 방법을 활용하면 다음 그림에서 보듯이 정규분포를 보이고 있음을 확인할 수 있다.

```
> library(car)
> par(mfrow=c(1,1))
> qqPlot(lm(response ~ trt), main="Q-Q Plot", envelope=.95)
```

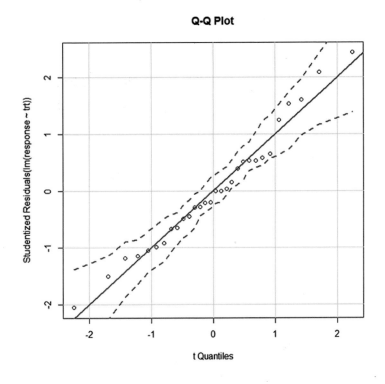

> 📺 참고: 비모수 검정(Kruskal-Wallis Test)

만약 종속변수가 정규분포를 이루지 못할 경우 비모수 검정을 실시하게 된다. 일원분산분석(one-way ANOVA)에 해당되는 비모수 방법으로 Kruskal-Wallis Test가 있으며 이는 Wilcoxon rank-sum test의 확장이다. 이 분석은 데이터 순위에서 구한 집단 간 변동량(between-treat variation)으로 검정통계량을 계산하며, 귀무가설은 "세 집단의 median이 모두 같다"이다(안재형, 2011, p. 133).

16.4 세 집단 이상의 비모수 검정

여기서 세 집단 이상의 경우 비모수 검정을 실시해 보자. 물론 분산분석의 가정인 정규성 및 분산의 동일성을 충족하지 못하는 경우에 해당된다. 앞서 회귀분석에서 사용했던 state.x77 데이터를 활용하는데 미국의 4개 지역 구분을 설명하는 state.region 변수를 추가하였다.

> states <- data.frame(state.region, state.x77)

> head(states)

```
> # Comparing more than two groups
> states <- data.frame(state.region, state.x77)
> head(states)
            state.region Population Income Illiteracy Life.Exp Murder HS.Grad
Alabama           South        3615   3624        2.1    69.05   15.1    41.3
Alaska             West         365   6315        1.5    69.31   11.3    66.7
Arizona            West        2212   4530        1.8    70.55    7.8    58.1
Arkansas          South        2110   3378        1.9    70.66   10.1    39.9
California         West       21198   5114        1.1    71.71   10.3    62.6
Colorado           West        2541   4884        0.7    72.06    6.8    63.9
```

지역에 따른 문맹률의 차이를 먼저 boxplot으로 만들어 보자. 그리고 이어서 분산분석의 통계적 가정인 정규성과 분산의 동일성 검정을 실시하자. 먼저 다음 boxplot을 보면 네 지역 간 문맹률의 중위수(median)가 서로 차이가 있음을 알 수 있다.

```
> boxplot(Illiteracy ~ state.region, data=states)
> out <- lm(Illiteracy ~ state.region, data=states)

> # 잔차의 정규성 검정
> shapiro.test(resid(out))
> # 집단 간 분산의 동일성 검정
> bartlett.test(Illiteracy ~ state.region, data=states)
```

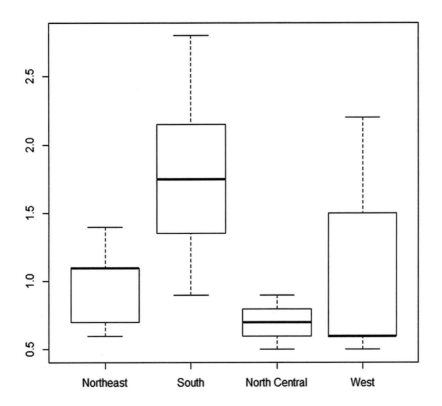

그리고 아래 분석결과에서 보듯이 세 집단 이상의 평균차이 검정(ANOVA)에 필요한 잔차의 정규성 검정과 집단 간 분산의 동일성 검정을 실시한 결과 잔차의 정규성은 확보가 되었지만 분산의 동일성을 검정하지 못하였다. 따라서 비모수 검정을 실행하는 것이 바람직하다.

```
> shapiro.test(resid(out))

        Shapiro-Wilk normality test

data:  resid(out)
W = 0.96479, p-value = 0.141

> bartlett.test(Illiteracy ~ state.region, data=states)

        Bartlett test of homogeneity of variances

data:  Illiteracy by state.region
Bartlett's K-squared = 21.55, df = 3, p-value = 8.093e-05

> |
```

그래서 먼저 전통적인 kruskal.test( )를 실시하였으며 이어서 wmc 명령어를 이용하여 지역 간 다중비교를 실시하였다(Kabacoff, 2015, p. 162).

```
> kruskal.test(Illiteracy ~ state.region, data=states)


# 비모수 다중 비교(nonparametric multiple comparisons)
> source("http://www.statmethods.net/RiA/wmc.txt")
> states <- data.frame(stae.region, state.x77)
> wmc(Illiteracy ~ state.region, data=states, method="holm")
```

아래 Kruskal−Wallis 검정결과를 보면 네 지역 간 문맹률의 차이는 유의하게 다른 것으로 나타났다($p < 0.001$). 그리고 지역 간 차이를 다중비교해 보면 South는 West, North Central, Northeast와 각각 유의하게 다른 것으로 나타났다. 그리고 다중비교 시 p−value를 조정하기 위해 (1종 오류를 줄이기 위해) method＝"holm" 방법을 활용하였다.

```
> kruskal.test(Illiteracy ~ state.region, data=states)

        Kruskal-Wallis rank sum test

data:  Illiteracy by state.region
Kruskal-Wallis chi-squared = 22.672, df = 3, p-value = 4.726e-05

> source("http://www.statmethods.net/RiA/wmc.txt")
> wmc(Illiteracy ~ state.region, data=states, method="holm")
Descriptive Statistics

          West North Central Northeast     South
n      13.00000      12.00000   9.00000  16.00000
median  0.60000       0.70000   1.10000   1.75000
mad     0.14826       0.14826   0.29652   0.59304


Multiple Comparisons (Wilcoxon Rank Sum Tests)
Probability Adjustment = holm

          Group.1       Group.2     W             p
1           West North Central  88.0  8.665618e-01
2           West      Northeast  46.5  8.665618e-01
3           West          South  39.0  1.788186e-02    *
4 North Central      Northeast  20.5  5.359707e-02    .
5 North Central          South   2.0  8.051509e-05  ***
6     Northeast          South  18.0  1.187644e-02    *
---
Signif. codes:  0 '***' 0.001 '**' 0.01 '*' 0.05 '.' 0.1 ' ' 1
> |
```

17 이원분산분석(two-way ANOVA)

17.1 이원분산분석(two-way ANOVA)

이원분산분석은 〈표 17-1〉에서 보는 것처럼 일원분산분석의 확장으로 두 개의 집단변수가 있으며 각 개별 집단변수의 주 효과뿐만 아니라 두 집단변수의 상호작용(interaction)효과도 분석할 수 있는 장점이 있다.

〈표 17-1〉 이원분산분석의 구조

		용량		
		0.5mg	1.0mg	2.0mg
성장 촉진제	Orange juice	s1	s11	s21
		s2	s12	s22
	Vitamin C	s3	s13	s23
		s4	s14	s24
		s5	s15	s25
		s6	s16	s26
		s7	s17	s27
		s8	s18	s28
		s9	s19	s29
		s10	s20	s30

ToothGrowth는 실험쥐(guinea pig)를 대상으로 치아성장촉진제의 효과를 분석한 것으로서 두 집단변수를 포함하고 있는데 첫 번째 변수는 치아성장촉진제(supp) 종류로 오렌지주스(OJ)와 비타민씨(VC)가 있고, 두 번째 변수는 성장촉진제의 용량(dose)으로 0.5mg, 1.0mg, 2.0mg 세 종류가 있다. 각 변수가 미치는 주요인 효과가 종속변수에 어떤 영향을 주는지는 물론이고 나아가 supplement와 dose의 상호작용효과가 작용하는지 그 부차적(2차적) 효과도 분석할 수 있다.

> ?ToothGrowth ＃데이터에 대한 설명

ToothGrowth {datasets}

The Effect of Vitamin C on Tooth Growth in Guinea Pigs

Description

The response is the length of odontoblasts (cells responsible for tooth growth) in 60 guinea pigs. Each animal received one of th two delivery methods, (orange juice or ascorbic acid (a form of vitamin C and coded as VC).

Usage

ToothGrowth

Format

A data frame with 60 observations on 3 variables.

[,1] len   numeric Tooth length
[,2] supp factor   Supplement type (VC or OJ).
[,3] dose numeric Dose in milligrams/day

Source

C. I. Bliss (1952) *The Statistics of Bioassay*. Academic Press.

References

McNeil, D. R. (1977) *Interactive Data Analysis*. New York: Wiley.

> tooth <− ToothGrowth

> head(tooth)

> levels(tooth$supp)

```
> tooth <- read.csv("D:/R/ToothGrowth.csv")
> head(tooth)
   len supp dose
1  4.2   VC  0.5
2 11.5   VC  0.5
3  7.3   VC  0.5
4  5.8   VC  0.5
5  6.4   VC  0.5
6 10.0   VC  0.5
>
> # levels()로 이산형 변수인 supp이 어떤 순서로 정해져 있는지 확인 가능
> levels(tooth$supp)
[1] "OJ" "VC"
```

　　먼저 tapply( )를 이용하여 supp 및 dose에서 종속변수 len의 평균, 그리고 각 supp, dose의 조합(2x3)에서 평균을 구한다. 그리고 이를 boxplot을 통해 나타내 보자. 다음 결과를 보면 2.0mg의 경우를 제외하고는 OJ가 VC보다 평균이 높은 것으로 나타났다.

> attach(tooth)

> tapply(len, supp, mean)

> tapply(len, dose, mean)

> tapply(len, list(supp, dose), mean)

> aggregate(len, by=list(supp, dose), mean) # tapply( )와 같은 결과

```
> attach(tooth)
> tapply(len, supp, mean)
      OJ       VC
20.66333 16.96333
> tapply(len, dose, mean)
    0.5       1       2
10.605 19.735 26.100
> tapply(len, list(supp,dose), mean)
      0.5     1     2
OJ 13.23 22.70 26.06
VC  7.98 16.77 26.14
> aggregate(len, by=list(supp, dose), mean)
  Group.1 Group.2     x
1      OJ     0.5 13.23
2      VC     0.5  7.98
3      OJ     1.0 22.70
4      VC     1.0 16.77
5      OJ     2.0 26.06
6      VC     2.0 26.14
```

> boxplot(len ~ supp + dose, col="lightgreen", data=tooth)

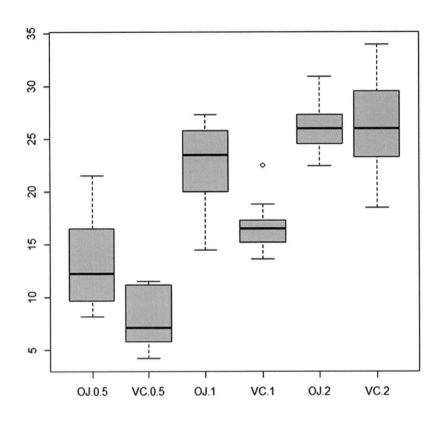

이원분산분석을 실시하기 전 먼저 두 집단변수가 모두 factor 변수인지 확인한다. 분석 결과 dose는 factor 변수가 아니므로 factor 변수로 전환한다.

> tooth$dose <− factor(tooth$dose)

```
> dose
 [1] 0.5 0.5 0.5 0.5 0.5 0.5 0.5 0.5 0.5 0.5 1.0 1.0 1.0 1.0 1.0 1.0 1.0
[25] 2.0 2.0 2.0 2.0 2.0 2.0 0.5 0.5 0.5 0.5 0.5 0.5 0.5 0.5 0.5 0.5 1.0
[49] 1.0 1.0 2.0 2.0 2.0 2.0 2.0 2.0 2.0 2.0 2.0 2.0
> str(tooth)
'data.frame':   60 obs. of  3 variables:
 $ len : num  4.2 11.5 7.3 5.8 6.4 10 11.2 11.2 5.2 7 ...
 $ supp: Factor w/ 2 levels "OJ","VC": 2 2 2 2 2 2 2 2 2 2 ...
 $ dose: num  0.5 0.5 0.5 0.5 0.5 0.5 0.5 0.5 0.5 0.5 ...
> tooth$dose <- factor(tooth$dose)
> str(tooth)
'data.frame':   60 obs. of  3 variables:
 $ len : num  4.2 11.5 7.3 5.8 6.4 10 11.2 11.2 5.2 7 ...
 $ supp: Factor w/ 2 levels "OJ","VC": 2 2 2 2 2 2 2 2 2 2 ...
 $ dose: Factor w/ 3 levels "0.5","1","2": 1 1 1 1 1 1 1 1 1 1 ...
>
```

이제 lm( ) 기능을 활용하여 다음과 같이 이원분산분석을 실시한다.

> out <− lm(len ~ supp*dose, data=tooth)

lm(len ~ supp*dose)는 lm(len~supp+dose+supp*dose)와 동일

> anova(out)

```
> out <- lm(len ~ supp*dose, data=tooth)
> anova(out)
Analysis of Variance Table

Response: len
          Df  Sum Sq Mean Sq F value    Pr(>F)
supp       1  205.35  205.35  15.572 0.0002312 ***
dose       2 2426.43 1213.22  92.000 < 2.2e-16 ***
supp:dose  2  108.32   54.16   4.107 0.0218603 *
Residuals 54  712.11   13.19
---
Signif. codes:  0 '***' 0.001 '**' 0.01 '*' 0.05 '.' 0.1 ' ' 1
```

분석결과 supp 간에 치아 성장에 유의한 차이가 있고 또 dose 간에도 유의한 차이가 있다. 그리고 supp와 dose의 상호작용도 유의한 것으로 나타났다(p=0.021).

이번에는 상호작용(interaction)이 존재하는지 확인하기 위해 interaction.plot을 만들어 본다. interaction.plot(x축 변수, grouping 변수, 종속변수)에서 두 선이 평행을 유지하게 되면 상호작용이 없고, 서로 만나게 되면 상호작용이 있다. 분석 결과 다음 그림을 보면 supp와 dose 간에 상호작용이 있음을 알 수 있다.

> interaction.plot(dose, supp, len, col=c("red", "blue"), type="b",
        pch=c(16,18))

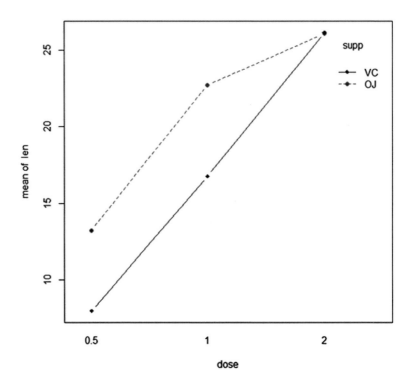

17.2 다중비교(multiple comparisons)

다중비교를 위해 dose별로 집단 간 차이가 있는지 분석해 보자. 먼저 기준집단과 비교하는 Dunnett 방법으로 그리고 모든 집단을 비교하는 Tukey 방법으로 분석해 보자.

17.2.1 Dunnett 방법

분석결과를 살펴보면 기준집단(0.5mg)과 1.0mg 집단 그리고 기준집단과 2.0mg 집단 모두 유의하게 평균 차이가 있는 것으로 나타났다.

```
> library(multcomp)
> out1 <- lm(len ~ dose, data=tooth)
> dunnett <- glht(out1, linfct=mcp(dose="Dunnett"))
> summary(dunnett)
```

```
> out1 <- lm(len ~ dose, data=tooth)
> dunnett <- glht(out1, linfct=mcp(dose="Dunnett"))
> summary(dunnett)

        Simultaneous Tests for General Linear Hypotheses

Multiple Comparisons of Means: Dunnett Contrasts


Fit: lm(formula = len ~ dose, data = tooth)

Linear Hypotheses:
            Estimate Std. Error t value Pr(>|t|)
1 - 0.5 == 0    9.130      1.341   6.806 1.34e-08 ***
2 - 0.5 == 0   15.495      1.341  11.551 < 1e-10 ***
---
Signif. codes:  0 '***' 0.001 '**' 0.01 '*' 0.05 '.' 0.1 ' ' 1
(Adjusted p values reported -- single-step method)
```

17.2.2 Tukey 방법

다음 Tukey 방법으로 다중비교를 한 결과에서 보듯이 모든 집단(0.5mg-1.0mg, 0.5mg-2.0mg, 1.0mg-2.0mg)에서 평균차이가 유의하게 다른 것으로 나타났다. 하지만 다중집단비교의 p-value를 조정한 결과 Dunnett 방법에 비해 각 p-value가 커진 것을 알 수 있다(안재형, 2011).

```
> library(multcomp)
> out2 <- lm(len ~ dose, data=tooth)
> tukey <- glht(out2, linfct=mcp(dose="Tukey"))
> summary(tukey)
```

```
> out2 <- lm(len ~ dose, data=tooth)
> tukey <- glht(out2, linfct=mcp(dose="Tukey"))
> summary(tukey)

        Simultaneous Tests for General Linear Hypotheses

Multiple Comparisons of Means: Tukey Contrasts


Fit: lm(formula = len ~ dose, data = tooth)

Linear Hypotheses:
           Estimate Std. Error t value Pr(>|t|)
1 - 0.5 == 0    9.130      1.341   6.806  < 1e-05 ***
2 - 0.5 == 0   15.495      1.341  11.551  < 1e-05 ***
2 - 1 == 0      6.365      1.341   4.745 3.47e-05 ***
---
Signif. codes:  0 '***' 0.001 '**' 0.01 '*' 0.05 '.' 0.1 ' ' 1
(Adjusted p values reported -- single-step method)
```

17.3 잔차의 정규성 검정 및 분산의 동일성 검정

　결과에서 보듯이 잔차의 정규성 검정 결과 p＝0.669로 나타나 정규분포를 보이고 있음을 알 수 있고, 분산의 동일성 검정 결과 supp, dose 별로 실시한 결과 모두 동일한 것으로 나타났다(p＝0.233, p＝0.717). 따라서 이원분산분석을 위한 통계적 가정이 모두 충족되었음을 알 수 있다.

> shapiro.test(resid(out))

> bartlett.test(len ~ supp, data=tooth)

> bartlett.test(len ~ dose, data=tooth)

```
> # 잔차의 정규성 검정(test of normality)
> shapiro.test(resid(out))

        Shapiro-Wilk normality test

data:  resid(out)
W = 0.98499, p-value = 0.6694

> # 분산의 동일성 검정(test of homogeneity of variance)
> bartlett.test(len ~ supp, data=tooth)

        Bartlett test of homogeneity of variances

data:  len by supp
Bartlett's K-squared = 1.4217, df = 1, p-value = 0.2331

> bartlett.test(len ~ dose, data=tooth)

        Bartlett test of homogeneity of variances

data:  len by dose
Bartlett's K-squared = 0.66547, df = 2, p-value = 0.717
```

17.3.1 회귀진단

회귀진단 결과 역시 정규성, 선형관계, 등분산성 가정을 모두 충족하고 있는 것으로 볼 수 있다.

> par(mfrow=c(2,2))
> plot(out)

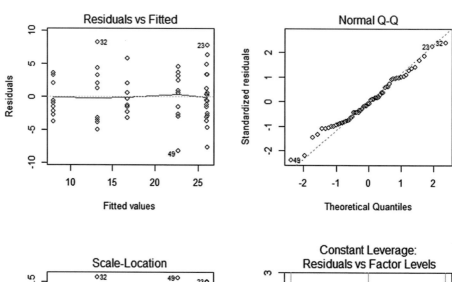

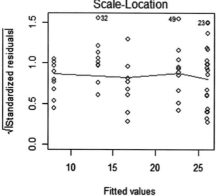
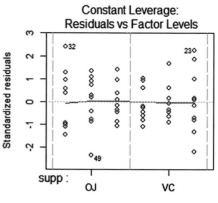

17.3.2 종속변수의 정규성 검정

그리고 보다 엄밀하게 종속변수의 정규성 검정을 실시한 결과 다음 그림에서 보듯이 정규분포 가정을 충족하고 있음을 알 수 있다.

```
> library(car)
> par(mfrow=c(1,1))
> qqPlot(out, main="Q−Q Plot", envelope=.95)
```

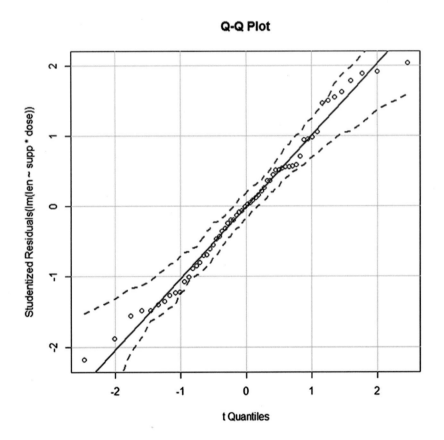

18 공분산분석(ANCOVA)

18.1 공분산분석(Analysis of Covariance, ANCOVA)

공분산분석은 분산분석에서 연속형 변수를 추가한 분석방법이다. 이 분석의 궁극적인 목적은 각 집단 간 평균의 차이가 유의한지 검정하는 것으로 분산분석과 동일하나, 사전점수 같은 통제가 안 되는 연속형 변수(covariate)를 추가하여 분산분석모형에서 오차를 줄이고 검정력을 높이는 것이 특성이다(안재형, 2011, p. 143).

데이터는 외상후스트레스장애(PTSD) 환자에게 세 가지 치료법(control, CBT, EMDR)을 적용한 후 불안감을 조사한 데이터이다(점수가 높을수록 불안감이 낮다). 먼저 다음과 같이 데이터를 불러온다.

```
> ptsd <- read.csv("D:/R/PTSD.csv")
> ptsd
```

```
> ptsd <- read.csv("D:/R/PTSD.csv")
> ptsd
     trt pre post
1    CBT  61   60
2    CBT  73   72
3    CBT  66   79
4    CBT  61   74
5    CBT  51   77
6    CBT  70   78
7    CBT  59   77
8    CBT  52   73
9    CBT  76   80
10   CBT  54   66
11  EMDR  57   67
12  EMDR  56   65
13  EMDR  79   85
14  EMDR  83   85
15  EMDR  72   71
16  EMDR  66   65
17  EMDR  60   62
18  EMDR  67   69
19  EMDR  54   61
20  EMDR  67   65
21  Cont  79   77
22  Cont  85   77
23  Cont  52   58
24  Cont  72   76
25  Cont  55   58
26  Cont  58   62
27  Cont  74   72
28  Cont  59   63
29  Cont  59   50
30  Cont  79   69
```

분석에 앞서 우선 치료집단의 기준을 Control 집단으로 코딩 변경(Control, EMDR, CBT 집단으로 순서 변경)을 실시한다.

> levels(ptsd$trt)

> ptsd$trt <− factor(ptsd$trt, levels=c("Cont", "EMDR", "CBT"))

> levels(ptsd$trt)

> str(ptsd)

> attach(ptsd)

그리고 치료집단별 사후평균을 구해서 비교해 보자.

> tapply(post, trt, mean)

\# aggregate( ) 기능을 사용해도 동일한 결과를 얻는다.

> aggregate(post, by=list(trt), mean)

```
> levels(ptsd$trt)
[1] "CBT"  "Cont" "EMDR"
> ptsd$trt <- factor(ptsd$trt, levels=c("Cont", "EMDR", "CBT"))
> levels(ptsd$trt)
[1] "Cont" "EMDR" "CBT"
> str(ptsd)
'data.frame':   30 obs. of  3 variables:
 $ trt : Factor w/ 3 levels "Cont","EMDR",..: 3 3 3 3 3 3 3 3 3 3 ...
 $ pre : int  61 73 66 61 51 70 59 52 76 54 ...
 $ post: int  60 72 79 74 77 78 77 73 80 66 ...
> attach(ptsd)
> tapply(post, trt, mean)
Cont EMDR  CBT
66.2 69.5 73.6
> aggregate(post, by=list(trt), mean)
  Group.1    x
1    Cont 66.2
2    EMDR 69.5
3     CBT 73.6
```

이제 연속변수인 사전점수를 공분산으로 모형에 포함하여 공분산분석을 시행하자. 아래 분석결과 공분산(covariate)인 사전점수(pre)는 사후점수(post)와 유의한 관계가 있으며, 집단변수인 치료방법(trt)도 사후점수와 유의하게 나타났다. 즉, 치료방법(Cont, EMDR, CBT)에 따라 사후점수가 유의하게 다른 것으로 나타났다.

> out <- lm(post ~ pre + trt, data=ptsd)

> anova(out)

```
> out <- lm(post ~ pre + trt, data=ptsd)
> anova(out)
Analysis of Variance Table

Response: post
          Df Sum Sq Mean Sq F value    Pr(>F)
pre        1 786.02  786.02 25.6304 2.849e-05 ***
trt        2 524.00  262.00  8.5433  0.001407 **
Residuals 26 797.35   30.67
---
Signif. codes:  0 '***' 0.001 '**' 0.01 '*' 0.05 '.' 0.1 ' ' 1
```

그리고 이어서 사전점수(pre)를 통제한 각 집단의 조정된 평균(adjusted means)을 구해 보자.

> library(effects)

> effect("trt", out)

```
> library(effects)
필요한 패키지를 로딩중입니다: carData
lattice theme set by effectsTheme()
See ?effectsTheme for details.
> effect("trt", out)

 trt effect
trt
    Cont     EMDR      CBT
64.98667 68.95400 75.35932
```

이는 공분산인 사전점수의 영향을 배제한 후(partialling out) 평균 사후점수를 제시한 결과이다.

18.2 다중비교(multiple comparisons)

공분산분석 결과 사전점수(pre)를 통제한 상태에서 집단 간(trt) 평균이 유의하게 다른 것으로 나타났기 때문에 이제 어느 집단과 어느 집단이 서로 다른지 비교해 보자.

18.2.1 Dunnett 방법

Dunnett 방법은 하나의 기준집단(Cont)에 나머지 치료집단을 각각 비교하는 것으로 다음 결과 EMDR-Cont는 유의하지 않은 것으로 나타났고, CBT-Cont는 유의하게 나타났다.

```
> library(multcomp)
> dunnett <- glht(out, linfct=mcp(trt="Dunnett"))
> summary(dunnett)
```

```
> library(multcomp)
> dunnett <- glht(out, linfct=mcp(trt="Dunnett"))
> summary(dunnett)

         Simultaneous Tests for General Linear Hypotheses

Multiple Comparisons of Means: Dunnett Contrasts


Fit: lm(formula = post ~ pre + trt, data = ptsd)

Linear Hypotheses:
               Estimate Std. Error t value Pr(>|t|)
EMDR - Cont == 0    3.967      2.479   1.600 0.209056
CBT - Cont == 0    10.373      2.529   4.102 0.000696 ***
---
Signif. codes:  0 '***' 0.001 '**' 0.01 '*' 0.05 '.' 0.1 ' ' 1
(Adjusted p values reported -- single-step method)
```

```
> par(mar=c(5,8,4,2))  # 테두리(마진) 조정 (아래쪽, 왼쪽, 위쪽, 오른쪽)
> plot(dunnett)
```

95% family-wise confidence level

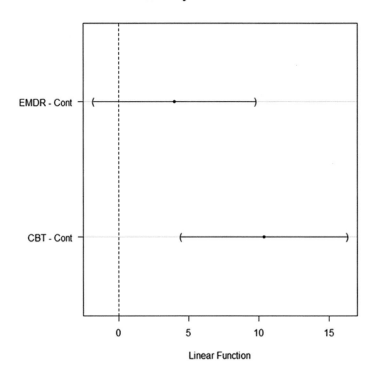

18.2.2 Tukey 방법

Tukey 방법은 비교 가능한 모든 집단을 각각 비교하는 것으로 다음 결과 EMDR–Cont는 유의하게 차이가 있는 것으로 나타나지 않았지만 CBT–Cont 및 CBT–EMDR은 각각 유의하게 다른 것으로 나타났다.

```
> library(multcomp)
> tukey <- glht(out, linfct=mcp(trt="Tukey"))
> summary(tukey)
```

```
> tukey <- glht(out, linfct=mcp(trt="Tukey"))
> summary(tukey)

        Simultaneous Tests for General Linear Hypotheses

Multiple Comparisons of Means: Tukey Contrasts


Fit: lm(formula = post ~ pre + trt, data = ptsd)

Linear Hypotheses:
                Estimate Std. Error t value Pr(>|t|)
EMDR - Cont == 0   3.967      2.479   1.600  0.26345
CBT - Cont == 0   10.373      2.529   4.102  0.00103 **
CBT - EMDR == 0    6.405      2.508   2.554  0.04306 *
---
```

```
> par(mar=c(5,8,4,2))

> plot(tukey)
```

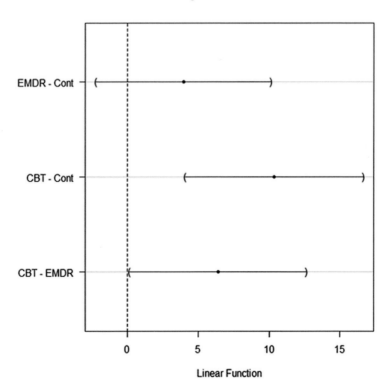

18.3 잔차의 정규성 검정 및 분산의 동일성 검정

분석결과에서 보듯이 잔차의 정규성 검정 결과 정규분포를 보이고 있으며(p=0.677), 분산의 동일성 검정 결과 치료집단별 분산이 동일한 것으로 나타났다(p=0.495).

```
> # 잔차의 정규성 검정(test of normality)
> shapiro.test(resid(out))


> # 분산의 동일성 검정(test of homogeneity of variance)
> bartlett.test(post ~ trt, data=ptsd)
```

```
> # 잔차의 정규성 검정(test of normality)
> shapiro.test(resid(out))

        Shapiro-Wilk normality test

data:  resid(out)
W = 0.97481, p-value = 0.6772

> # 분산의 동일성 검정(test of homogeneity of variance)
> bartlett.test(post ~ trt, data=ptsd)

        Bartlett test of homogeneity of variances

data:  post by trt
Bartlett's K-squared = 1.4052, df = 2, p-value = 0.4953
```

18.3.1 회귀진단

회귀진단 결과 각 그래프는 정규성, 선형관계, 등분산성에서 특이점이 없는 것으로
나타났다.

```
> par(mfrow=c(2,2))
> plot(out)
```

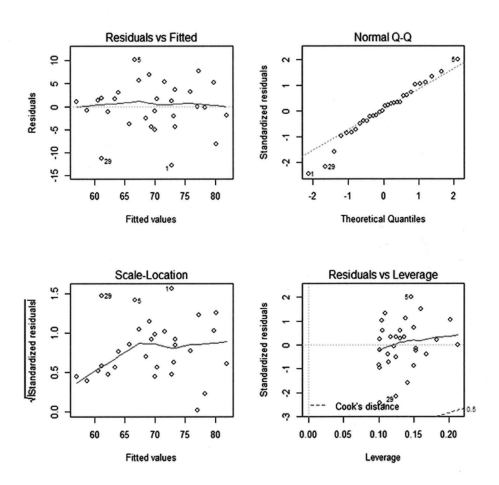

18.3.2 종속변수의 정규성 검정

종속변수의 정규성 검정을 보다 엄밀하게 분석한 결과 다음 그림에서 보는 것처럼 정규분포 가정을 대체로 충족하고 있음을 알 수 있다.

```
> library(car)
> par(mfrow=c(1,1))
> qqPlot(lm(post ~ pre + trt ), main="Q-Q Plot", envelope=.95)
```

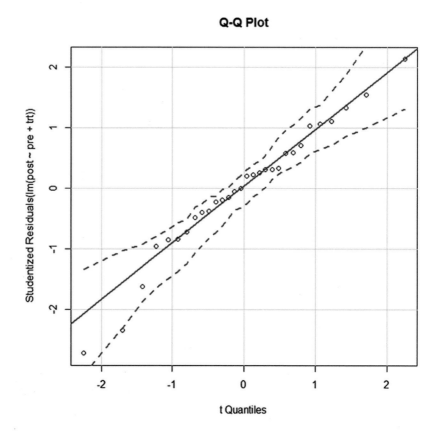

18.4 회귀기울기의 동일성 검정(testing for homogeneity of regression slopes)

정규성과 분산의 동일성 가정 외에 일반적인 공분산분석(ANCOVA)은 회귀 기울기의 동일성(homogeneity of regression slopes)을 가정하고 있다(Kabacoff, 2015, p. 225). 즉, 사전점수로부터 사후점수를 예측하는 회귀 기울기가 각 치료집단별로 동일하다고 가정하고 있다. 이 회귀 기울기의 동일성 검정은 사전점수*치료방법의 상호작용을 공분산분석 모형에 포함시켜 검정한다. 위 분석 결과를 보면 상호작용(pre:trt)이 유의하지 않은 것으로 나타나 기울기의 동일성(equality of slopes) 가정이 충족됨을 알 수 있다.

> out2 <- lm(post ~ pre*trt, data=ptsd)

> anova(out2)

```
> out2 <- lm(post ~ pre*trt, data=ptsd)
> anova(out2)
Analysis of Variance Table

Response: post
          Df Sum Sq Mean Sq F value    Pr(>F)
pre        1 786.02  786.02 28.4842 1.774e-05 ***
trt        2 524.00  262.00  9.4946 0.0009167 ***
pre:trt    2 135.08   67.54  2.4475 0.1078089
Residuals 24 662.27   27.59
---
Signif. codes:  0 '***' 0.001 '**' 0.01 '*' 0.05 '.' 0.1 ' ' 1
```

이제 회귀 기울기의 동일성 검정결과를 시각적으로 제시해 보자.

> library(HH)

> ancova(post ~ pre + trt, data=ptsd)

```
> ancova(post ~ pre + trt, data=ptsd)
Analysis of Variance Table

Response: post
          Df Sum Sq Mean Sq F value    Pr(>F)
pre        1 786.02  786.02 25.6304 2.849e-05 ***
trt        2 524.00  262.00  8.5433  0.001407 **
Residuals 26 797.35   30.67
---
Signif. codes:  0 '***' 0.001 '**' 0.01 '*' 0.05 '.' 0.1 ' ' 1
```

분석결과 치료집단인 세 집단(Cont, EMDR, CBT)의 기울기가 동일함(parallel)을 아래 그림을 통해 확인할 수 있다. 하지만 각 집단의 초기값은 서로 다름을 알 수 있다.

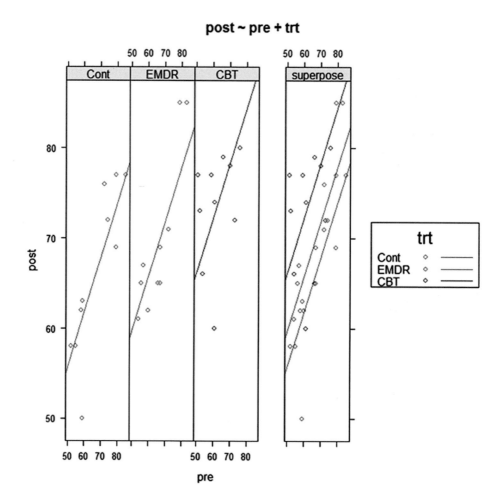

만약 회귀기울기의 동일성 가정이 충족되지 않는다면 ancova(post ~ pre*trt, data=ptsd) 를 사용해서 분석하며, 이때 기울기와 초기값은 각 집단별로 모두 다르게 나타난다.

19 반복측정 분산분석(repeated measures ANOVA)

반복측정 분산분석은 측정이 여러 번(3회 이상) 있는 경우로서 각 집단별 반복측정의 결과를 분석하는 것이다. 이 분석에 사용될 데이터는 청소년들의 자아존중감 향상프로그램의 결과로 나타난 사전, 사후, 추후검사의 결과를 기록한 데이터이다.

```
> repeated <- read.csv("D:/R/repeated2.csv")
> repeated
```

```
> repeated <- read.csv("D:/R/repeated2.csv")
> repeated
   id group pre post followup
1   1     1  78   79       84
2   2     1  61   60       64
3   3     1  73   72       78
4   4     1  66   79       76
5   5     1  61   74       78
6   6     1  51   77       77
7   7     1  70   78       78
8   8     1  59   77       76
9   9     1  52   73       73
10 10     1  76   80       77
11 11     1  54   66       66
12 12     1  57   67       67
13 13     1  56   65       65
14 14     1  79   85       85
15 15     1  83   85       86
16 16     2  72   71       72
17 17     2  66   65       66
18 18     2  60   62       64
19 19     2  67   69       67
20 20     2  54   61       54
21 21     2  67   65       67
22 22     2  79   77       77
23 23     2  85   77       85
24 24     2  52   58       52
25 25     2  72   76       72
```

반복측정 분산분석을 위해서는 우선 데이터를 종단형으로 (melting the data, 또는 transforming the data in long format) 전환하는 것이 필요하다. 이를 위해 reshape2 패키지의 melt( ) 기능을 활용한다.

> library(reshape2)

> md <− melt(repeated, id=c("id", "group"))

> md

```
> library(reshape2)
> md <- melt(repeated, id=c("id", "group"))
> md
   id group variable value
1   1     1      pre    78
2   2     1      pre    61
3   3     1      pre    73
4   4     1      pre    66
5   5     1      pre    61
6   6     1      pre    51
7   7     1      pre    70
8   8     1      pre    59
9   9     1      pre    52
10 10     1      pre    76
11 11     1      pre    54
12 12     1      pre    57
13 13     1      pre    56
14 14     1      pre    79
15 15     1      pre    83
16 16     2      pre    72
17 17     2      pre    66
18 18     2      pre    60
19 19     2      pre    67
20 20     2      pre    54
```

이어서 variable, value 변수를 좀 더 이해하기 쉬운 time, score로 변수 이름을 바꾼다.

> names(md)[3:4] <— c("time", "score")

> md

```
> names(md)[3:4]=c("time", "score")
> md
   id group    time score
1   1     1     pre    78
2   2     1     pre    61
3   3     1     pre    73
4   4     1     pre    66
5   5     1     pre    61
6   6     1     pre    51
7   7     1     pre    70
8   8     1     pre    59
9   9     1     pre    52
10 10     1     pre    76
11 11     1     pre    54
12 12     1     pre    57
13 13     1     pre    56
14 14     1     pre    79
15 15     1     pre    83
16 16     2     pre    72
17 17     2     pre    66
18 18     2     pre    60
19 19     2     pre    67
20 20     2     pre    54
21 21     2     pre    67
22 22     2     pre    79
23 23     2     pre    85
```

그리고 집단변수인 group의 변수 값을 좀 더 구체적인 변수 값으로, 즉 trt(실험집단),
cont(통제집단)으로 바꾸어 준다(코딩변경).

> md$group[md$group==1] <− "trt"
> md$group[md$group==2] <− "cont"
> md

```
> md$group[md$group==1] <- "trt"
> md$group[md$group==2] <- "cont"
> md
   id group    time score
1   1   trt     pre    78
2   2   trt     pre    61
3   3   trt     pre    73
4   4   trt     pre    66
5   5   trt     pre    61
6   6   trt     pre    51
7   7   trt     pre    70
8   8   trt     pre    59
9   9   trt     pre    52
10 10   trt     pre    76
11 11   trt     pre    54
12 12   trt     pre    57
13 13   trt     pre    56
14 14   trt     pre    79
15 15   trt     pre    83
16 16  cont     pre    72
17 17  cont     pre    66
18 18  cont     pre    60
19 19  cont     pre    67
20 20  cont     pre    54
```

이제 마지막 순서로 id 및 group 변수를 factor 변수로 전환한다.

```
> md$group <- factor(md$group)
> str(md)
> md$id <- factor(md$id)
> str(md)
```

```
> md$group <- factor(md$group)
> str(md)
'data.frame':    93 obs. of  4 variables:
 $ id   : int  1 2 3 4 5 6 7 8 9 10 ...
 $ group: Factor w/ 2 levels "cont","trt": 2 2 2 2 2 2 2 2 2 2 ...
 $ time : Factor w/ 3 levels "pre","post","followup": 1 1 1 1 1 1 1 1 1 1 ...
 $ score: int  78 61 73 66 61 51 70 59 52 76 ...
```

```
> md$id <- factor(md$id)
> str(md)
'data.frame':    93 obs. of  4 variables:
 $ id   : Factor w/ 31 levels "1","2","3","4",..: 1 2 3 4 5 6 7 8 9 10 ...
 $ group: Factor w/ 2 levels "cont","trt": 2 2 2 2 2 2 2 2 2 2 ...
 $ time : Factor w/ 3 levels "pre","post","followup": 1 1 1 1 1 1 1 1 1 1 ...
 $ score: int  78 61 73 66 61 51 70 59 52 76 ...
```

이제 반복측정 분산분석을 위해 오차항 Error(id/(time))을 포함하여 다음과 같이 분석을 실시한다. 분석결과에서 보듯이 측정시기별로 자아존중감 점수는 유의하게 다르며($p < 0.001$), 시기 및 집단의 상호작용도 유의한 것으로($p < 0.001$) 나타났다. 그리고 집단(group)을 블록변수로 지정하여 측정시기별 점수도 집단 간 차이는 유의수준 0.10을 기준으로 할 때 유의하다고 하겠다($p = 0.069$).

```
> fit <- aov(score ~ time*group + Error(id/(time)), data=md)
> summary(fit)
```

```
> fit <- aov(score ~ time*group + Error(id/(time)), data=md)
> summary(fit)

Error: id
           Df Sum Sq Mean Sq F value Pr(>F)
group       1    729   728.7   3.578 0.0686 .
Residuals  29   5907   203.7
---
Signif. codes:  0 '***' 0.001 '**' 0.01 '*' 0.05 '.' 0.1 ' ' 1

Error: id:time
            Df Sum Sq Mean Sq F value   Pr(>F)
time         2  455.3  227.66   15.54 3.95e-06 ***
time:group   2  517.6  258.78   17.66 1.02e-06 ***
Residuals   58  849.8   14.65
---
Signif. codes:  0 '***' 0.001 '**' 0.01 '*' 0.05 '.' 0.1 ' ' 1
```

Y ~ B + W + Error(Subject/(W))

includes the "error" term or random effect

다음으로 interaction.plot(x축변수, 집단변수, y축변수)을 이용하여 시각화해 보자. 다음 그림에서 보듯이 통제집단에서는 사전, 사후, 추후 간에 차이기 없으나, 실험집단에서는 각 시기별로 차이가 있는 것으로 나타났다.

> with(md, interaction.plot(time, group, score, type="b", col=c("red", "blue"), pch=c(16,18), main="Interaction Plot for Group and Time"))

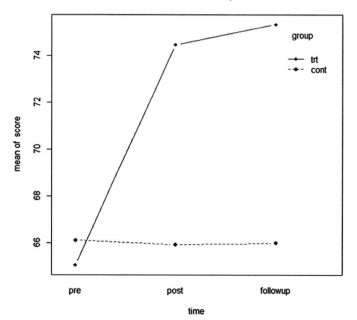

이상의 분석결과를 제시하면 〈표 19-1〉과 같다.

〈표 19-1〉 측정 시점과 집단에 따른 자아존중감의 분산분석 결과

분산 원	제곱합(SS)	자유도(df)	평균제곱(MS)	F
개체 간				
집단	729	1	728.7	3.578*
오차	5907	29	203.7	
개체 내				
시기	455.3	2	227.66	15.54***
시기×집단	517.6	2	258.78	17.66***
오차	849.8	58	14.65	
전체	1822.7	60		

* $p < .10$, *** $p < .001$

20 다변량분산분석(MANOVA)

20.1 다변량분산분석(MANOVA)

　종속변수가 두 개 이상일 경우 다변량분산분석을 활용해 집단 간 차이를 동시에 검정할 수 있다. 여기서 사용할 예제는 MASS 패키지에 있는 UScereal 데이터이며, 이 데이터는 원래 1993 ASA Statistics Graphics Exposition에서 나온 것으로서(http://lib.stat.cmu.edu/datasets/1993.expo/), Venables & Ripley(1999)에서 활용된 것이다(Kabacoff, 2015, p. 232 재인용). 이 예제는 미국에서 판매하고 있는 시리얼의 단백질, 지방, 탄수화물 등 영양소의 함유량에 대한 것으로서 식품점에서 시리얼을 진열하고 있는 선반(shelf) ― 하단(1), 중단(2), 상단(3) ― 에 따라 시리얼의 영양소에 차이가 있는지 동시에 분석하는 것이다. 여기서는 선반이 독립변수가 되며 3가지 수준(1, 2, 3)이 있다.

> library(MASS)

> attach(UScereal)

> head(UScereal)

```
> attach(UScereal)
> head(UScereal)
                        mfr calories   protein      fat   sodium     fibre    carbo    sugars
100% Bran                 N 212.1212 12.121212 3.030303 393.9394 30.303030 15.15152 18.18182
All-Bran                 K 212.1212 12.121212 3.030303 787.8788 27.272727 21.21212 15.15151
All-Bran with Extra Fiber K 100.0000  8.000000 0.000000 280.0000 28.000000 16.00000  0.00000
Apple Cinnamon Cheerios  G 146.6667  2.666667 2.666667 240.0000  2.000000 14.00000 13.33333
Apple Jacks              K 110.0000  2.000000 0.000000 125.0000  1.000000 11.00000 14.00000
Basic 4                  G 173.3333  4.000000 2.666667 280.0000  2.666667 24.00000 10.66667
                        shelf potassium vitamins
100% Bran                   3 848.48485 enriched
All-Bran                    3 969.69697 enriched
All-Bran with Extra Fiber   3 660.00000 enriched
Apple Cinnamon Cheerios     1  93.33333 enriched
Apple Jacks                 2  30.00000 enriched
Basic 4                     3 133.33333 enriched
>
```

우선 선반(shelf) 변수를 그룹변수인 factor 변수로 전환한 후 cbind( ) 기능을 이용하여 분석할 세 종속변수(protein, fat, carbo)를 결합한다. 그리고 나서 aggregate( ) 기능을 이용하여 각 선반별 평균을, cov( ) 기능을 활용하여 종속변수 간의 분산, 공분산을 분석한다.

> UScereal$shelf <− factor(UScereal$shelf)

> str(UScereal)

> y <− cbind(protein, fat, carbo)

> aggregate(y, by=list(shelf), mean)

> cov(y)

> cor(y)

```
> UScereal$shelf <- factor(UScereal$shelf)
> str(UScereal)
'data.frame':	65 obs. of  11 variables:
 $ mfr      : Factor w/ 6 levels "G","K","N","P",..: 3 2 2 1 2 1 6 4 5 1 ...
 $ calories : num  212 212 100 147 110 ...
 $ protein  : num  12.12 12.12 8 2.67 2 ...
 $ fat      : num  3.03 3.03 0 2.67 0 ...
 $ sodium   : num  394 788 280 240 125 ...
 $ fibre    : num  30.3 27.3 28 2 1 ...
 $ carbo    : num  15.2 21.2 16 14 11 ...
 $ sugars   : num  18.2 15.2 0 13.3 14 ...
 $ shelf    : Factor w/ 3 levels "1","2","3": 3 3 3 1 2 3 1 3 2 1 ...
 $ potassium: num  848.5 969.7 660 93.3 30 ...
 $ vitamins : Factor w/ 3 levels "100%","enriched",..: 2 2 2 2 2 2 2 2 2 2 ...
> y <- cbind(protein, fat, carbo)
> aggregate(y, by=list(shelf), mean)
  Group.1  protein      fat    carbo
1       1 2.933008 0.6621338 19.18243
2       2 2.057698 1.3413488 14.95177
3       3 5.158900 1.9449071 23.56826
> cov(y)
          protein      fat     carbo
protein  6.983432 1.790252 12.243296
fat      1.790252 2.713399  2.550715
carbo   12.243296 2.550715 71.714955
> cor(y)
          protein       fat     carbo
protein 1.0000000 0.4112661 0.5470903
fat     0.4112661 1.0000000 0.1828522
carbo   0.5470903 0.1828522 1.0000000
> |
```

manova( ) 기능은 집단 간 차이에 대한 다변량 검정을 제공하는데, F값이 유의한 경우 종속변수 묶음에 대한 세 집단(선반의 세 종류)의 차이가 유의하게 다름을 의미한다. 여기서는 다변량분산분석의 검정 결과가 유의하기 때문에 summary.aov( ) 기능을 활용하여 각 종속변수에 대한 단변량 ANOVA 검정결과를 제시할 수 있다. 앞서 본대로 각 영양소(단백질, 지방, 탄수화물)별로 세 집단이 서로 유의하게 차이가 있음을 알 수 있다.

> fit <− manova(y ~ shelf)

> summary(fit)

> summary.aov(fit)

```
> fit <- manova(y ~ shelf)
> summary(fit)
          Df  Pillai approx F num Df den Df    Pr(>F)
shelf      2 0.36392   4.5229      6    122 0.0003569 ***
Residuals 62
---
Signif. codes:  0 '***' 0.001 '**' 0.01 '*' 0.05 '.' 0.1 ' ' 1
> summary.aov(fit)
 Response protein :
            Df Sum Sq Mean Sq F value    Pr(>F)
shelf        2 120.84  60.422  11.488 5.701e-05 ***
Residuals   62 326.10   5.260
---
Signif. codes:  0 '***' 0.001 '**' 0.01 '*' 0.05 '.' 0.1 ' ' 1

 Response fat :
            Df Sum Sq Mean Sq F value  Pr(>F)
shelf        2  18.44  9.2199  3.6828 0.03081 *
Residuals   62 155.22  2.5035
---
Signif. codes:  0 '***' 0.001 '**' 0.01 '*' 0.05 '.' 0.1 ' ' 1

 Response carbo :
            Df Sum Sq Mean Sq F value  Pr(>F)
shelf        2  839.9  419.96  6.9437 0.001901 **
Residuals   62 3749.8   60.48
---
Signif. codes:  0 '***' 0.001 '**' 0.01 '*' 0.05 '.' 0.1 ' ' 1

> |
```

20.2 다중비교(Multiple Comparisons)

이제 각 종속변수(영양소)별로 어느 선반과 어느 선반 사이에 차이가 있는지 다중비교를 수행할 수 있다. 여기서는 fat의 경우를 다중비교해 보자. 다음 분석결과에서 보는 것처럼 선반(3)과 선반(1)의 차이가 유의하게 다름을 알 수 있다.

```
> library(multcomp)
> out1 <- lm(fat ~ shelf)
> anova(out1)
> tukey <- glht(out1, linfct=mcp(shelf="Tukey"))
> summary(tukey)
```

```
> out1 <- lm(fat ~ shelf)
> anova(out1)
Analysis of Variance Table

Response: fat
          Df Sum Sq Mean Sq F value  Pr(>F)
shelf      2  18.44  9.2199  3.6828 0.03081 *
Residuals 62 155.22  2.5035
---
Signif. codes:  0 '***' 0.001 '**' 0.01 '*' 0.05 '.' 0.1 ' ' 1
> tukey <- glht(out1, linfct=mcp(shelf="Tukey"))
> summary(tukey)


          Simultaneous Tests for General Linear Hypotheses

Multiple Comparisons of Means: Tukey Contrasts


Fit: lm(formula = fat ~ shelf)

Linear Hypotheses:
           Estimate Std. Error t value Pr(>|t|)
2 - 1 == 0   0.6792     0.5274   1.288   0.4065
3 - 1 == 0   1.2828     0.4748   2.702   0.0236 *
3 - 2 == 0   0.6036     0.4748   1.271   0.4157
---
Signif. codes:  0 '***' 0.001 '**' 0.01 '*' 0.05 '.' 0.1 ' ' 1
(Adjusted p values reported -- single-step method)
```

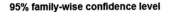

> plot(tukey)

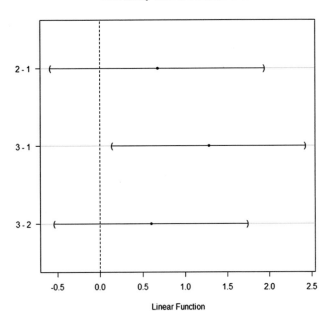

95% family-wise confidence level

20.3 검정 가정에 대한 평가(assessing test assumptions)

다변량분산분석의 두 가지 가정은 다변량정규성(multivariate normality) 및 분산−공분산 매트릭스의 동질성(homogeneity of variance-covariance matrices)이다. 첫 번째 가정은 종속변수들의 벡터가 함께(jointly) 다변량 정규분포를 따른다는 것이다. Q−Q 플롯을 이용해서 이 가정을 평가할 수 있다.

```
# testing multivariate normality 5)
> center <- colMeans(y)
> n <- nrow(y)
> p <- ncol(y)
> cov <- cov(y)
> d <- mahalanobis(y, center, cov)
> coord <- qqplot(qchisq(ppoints(n),df=p), d,
    main="Q-Q Plot Assessing Multivariate Normality",
    ylab="Mahalanobis D2")
> abline(a=0, b=1)
> identify(coord$x, coord$y, labels=row.names(UScereal))
```

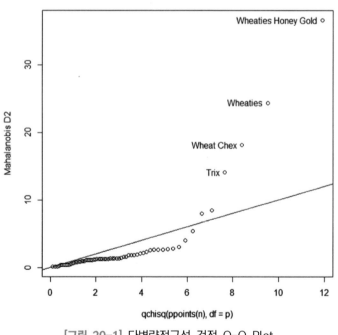

[그림 20-1] 다변량정규성 검정 Q-Q Plot

---

5) 여기 나오는 명령어는 Kabacoff (2015, p. 234)에 있는 명령문을 인용한 것임을 밝힌다.

만약, 데이터가 다변량정규분포를 따른다면 데이터는 선 위에 위치하게 된다(points fall on the line). 하지만 여기서는 데이터들이 다변량정규분포를 따르지 않는 것으로 보인다. 특히 Wheaties Honey Gold, Wheaties, Wheat Chex, Trix가 그 원인으로 보이므로 이 네 데이터를 빼고 다시 분석해보는 것이 필요하다.

분산-공분산 매트릭스의 동질성(homogeneity of variance-covariance matrices assumption) 가정은 각 집단의 공분산 매트릭스가 동일함을 요구하고 있다. 이 가정은 보통 Box's M 검정으로 평가되는데 이 검정은 정규분포의 위반에 매우 민감하기 때문에 대부분의 경우 기각된다(Kabacoff, 2015).

마지막으로 aq.plot( ) 기능을 활용하여 다변량 이상치 검정(test for multivariate outliers)을 실시할 수 있다. 다음 그림에서 보는 것처럼 1, 2, 31, 32 등의 케이스들이 이상치로 나타남을 알 수 있다.

```
> library(mvoutlier)
> outliers <- aq.plot(y)
> outliers
```

```
> outliers <- aq.plot(y)
Projection to the first and second robust principal components.
Proportion of total variation (explained variance): 0.8934887
> outliers
$`outliers`
 [1]  TRUE  TRUE  TRUE FALSE FALSE FALSE FALSE FALSE FALSE FALSE  TRUE FALSE FALSE FALSE FALSE FALSE FALSE
[18]  TRUE FALSE FALSE FALSE FALSE FALSE FALSE FALSE FALSE FALSE FALSE FALSE FALSE  TRUE  TRUE FALSE FALSE
[35] FALSE FALSE FALSE FALSE FALSE FALSE FALSE FALSE FALSE FALSE  TRUE FALSE FALSE FALSE  TRUE FALSE FALSE FALSE
[52] FALSE FALSE FALSE FALSE FALSE  TRUE FALSE FALSE FALSE FALSE FALSE FALSE FALSE FALSE
```

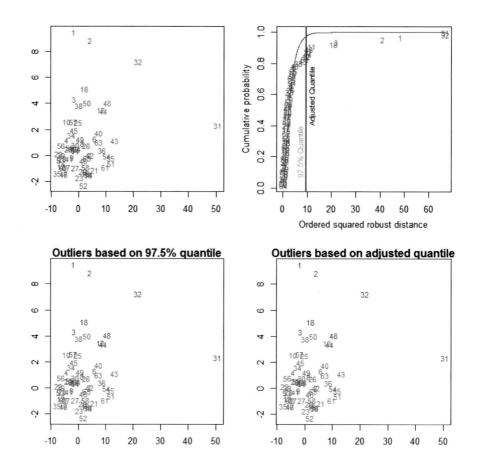

20.4 로버스트 다변량분산분석(robust MANOVA)

　다변량 정규성이나 분산-공분산 매트릭스의 동일성이 검정될 수 없다면 또는 다변량 이상치가 마음이 걸린다면 로버스트 다변량분산분석(robust MANOVA)을 사용할 수 있다. 다변량분산분석의 로버스트 버전은 "rrcov" 패키지의 Wilks.test( ) 기능을 활용할 수 있다(Kabacoff, 2015, pp. 235-236).

　다음 분석 결과를 살펴보면, 이상치나 MANOVA의 가정 위반에 대한 분석방법으로 활용할 수 있는 로버스트 다변량분산분석을 실시해도 이전 결과와 마찬가지로 선반의 위치(종류)에 따라 시리얼의 영양소가 서로 다르게 나타남을 알 수 있다(p=0.0016).

> library(rrcov)

> Wilks.test(y, shelf, method="mcd")

```
> library(rrcov)
필요한 패키지를 로딩중입니다: robustbase

다음의 패키지를 부착합니다: 'robustbase'

The following object is masked from 'package:survival':

    heart

Scalable Robust Estimators with High Breakdown Point (version 1.4-3)

> Wilks.test(y, shelf, method="mcd")

        Robust One-way MANOVA (Bartlett Chi2)

data:  x
Wilks' Lambda = 0.5664, Chi2-Value = 18.4870, DF = 4.5238, p-value = 0.0016
sample estimates:
    protein      fat    carbo
1 2.752596 0.7010828 19.36963
2 1.827553 1.2446591 14.77773
3 3.739762 1.5113996 21.62373
```

21 로지스틱 회귀분석(logistic regression)

일반화 선형모형(generalized linear models)

　일반적인 선형회귀분석과 ANOVA에서는 종속변수가 정규분포를 이루고 있음을 가정하고 있다. 즉, 회귀분석과 ANOVA에서는 일련의 연속형 및 범주형 독립변수로부터 정규분포를 이루고 있는 종속변수를 예측할 수 있는 선형모형을 구하려고 했다. 그러나 종속변수가 정규분포를 이루고 있다는 것(또는 연속형 변수라는 것)을 가정할 수 없는 경우가 많다. 예를 들어, 종속변수가 범주형인 경우, 즉 이항변수(예: 예/아니오, 성공/실패 등)이거나 순서형 및 다항범주형변수(예: 미비한/좋은/탁월한, 보수/진보/중도)는 분명 정규분포를 이룰 수 없다. 또 종속변수가 특정한 기간 내에 발생하는 카운트형(count)인 경우(예를 들어, 한 달 동안 이루어진 자원봉사활동 건 수, 일주일 동안 교통사고 발생 건수, 하루에 마시는 맥주의 양, 즉 한 병, 두 병 등), 이러한 변수는 제한된 값을 보이며 결코 부정적인 값이 될 수 없다. 게다가 이러한 경우 정규분포에서는 볼 수 없는 현상으로서 평균과 분산이 종종 연계되어 있다(Kabacoff, 2015, p. 301).

　따라서 정규분포를 이루지 못하는 종속변수를 포함하여 선형모형을 확장하고자 하는 분석방법이 바로 일반화 선형모형(generalized linear models)이다. 이 일반화 선형모형에는 glm( ) 기능을 활용하며, 종속변수가 범주형 변수인 경우 로지스틱 회귀분석을, 종속변수가 카운트변수인 경우 포아송 회귀분석을 활용한다. 그리고 일반화 선형모형에서는 모수의 추정(parameter estimates)에 최소제곱법(least squares) 대신 최대우도법(maximum likelihood)을 사용한다. 구체적으로 일반적인 선형모형에서 다룰 수 없는 아래의 두 가지 연구 질문을 제기해 보자.

- 어떤 개인적, 인구학적, 관계적 변수가 불성실한 혼인관계(marital infidelity)를 예측할 수 있는가? 이 경우 종속변수는 이항변수, 즉 혼외관계(affair) 유무이다.
- 만약 혼외관계가 있었다면 지난 1년 동안 얼마나 많은 관계(number of affairs)가 발생하였는가?

첫 번째 질문은 로지스틱 회귀분석(family=binomial)을 적용하며 두 번째 질문에는 포아송 회귀분석(family=poisson)을 활용하게 된다(Kabacoff, 2015, p. 302).

21.1 로지스틱 회귀분석(logistic regression)

로지스틱 회귀분석(logistic regression)은 종속변수가(0, 1) (효과 없음, 효과 있음) 등과 같이 binary(이항변수)이고 승산비(odds)를 log-전환한 로짓함수를 종속변수로 하여 모형화한다.

P: 어떤 결과(outcome)가 일어날 확률

1-P: 어떤 결과가 일어나지 않을 확률

승산비(odds) $= \dfrac{p}{1-p}$ (어떤 결과가 일어나지 않을 확률에 비해 일어날 확률)

이 승산비에 로그를 취하면 $\log\left(\dfrac{p}{1-p}\right)$이 되고 이를 로짓(logit) 또는 log odds라 부르며 이는 $(-\infty, +\infty)$ 범위의 값이 된다. 따라서 종속변수의 기댓값은 $(-\infty, +\infty)$로 무한대의 범위를 가진다. 이를 확률값으로 변환하기 위해서는 로짓링크 함수의 역함수를 사용하여 다시 (0, 1) 사이의 확률값으로 되돌린다. 이때 로짓링크 함수의 역함수를 로지스틱함수라 부른다(권재명, 2017, p. 160). 이를 수식으로 표현하면 다음과 같다.

$$\log\left(\frac{p}{1-p}\right) = \beta_0 + \beta_1 X$$

$$\frac{p}{1-p} = e^{\beta_0 + \beta_1 X}$$

$$p = \frac{e^{\beta_0 + \beta_1 X}}{1 + e^{\beta_0 + \beta_1 X}}$$

즉, P(Y=1)는 로짓링크함수의 역함수인 logistic-함수 $f(X) = \dfrac{e^X}{1+e^X}$ 로 표현되므로 로지스틱 회귀분석(logistic regression)으로 부르며, 이를 로짓링크(logit-link)를 가지는 일반화 선형모형(generalized linear models, GLM)이라고 한다(안재형, 2011, p. 174).

로지스틱 회귀분석은 일련의 연속변수 및 범주형 예측변수들로부터 이항 결과변수를 예측할 때 유용한 분석이다. 여기서는 AER 패키지에 포함된 결혼불성실성에 대한 데이터(Affairs)를 분석해 보자. 이 결혼불성실성에 대한 데이터는 1969년 Psychology Today가 수행한 설문조사에 기초하고 있으며, 이 데이터는 601명의 응답자로부터 수집된 9개 변수를 포함하고 있다. 구체적인 변수로는 지난 한 해 동안 얼마나 자주 혼외관계를 가졌는지 그리고 이들의 성별, 나이, 결혼 기간, 자녀 여부, 종교적 충실성(5점 척도; 1점 반종교적~5점 매우 종교적), 교육 정도, 직업(Hollingshead의 7범주 분류), 그리고 결혼생활에 대한 만족도(5점 척도; 1 매우 불행~5 매우 행복)이다(Kabacoff, 2015, p. 306).

Affairs {AER}

Fair's Extramarital Affairs Data

Description

Infidelity data, known as Fair's Affairs. Cross-section data from a survey conducted by Psychology Today in 1969.

Usage

data("Affairs")

Format

A data frame containing 601 observations on 9 variables.

affairs

numeric. How often engaged in extramarital sexual intercourse during the past year?

gender

factor indicating gender.

age

numeric variable coding age in years: 17.5 = under 20, 22 = 20–24, 27 = 25–29, 32 = 30–34, 37 = 35–39, 42 = 40

yearsmarried

numeric variable coding number of years married: 0.125 = 3 months or less, 0.417 = 4–6 months, 0.75 = 6 mont
12 or more years.

children

factor. Are there children in the marriage?

religiousness

numeric variable coding religiousness: 1 = anti, 2 = not at all, 3 = slightly, 4 = somewhat, 5 = very.

출처: http://127.0.0.1:31963/library/AER/html/Affairs.html

> library(AER)

> data(Affairs)

> summary(Affairs)

> ? Affairs

```
> library(AER)
> data(Affairs)
> head(Affairs)
   affairs gender age yearsmarried children religiousness education occupation rating
4        0   male  37        10.00       no             3        18          7      4
5        0 female  27         4.00       no             4        14          6      4
11       0 female  32        15.00      yes             1        12          1      4
16       0   male  57        15.00      yes             5        18          6      5
23       0   male  22         0.75       no             2        17          6      3
29       0 female  32         1.50       no             2        17          5      5
> summary(Affairs)
    affairs          gender          age         yearsmarried      children     religiousness
 Min.   : 0.000   female:315   Min.   :17.50   Min.   : 0.125   no :171      Min.   :1.000
 1st Qu.: 0.000   male  :286   1st Qu.:27.00   1st Qu.: 4.000   yes:430      1st Qu.:2.000
 Median : 0.000                Median :32.00   Median : 7.000                Median :3.000
 Mean   : 1.456                Mean   :32.49   Mean   : 8.178                Mean   :3.116
 3rd Qu.: 0.000                3rd Qu.:37.00   3rd Qu.:15.000                3rd Qu.:4.000
 Max.   :12.000                Max.   :57.00   Max.   :15.000                Max.   :5.000
   education       occupation        rating
 Min.   : 9.00   Min.   :1.000   Min.   :1.000
 1st Qu.:14.00   1st Qu.:3.000   1st Qu.:3.000
 Median :16.00   Median :5.000   Median :4.000
 Mean   :16.17   Mean   :4.195   Mean   :3.932
 3rd Qu.:18.00   3rd Qu.:6.000   3rd Qu.:5.000
 Max.   :20.00   Max.   :7.000   Max.   :5.000
```

먼저 혼외관계(affair) 유무를 나타내는 dummy 변수 affair를 만들어 보자.

> table(Affairs$affairs)

> Affairs$affair[Affairs$affairs > 0] <− 1

> Affairs$affair[Affairs$affairs == 0] <− 0

> table(Affairs$affair)

```
> table(Affairs$affairs)

  0   1   2   3   7  12
451  34  17  19  42  38
> Affairs$affair[Affairs$affairs > 0] <- 1
> Affairs$affair[Affairs$affairs == 0] <- 0
> table(Affairs$affair)

  0   1
451 150
> str(Affairs)
'data.frame':	601 obs. of  10 variables:
 $ affairs      : num  0 0 0 0 0 0 0 0 0 0 ...
 $ gender       : Factor w/ 2 levels "female","male": 2 1 1 2 2 1 1 2 1 2 ...
 $ age          : num  37 27 32 57 22 32 22 57 32 22 ...
 $ yearsmarried : num  10 4 15 15 0.75 1.5 0.75 15 15 1.5 ...
 $ children     : Factor w/ 2 levels "no","yes": 1 1 2 2 1 1 1 2 2 1 ...
 $ religiousness: int  3 4 1 5 2 2 2 2 4 4 ...
 $ education    : num  18 14 12 18 17 17 12 14 16 14 ...
 $ occupation   : int  7 6 1 6 6 5 1 4 1 4 ...
 $ rating       : int  4 4 4 5 3 5 3 4 2 5 ...
 $ affair       : num  0 0 0 0 0 0 0 0 0 0 ...
```

> plot(table(Affairs$affairs))

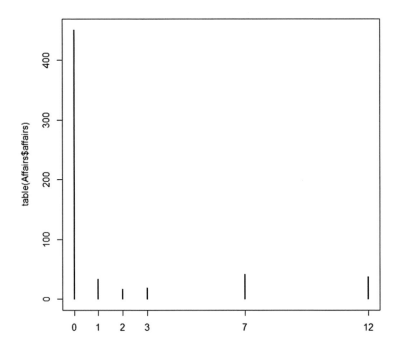

> plot(table(Affairs$affair))

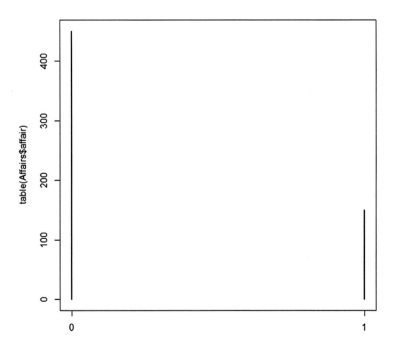

로지스틱 회귀분석을 위해 glm(family=binomial) 기능을 활용하여 먼저 모든 독립변수들을 모형(full model)에 투입해 보자.

다음 분석결과에서 보듯이 변수 중에서 연령(age), 결혼기간(yearsmarried), 종교성(religiousness), 결혼만족도(rating)만 유의한 것으로 나타났다.

> full=glm(affair ~ gender + age + yearsmarried + children + religiousness
+ education + occupation + rating, data=Affairs, family=binomial)
> summary(full)

```
Call:
glm(formula = affair ~ gender + age + yearsmarried + children +
    religiousness + education + occupation + rating, family = binomial,
    data = Affairs)

Deviance Residuals:
    Min       1Q   Median       3Q      Max
-1.5713  -0.7499  -0.5690  -0.2539   2.5191

Coefficients:
              Estimate Std. Error z value Pr(>|z|)
(Intercept)    1.37726    0.88776   1.551 0.120807
gendermale     0.28029    0.23909   1.172 0.241083
age           -0.04426    0.01825  -2.425 0.015301 *
yearsmarried   0.09477    0.03221   2.942 0.003262 **
childrenyes    0.39767    0.29151   1.364 0.172508
religiousness -0.32472    0.08975  -3.618 0.000297 ***
education      0.02105    0.05051   0.417 0.676851
occupation     0.03092    0.07178   0.431 0.666630
rating        -0.46845    0.09091  -5.153 2.56e-07 ***
---
Signif. codes:  0 '***' 0.001 '**' 0.01 '*' 0.05 '.' 0.1 ' ' 1

(Dispersion parameter for binomial family taken to be 1)

    Null deviance: 675.38  on 600  degrees of freedom
Residual deviance: 609.51  on 592  degrees of freedom
AIC: 627.51

Number of Fisher Scoring iterations: 4
```

이번에는 앞서 분석한 결과에서 종속변수와 유의한 관계가 있는 변수만 골라서 모형(reduced model)에 투입해 보자.

분석결과에서 보듯이 결혼기간이 늘어날수록 혼외관계를 가질 확률이 높아지지만, 연령, 종교성, 결혼만족도가 높아질수록 혼외관계 확률이 낮아짐을 알 수 있다.

> reduced=glm(affair ~ age + yearsmarried + religiousness + rating,
        data=Affairs, family=binomial)
> summary(reduced)

```
Call:
glm(formula = affair ~ age + yearsmarried + religiousness + rating,
    family = binomial, data = Affairs)

Deviance Residuals:
    Min       1Q   Median       3Q      Max
-1.6278  -0.7550  -0.5701  -0.2624   2.3998

Coefficients:
               Estimate Std. Error z value Pr(>|z|)
(Intercept)     1.93083    0.61032   3.164 0.001558 **
age            -0.03527    0.01736  -2.032 0.042127 *
yearsmarried    0.10062    0.02921   3.445 0.000571 ***
religiousness  -0.32902    0.08945  -3.678 0.000235 ***
rating         -0.46136    0.08884  -5.193 2.06e-07 ***
---
Signif. codes:  0 '***' 0.001 '**' 0.01 '*' 0.05 '.' 0.1 ' ' 1

(Dispersion parameter for binomial family taken to be 1)

    Null deviance: 675.38  on 600  degrees of freedom
Residual deviance: 615.36  on 596  degrees of freedom
AIC: 625.36

Number of Fisher Scoring iterations: 4
```

일반화 선형모형(GLM)은 모수 추정에 있어 선형모형(lineal models)의 최소제곱합 (least squares) 같은 어떤 공식이 있는 것이 아니라 최대우도법(maximum likelihood)을 기초로 추정하며, deviance는 선형회귀모형에서 잔차의 제곱합(residual sum of squares) 을 일반화한 우도함수(likelihood function)로 나타낸 것이다(권재명, 2017, p. 164).

Null deviance는 모형설정 이전의 제곱합, Residual deviance는 모형 설정 이후 제 곱합을 의미한다. 따라서 이 양자 간의 차이가 클수록 영가설(모형이 유의하지 않다)

을 기각할 가능성이 높아지며 이 차이는 카이제곱분포를 따른다. 위의 결과에서 두 deviance의 차이는 675.38−615.36＝60.02다. 이 차이는 카이제곱분포를 따르므로 자유도(df)가 4인 카이제곱분포에서 이 값은 나오기 어려운 확률의 값이다. 즉, 1−pchisq (60.02, 4)＝2.87e−12는 0에 가까운 값이다. 따라서 모형적합에 대한 p값은 실질적으로 0이므로 영가설(이 모형의 설명력＝0)을 기각하게 되므로 이 모형은 데이터를 의미있게 설명한다고 하겠다.

한편 AIC(Akaike Information Criterion)는 최대우도(LL)에 모수의 수(number of parameters, k)를 반영한 수치, 즉 AIC＝2k−2ln(L)로 AIC 수치가 작은 모형일수록 좋은 모형이라고 할 수 있다. 즉, 모형의 설명력에 간명성을 반영한 것으로 볼 수 있으며, 모형의 설명력이 높을수록 LL은 커지고, −2ln(L)은 작아지며, −2ln(L)이 동일할 때 k가 작을수록 AIC는 작아진다(권재명, 2017, p. 164).

> AIC(reduced, full)

> anova(reduced, full, test="Chisq")

```
> # compare models
> AIC(reduced, full)
        df      AIC
reduced  5 625.3578
full     9 627.5104
> anova(reduced, full, test="Chisq")
Analysis of Deviance Table

Model 1: affair ~ age + yearsmarried + religiousness + rating
Model 2: affair ~ gender + age + yearsmarried + children + religiousness +
    education + occupation + rating
  Resid. Df Resid. Dev Df Deviance Pr(>Chi)
1       596     615.36
2       592     609.51  4   5.8474   0.2108
```

두 모형을 비교해 보면 reduced 모형의 AIC가 625.4로 full 모형의 AIC 627.5보다 작으므로 더 좋은 모형이라고 할 수 있다. 왜냐하면 적은 수의 모수로 모형을 추정할 수 있기 때문이다. 그리고 anova 분석을 통해서 보더라도 reduced 모형의 residual deviance가 full 모형의 residual deviance 보다 조금 크게 나왔지만(615.36 vs. 609.51) 자유도를

고려할 때(df＝4) 카이제곱값이 통계적으로 유의하지 않기 때문에(p＝0.211) 자유도가
더 큰 reduced 모형이 더 적합하다고 하겠다.

```
> coef(reduced)
> exp(coef(reduced))
```

```
> # interpret coefficients
> coef(reduced)
  (Intercept)          age yearsmarried religiousness       rating
   1.93083017  -0.03527112   0.10062274  -0.32902386  -0.46136144
> exp(coef(reduced))
  (Intercept)          age yearsmarried religiousness       rating
    6.8952321    0.9653437    1.1058594    0.7196258    0.6304248
> |
```

회귀계수를 OR(odds ratio)로 전환한 앞의 결과를 보면 혼외관계의 승산(odds)은
결혼기간이 1년 증가할수록 1.106배 증가, 즉 10.6% 증가한다(연령, 종교적 충실성,
결혼만족도를 통제한 상태에서). 반대로 연령이 1세씩 증가할수록 혼외관계의 승산은
0.965배 감소한다(즉, 3.5% 감소한다). 요약하면, 혼외관계의 승산은 결혼기간이 증가
할수록 증가하며 연령, 종교적 충실성 그리고 결혼만족도가 증가할수록 감소한다.

이항 로지스틱 회귀분석에서는 예측변수가 n 단위 변화할수록 반응변수의 승산은
$\exp(\beta_j)^n$이 된다. 즉, 결혼기간이 1년 증가할수록 혼외관계 승산은 1.106배 증가하므
로, 만약 10년이 증가하게 되면 그 승산은 1.106^{10} 또는 2.74배 증가하게 된다. 이때 물
론 다른 모든 예측변수는 통제한 상태이다.

참고로 moonBook 패키지를 활용하여 승산비(odds ratios)를 나타내는 그림을 만들
어 보자(문건웅, 2015).

```
> library(moonBook)
> extractOR(reduced)
```

```
> library(moonBook)
> extractOR(reduced)
                OR  lcl   ucl      p
(Intercept)   6.90 2.13 23.35 0.0016
age           0.97 0.93  1.00 0.0421
yearsmarried  1.11 1.04  1.17 0.0006
religiousness 0.72 0.60  0.86 0.0002
rating        0.63 0.53  0.75 0.0000
```

> ORplot(reduced, type=2, show.OR=F, show.CI=T, main="Result of Logistic Regression")

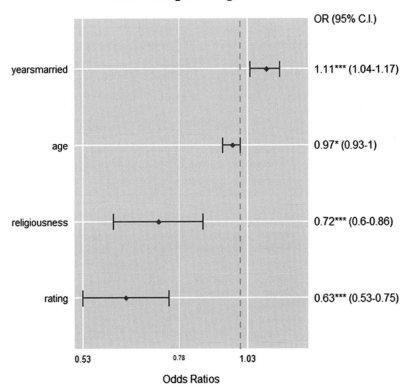

21.2 과산포(Overdispersion)

이항분포의 경우 데이터의 기대분산은 n이 케이스 수, π가 Y=1 집단에 속할 확률이라고 할 때 $\sigma^2 = n*\pi(1-\pi)$이다. 과산포(overdispersion)는 종속변수의 관찰된 분산이 이항분포로부터 기대할 수 있는 기대분산보다 클 때 발생하게 되며, 이러한 과산포는 표준오차를 왜곡시켜서 통계적 유의성 검정에 오류를 발생하게 한다. 즉, 과산포가 모형에 있음에도 이를 조정하지 않으면 표준오차와 신뢰구간이 지나치게 작게 추정되어 실제 유의하지 않음에도 유의하다는 결론에 도달하게 된다. 따라서 과산포가 있을 경우 glm 기능을 활용하여 로지스틱 회귀분석을 할 수 있지만 이 경우 이항분포(binomial distribution) 대신 유사이항분포(quasibinomial distribution)를 사용해야 한다(Kabacoff, 2015, p. 310).

과산포(overdispersion)를 확인하는 방법은 이항모형으로부터 잔차(residual deviance)와 잔차의 자유도(residual degrees of freedom)를 비교하는 것이며 그 비율은 아래에서 보는 φ(화이)가 1보다 상당히 클 때 과산포의 근거가 있다고 하겠다(Kabacoff, 2015). 아래 분석 결과를 보면 1.032로 나타나 1에 근접하고 있어 과산포의 문제는 없다고 할 수 있다.

```
Coefficients:
             Estimate Std. Error z value Pr(>|z|)
(Intercept)  1.93083    0.61032    3.164 0.001558 **
age         -0.03527    0.01736   -2.032 0.042127 *
yearsmarried  0.10062    0.02921    3.445 0.000571 ***
religiousness -0.32902   0.08945   -3.678 0.000235 ***
rating       -0.46136    0.08884   -5.193 2.06e-07 ***
---
Signif. codes:  0 '***' 0.001 '**' 0.01 '*' 0.05 '.' 0.1 ' ' 1

(Dispersion parameter for binomial family taken to be 1)

    Null deviance: 675.38  on 600  degrees of freedom
Residual deviance: 615.36  on 596  degrees of freedom
AIC: 625.36
```

$$\varphi = \frac{Residual\ deviance}{Residual\ df} = \frac{615.36}{596} = 1.032$$

> deviance(reduced)/df.residual(reduced)

```
> # Checking overdispersion
> deviance(reduced)/df.residual(reduced)
[1] 1.03248
> |
```

예제 2) 신생아의 저체중 유무(birthwt)에 대한 로지스틱 회귀분석

이 데이터는 MASS 패키지에 있는 데이터로 산모의 특성과 저체중 신생아 출산 여부
에 대한 데이터이다.

> library(MASS)

> ?birthwt

birthwt {MASS}

Risk Factors Associated with Low Infant Birth Weight

Description

The birthwt data frame has 189 rows and 10 columns. The data were collected at Baystate Medical Center, Springfield, Mass during 1986.

Usage

birthwt

Format

This data frame contains the following columns:

low

indicator of birth weight less than 2.5 kg.

age

mother's age in years.

lwt

mother's weight in pounds at last menstrual period.

race

mother's race (1 = white, 2 = black, 3 = other).

smoke

smoking status during pregnancy.

ptl

number of previous premature labours.

ht

신생아의 저체중 유무는 low(0, 1)로 코딩되었으며, bwt가 2.5kg 이하인 경우 low ＝1 그렇지 않으면 low＝0이다.

---

lwt: 산모의 체중(mother's weight)

smoke: 산모의 흡연 유무(mother's smoke)

race: 백인(1), 흑인(2), 기타(3)

ht: 산모의 고혈압(hypertension)

ui: 산모의 비뇨기 문제(uterine irritability)

```
> data(birthwt)
> head(birthwt)
```

```
> head(birthwt)
   low age lwt race smoke ptl ht ui ftv  bwt
85   0  19 182    2     0   0  0  1   0 2523
86   0  33 155    3     0   0  0  0   3 2551
87   0  20 105    1     1   0  0  0   1 2557
88   0  21 108    1     1   0  0  1   2 2594
89   0  18 107    1     1   0  0  1   0 2600
91   0  21 124    3     0   0  0  0   0 2622
```

```
> out <- glm(low ~ lwt + factor(race) + smoke + ht + ui,
        family=binomial, data=birthwt)
> summary(out)
```

```
Call:
glm(formula = low ~ lwt + factor(race) + smoke + ht + ui, family = binomial,
    data = birthwt)

Deviance Residuals:
    Min       1Q   Median       3Q      Max
-1.7396  -0.8322  -0.5359   0.9873   2.1692

Coefficients:
              Estimate Std. Error z value Pr(>|z|)
(Intercept)   0.056276   0.937853   0.060  0.95215
lwt          -0.016732   0.006803  -2.459  0.01392 *
factor(race)2 1.324562   0.521464   2.540  0.01108 *
factor(race)3 0.926197   0.430386   2.152  0.03140 *
smoke         1.035831   0.392558   2.639  0.00832 **
ht            1.871416   0.690902   2.709  0.00676 **
ui            0.904974   0.447553   2.022  0.04317 *
---
Signif. codes:  0 '***' 0.001 '**' 0.01 '*' 0.05 '.' 0.1 ' ' 1

(Dispersion parameter for binomial family taken to be 1)

    Null deviance: 234.67  on 188  degrees of freedom
Residual deviance: 204.22  on 182  degrees of freedom
AIC: 218.22

Number of Fisher Scoring iterations: 4
```

> exp(coef(out))

```
> exp(coef(out))
 (Intercept)            lwt factor(race)2 factor(race)3       smoke        ht          ui
   1.0578897      0.9834068     3.7605373     2.5248886   2.8174471   6.4974921   2.4718677
> |
```

회귀계수 2.817*smoke는 산모가 흡연을 하게 되면 신생아의 저체중(low) 승산(odds)
은 2.817배 증가함을 알 수 있다. 그리고 산모가 흑인인 경우 백인에 비해 신생아의 저
체중 승산은 3.760배 증가하는 것으로 나타났다.

　　그리고 과산포(overdispersion)를 확인하는 방법은 이항모형으로부터 잔차(residual deviance)와 잔차의 자유도(residual degrees of freedom)를 비교하는 것이며 그 비율은 아래에서 보는 φ(화이)가 1보다 상당히 클 때 과산포의 근거가 있다고 하겠다(Kabacoff, 2015). 아래 분석 결과를 보면 1.122로 나타나 1에 근접하고 있어 과산포의 근거는 없다고 할 수 있다.

```
Coefficients:
                Estimate Std. Error z value Pr(>|z|)
(Intercept)     0.056276   0.937853   0.060  0.95215
lwt            -0.016732   0.006803  -2.459  0.01392 *
factor(race)2   1.324562   0.521464   2.540  0.01108 *
factor(race)3   0.926197   0.430386   2.152  0.03140 *
smoke           1.035831   0.392558   2.639  0.00832 **
ht              1.871416   0.690902   2.709  0.00676 **
ui              0.904974   0.447553   2.022  0.04317 *
---
Signif. codes:  0 '***' 0.001 '**' 0.01 '*' 0.05 '.' 0.1 ' ' 1

(Dispersion parameter for binomial family taken to be 1)

    Null deviance: 234.67  on 188  degrees of freedom
Residual deviance: 204.22  on 182  degrees of freedom
AIC: 218.22
```

> deviance(out)/df.residual(out)

```
> # checking overdispersion
> deviance(out)/df.residual(out)
[1] 1.122069
> |
```

$$\varphi = \frac{Residual\ deviance}{Residual\ df} = \frac{204.22}{182} = 1.122$$

22 포아송 회귀분석(Poisson regression)

포아송 회귀분석(Poisson regression)은 종속변수가 어떤 주어진 시간대에 발생한 이벤트 수(count) 또는 비율을 의미한다. 즉, 그 발생이 낮은 비율이나 낮은 빈도가 종속변수인 경우(예: 인구 100,000명당 비율이나 빈도로 제시되는 경우)에 선형관계로 모형화하는 회귀분석을 의미한다. 이때 종속변수는 포아송분포(Poisson distribution)를 따른다(안재형, 2011, p. 195).

$$\text{빈도의 모형화: } \log(\mu) = \beta_0 + \beta_1 X_1 + \cdots + \beta_k X_k$$

$$\text{비율의 모형화: } \log\left(\frac{\mu}{N}\right) = \beta_0 + \beta_1 X_1 + \cdots + \beta_k X_k$$

위 식에서 보는 것처럼 μ가 log-함수를 매개로 X_i들의 선형관계로 표현되므로 포아송 회귀분석은 로그링크(log-link)가 있는 일반화 선형모형(generalized linear models)이라고 하며, 이때 분석은 glm(family=poisson) 기능을 활용한다.

> **Tip**
>
> log-linear 모형은 Poisson regression의 특수한 형태로 보통 table을 모형화할 때 사용하며, 이 경우 종속변수를 구체적으로 지정하지 않고 변수들 간의 연관성을 검정하고자 할 때 주로 사용한다. 이에 반해 logistic regression 모형은 종속변수가 결정돼 있으며 설명변수가 종속변수에 어떤 영향을 미치는가 검정하고자 할 때 활용한다(안재형, 2011, p. 201).

참고로 일반선형모형(standard linear model)은 일반화 선형모형(generalized linear model)의 특별한 경우라고 할 수 있으며, 이때 링크 기능은 glm(family=gaussian)이며, 종속변수의 분포는 정규(Gaussian) 분포를 따른다(Kabacoff, 2015, p. 304).

22.1 포아송 회귀분석(Poisson regression)

포아송 회귀분석은 일련의 연속변수 및 범주형 예측변수로부터 빈도(count) 값을 가진 결과변수를 예측할 때 활용하는 분석이다. 포아송 회귀분석을 위한 데이터로는 분석의 연속성을 위해 앞서 살펴본 로지스틱 회귀분석(logistic regression)에서 사용했던 Affairs 데이터를 활용하고자 한다. 이 데이터를 통해 구체적으로 혼외관계 발생 건수(number of affairs)를 설명할 수 있는 회귀식을 만들 수 있다. 포아송 회귀분석에서는 회귀식에서 glm(family＝poisson) 기능을 활용한다.

먼저 Affairs 데이터에서 5개의 변수(affairs, age, yearsmarried, religiousness, rating)만으로 데이터를 재구성한다.

```
> library(AER)
> data(Affairs)
> head(Affairs)
> Affairs2 <− data.frame(Affairs[, c(1,3,4,6,9)])
> head(Affairs2)
> summary(Affairs2)
```

```
> library(AER)
> data(Affairs)
> head(Affairs)
   affairs gender age yearsmarried children religiousness education occupation rating
4        0   male  37        10.00       no             3        18          7      4
5        0 female  27         4.00       no             4        14          6      4
11       0 female  32        15.00      yes             1        12          1      4
16       0   male  57        15.00      yes             5        18          6      5
23       0   male  22         0.75       no             2        17          6      3
29       0 female  32         1.50       no             2        17          5      5
> Affairs2 <- data.frame(Affairs[, c(1,3,4,6,9)])
> head(Affairs2)
   affairs age yearsmarried religiousness rating
4        0  37        10.00             3      4
5        0  27         4.00             4      4
11       0  32        15.00             1      4
16       0  57        15.00             5      5
23       0  22         0.75             2      3
29       0  32         1.50             2      5
> summary(Affairs2)
    affairs            age          yearsmarried    religiousness       rating
 Min.   : 0.000   Min.   :17.50   Min.   : 0.125   Min.   :1.000   Min.   :1.000
 1st Qu.: 0.000   1st Qu.:27.00   1st Qu.: 4.000   1st Qu.:2.000   1st Qu.:3.000
 Median : 0.000   Median :32.00   Median : 7.000   Median :3.000   Median :4.000
 Mean   : 1.456   Mean   :32.49   Mean   : 8.178   Mean   :3.116   Mean   :3.932
 3rd Qu.: 0.000   3rd Qu.:37.00   3rd Qu.:15.000   3rd Qu.:4.000   3rd Qu.:5.000
 Max.   :12.000   Max.   :57.00   Max.   :15.000   Max.   :5.000   Max.   :5.000
>
```

여기서 혼외관계 수(affairs)를 그림으로 살펴보자.

> plot(table(Affairs2$affairs))

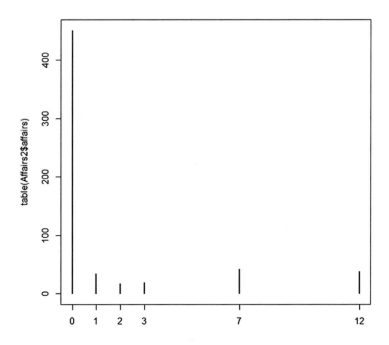

> hist(Affairs2$affairs, xlab="Affairs Count", main="Distribution of
    Affairs")

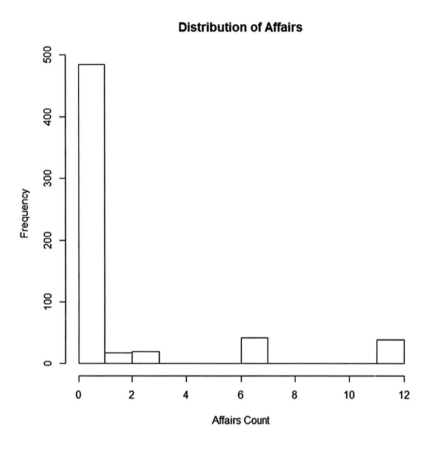

이제 glm(family=poisson) 기능을 이용하며 포아송 회귀분석을 다음과 같이 실시해
본다.

> fit <− glm(affairs ~ age + yearsmarried + religiousness + rating,
    data=Affairs2, family=poisson)
> summary(fit)

```
Call:
glm(formula = affairs ~ age + yearsmarried + religiousness +
    rating, family = poisson, data = Affairs2)

Deviance Residuals:
    Min       1Q    Median       3Q       Max
-4.4113   -1.5733   -1.1510   -0.7025    8.2652

Coefficients:
                Estimate Std. Error z value Pr(>|z|)
(Intercept)     2.748394   0.188189  14.604  < 2e-16 ***
age            -0.027057   0.005686  -4.759 1.95e-06 ***
yearsmarried    0.110078   0.009812  11.219  < 2e-16 ***
religiousness  -0.360786   0.030869 -11.688  < 2e-16 ***
rating         -0.401699   0.027285 -14.722  < 2e-16 ***
---
Signif. codes:  0 '***' 0.001 '**' 0.01 '*' 0.05 '.' 0.1 ' ' 1

(Dispersion parameter for poisson family taken to be 1)

    Null deviance: 2925.5  on 600  degrees of freedom
Residual deviance: 2377.5  on 596  degrees of freedom
AIC: 2881.5

Number of Fisher Scoring iterations: 7
```

> coef(fit)

> exp(coef(fit))

```
> coef(fit)
  (Intercept)          age  yearsmarried religiousness        rating
   2.74839370  -0.02705665    0.11007838   -0.36078639   -0.40169883
> exp(coef(fit))
  (Intercept)          age  yearsmarried religiousness        rating
   15.6175253    0.9733061     1.1163656     0.6971279     0.6691823
```

위 분석결과에서 보는 바와 같이 결혼기간이 1년 증가하면 기대되는 혼외관계 발생 건수(expected number of affairs)가 약 1.12배 증가(multiply)한다. 물론 다른 모든 변수는 동일하게 통제한 상태에서다. 이는 결혼기간이 증가할수록 혼외관계 발생 건수도 높아짐을 의미한다. 그러나 rating(결혼만족도)가 한 단위 증가하면 혼외관계 발생 건수는 0.67배 감소하는 것으로 나타난다. 즉, 연령, 결혼기간, 종교성을 동일하게 통제한 상태에서 결혼만족도가 한 단위 증가하면 기대되는 혼외관계 발생 건수는 33% 감소함을 알 수 있다(Long & Freese, 2014).

　　로지스틱 회귀분석에서와 마찬가지로 포아송 모형에서도 탈로그 계수(exponentiated parameters)는 종속변수에 더하는 효과(additive effect)가 아니라 곱하는 효과(multiplicative effect)가 있음을 기억하는 것이 중요하다. 또한 로지스틱 회귀분석에서와 같이 모형의 과산포(overdispersion)를 검정해야 한다(Kabacoff, 2015).

22.2 과산포(overdispersion)

　　과산포는 종속변수의 관찰된 분산이 기대 분산에 비해 커지는 경우에 발생하는데 과산포가 모형에 존재함에도 이를 조정하지 않으면 표준오차와 신뢰구간이 지나치게 작게 추정되어 실제 유의하지 않음에도 유의하다는 결론에 도달하게 된다.

```
> deviance(fit)/df.residual(fit)
[1] 3.989163
```

$$\varphi = \frac{Residual\ deviance}{Residual\ df} = \frac{2377.5}{596} = 3.9891$$

　　과산포에 대한 분석결과 $\varphi=1$보다 매우 큰 3.9891이 나왔으므로 과산포가 존재함을 알 수 있으므로 따라서 과산포 문제를 극복하려면 family="poisson"을 family="quasipoisson"으로 바꾸어 분석해야 한다.

　　한편, 과산포를 검정하는 또 하나의 방법으로 아래와 같이 qcc 패키지를 활용할 수도 있다. 그 결과 p=0.000으로 나타나 과산포가 존재함을 알 수 있다.

```
> library(qcc)
> qcc.overdispersion.test(Affairs$affairs, type="poisson")
```

```
> library(qcc)

 / _  |/ _/ _|   Quality Control Charts and
|  (_| |  (_| (_   Statistical Process Control
 \_  |\__\_|
    |_|       version 2.7
Type 'citation("qcc")' for citing this R package in publications.
경고메시지(들):
패키지 'qcc'는 R 버전 3.4.4에서 작성되었습니다
> qcc.overdispersion.test(Affairs2$affairs, type="poisson")

Overdispersion test Obs.Var/Theor.Var Statistic p-value
      poisson data          7.474244  4484.546       0
```

이제 과산포 문제를 해결하기 위해 family＝poisson를 family＝quasipoisson으로
대체하고 분석을 해 보자. 아래 분석결과를 보면 원래 모형에 비해 회귀계수는 동일하
지만 p-value가 다름을 알 수 있다.

> fit.od <— glm(affairs ~ age + yearsmarried + religiousness + rating,

　　　data=Affairs2, family=quasipoisson)

> summary(fit.od)

```
Coefficients:
             Estimate Std. Error t value Pr(>|t|)
(Intercept)   2.74839    0.49326   5.572 3.82e-08 ***
age          -0.02706    0.01490  -1.816   0.0699 .
yearsmarried  0.11008    0.02572   4.280 2.18e-05 ***
religiousness -0.36079   0.08091  -4.459 9.84e-06 ***
rating       -0.40170    0.07152  -5.617 2.98e-08 ***
---
Signif. codes:  0 '***' 0.001 '**' 0.01 '*' 0.05 '.' 0.1 ' ' 1

(Dispersion parameter for quasipoisson family taken to be 6.869983)

    Null deviance: 2925.5  on 600  degrees of freedom
Residual deviance: 2377.5  on 596  degrees of freedom
AIC: NA

Number of Fisher Scoring iterations: 7

> coef(fit.od)
 (Intercept)          age yearsmarried religiousness       rating
  2.74839370  -0.02705665   0.11007838  -0.36078639  -0.40169883
> exp(coef(fit.od))
 (Intercept)          age yearsmarried religiousness       rating
 15.6175253    0.9733061    1.1163656    0.6971279    0.6691823
>
```

```
Coefficients:
            Estimate Std. Error z value Pr(>|z|)
(Intercept)  2.748394   0.188189  14.604  < 2e-16 ***
age         -0.027057   0.005686  -4.759 1.95e-06 ***
yearsmarried 0.110078   0.009812  11.219  < 2e-16 ***
religiousness -0.360786  0.030869 -11.688  < 2e-16 ***
rating      -0.401699   0.027285 -14.722  < 2e-16 ***
---
Signif. codes:  0 '***' 0.001 '**' 0.01 '*' 0.05 '.' 0.1 ' ' 1

(Dispersion parameter for poisson family taken to be 1)

    Null deviance: 2925.5  on 600  degrees of freedom
Residual deviance: 2377.5  on 596  degrees of freedom
AIC: 2881.5

Number of Fisher Scoring iterations: 7
```

[그림 22-1] fit 모형의 결과

```
Coefficients:
            Estimate Std. Error t value Pr(>|t|)
(Intercept)  2.74839    0.49326   5.572 3.82e-08 ***
age         -0.02706    0.01490  -1.816   0.0699 .
yearsmarried 0.11008    0.02572   4.280 2.18e-05 ***
religiousness -0.36079   0.08091  -4.459 9.84e-06 ***
rating      -0.40170    0.07152  -5.617 2.98e-08 ***
---
Signif. codes:  0 '***' 0.001 '**' 0.01 '*' 0.05 '.' 0.1 ' ' 1

(Dispersion parameter for quasipoisson family taken to be 6.869983)

    Null deviance: 2925.5  on 600  degrees of freedom
Residual deviance: 2377.5  on 596  degrees of freedom
AIC: NA

Number of Fisher Scoring iterations: 7
```

[그림 22-2] fit.od 모형의 결과

[그림 22-1]과 [그림 22-2]를 비교하면 Quasi-Poisson 방법으로 추정된 회귀계수는 Poisson 방법에서와 동일하지만 표준오차(standard error)가 커져 있음을 알 수 있다. 이 경우 커진 표준오차는 age의 p값을 0.05보다 크게 만들었음을 알 수 있다. 즉, 과산포를 조정한 상태에서 연령은 더 이상 유의하지 않은 것으로 나타났다(p=0.070).

22.3 ZERO-INFLATED POISSON REGRESSION

포아송 모델에서는 예측된 건수보다 수집된 데이터에서 확인되는 제로이벤트 발생 건수가 더 많을 수 있다. 즉, 표본에서 분석하고자 하는 이벤트(결과변수)가 결코 발생하지 않는 경우가 많이 있다. 예를 들어, Affairs 데이터에서 결과 변수인 affairs는 조사대상자 중에서 지난해 경험한 혼외관계 경험 건수를 나타내는 데이터이다. 그런데 조사대상자 중에는 혼외관계를 결코 경험하지 않는 배우자에게 매우 충실한 사람들이 있다. 이런 경우를 구조적 제로이벤트(structural zeros)라고 부른다. 이러한 제로이벤트가 확대된(inflated) 포아송 모형에서는 pscl 패키지에 있는 기능을 활용해 보다 엄격하게 분석할 수 있다(Jackman, 2017).

```
> library(AER)
> head(Affairs)
> summary(Affairs)
> table(Affairs$affairs)
```

```
> library(AER)
필요한 패키지를 로딩중입니다: survival
> head(Affairs)
Error in head(Affairs) : 객체 'Affairs'를 찾을 수 없습니다
> data(Affairs)
> head(Affairs)
   affairs gender age yearsmarried children religiousness education occupation rating
4        0   male  37       10.00       no              3        18          7      4
5        0 female  27        4.00       no              4        14          6      4
11       0 female  32       15.00      yes              1        12          1      4
16       0   male  57       15.00      yes              5        18          6      5
23       0   male  22        0.75       no              2        17          6      3
29       0 female  32        1.50       no              2        17          5      5
> summary(Affairs)
    affairs           gender         age         yearsmarried      children    religiousness
 Min.   : 0.000   female:315   Min.   :17.50   Min.   : 0.125   no :171   Min.   :1.000
 1st Qu.: 0.000   male  :286   1st Qu.:27.00   1st Qu.: 4.000   yes:430   1st Qu.:2.000
 Median : 0.000                Median :32.00   Median : 7.000             Median :3.000
 Mean   : 1.456                Mean   :32.49   Mean   : 8.178             Mean   :3.116
 3rd Qu.: 0.000                3rd Qu.:37.00   3rd Qu.:15.000             3rd Qu.:4.000
 Max.   :12.000                Max.   :57.00   Max.   :15.000             Max.   :5.000
   education       occupation        rating
 Min.   : 9.00   Min.   :1.000   Min.   :1.000
 1st Qu.:14.00   1st Qu.:3.000   1st Qu.:3.000
 Median :16.00   Median :5.000   Median :4.000
 Mean   :16.17   Mean   :4.195   Mean   :3.932
 3rd Qu.:18.00   3rd Qu.:6.000   3rd Qu.:5.000
 Max.   :20.00   Max.   :7.000   Max.   :5.000
> table(Affairs$affairs)

  0   1   2   3   7  12
451  34  17  19  42  38
```

```
> plot(table(Affairs$affairs), xlab="Number of extramarital affairs",
     ylab="Frequency")
```

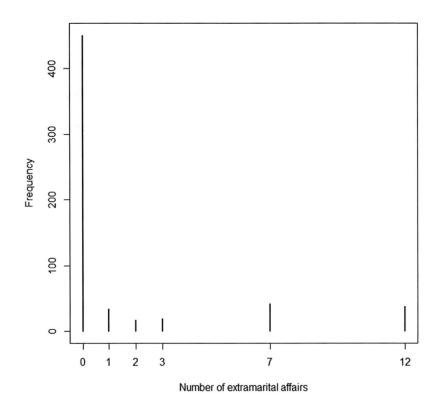

제로이벤트가 많은 경우, 즉 zero inflation을 해결하는 방법으로 hurdle NB regression 모형과 zero inflated NB regression 모형이 있는데 차례로 분석해 보자.

```
# 허들 모형 이용법 (hurdle NB regression to deal with zero inflation)

> fit.hurdle <- hurdle(affairs ~ age + yearsmarried + religiousness +
     rating, data=Affairs, dist="negbin")
> summary(fit.hurdle)
```

```
Call:
hurdle(formula = affairs ~ age + yearsmarried + religiousness + rating, data = Affairs,
    dist = "negbin")

Pearson residuals:
    Min     1Q Median     3Q    Max
-0.8874 -0.4256 -0.3219 -0.2184 10.8266

Count model coefficients (truncated negbin with log link):
              Estimate Std. Error z value Pr(>|z|)
(Intercept)   2.079194   0.417452   4.981 6.34e-07 ***
age           0.001471   0.013699   0.107   0.9145
yearsmarried  0.045859   0.024012   1.910   0.0562 .
religiousness -0.177129   0.071023  -2.494   0.0126 *
rating        -0.134021   0.065927  -2.033   0.0421 *
Log(theta)     0.441007   0.251842   1.751   0.0799 .
Zero hurdle model coefficients (binomial with logit link):
              Estimate Std. Error z value Pr(>|z|)
(Intercept)    1.93083    0.61028   3.164 0.001557 **
age           -0.03527    0.01736  -2.032 0.042128 *
yearsmarried   0.10062    0.02921   3.445 0.000571 ***
religiousness -0.32902    0.08945  -3.678 0.000235 ***
rating        -0.46136    0.08883  -5.194 2.06e-07 ***
---
Signif. codes:  0 '***' 0.001 '**' 0.01 '*' 0.05 '.' 0.1 ' ' 1

Theta: count = 1.5543
Number of iterations in BFGS optimization: 15
Log-likelihood: -699.5 on 11 Df
> exp(coef(fit.hurdle))
  count_(Intercept)           count_age count_yearsmarried count_religiousness          count_rating
          7.9980209           1.0014722          1.0469263           0.8376720             0.8745714
   zero_(Intercept)            zero_age  zero_yearsmarried  zero_religiousness           zero_rating
          6.8952321           0.9653437          1.1058594           0.7196258             0.6304248
```

\# 제로인플레이션 모형 이용법 (Zero inflated NB regression)

> fit.zinf <− zeroinfl(affairs ~ age + yearsmarried + religiousness +
      rating, data=Affairs, dist="negbin")

> summary(fit.zinf)

```
Call:
zeroinfl(formula = affairs ~ age + yearsmarried + religiousness + rating, data = Affairs,
    dist = "negbin")

Pearson residuals:
    Min      1Q  Median      3Q     Max
-0.8764 -0.4253 -0.3227 -0.2133 10.9317

Count model coefficients (negbin with log link):
              Estimate Std. Error z value Pr(>|z|)
(Intercept)   2.070708   0.416152   4.976 6.5e-07 ***
age           0.001347   0.013786   0.098  0.9222
yearsmarried  0.046032   0.024340   1.891  0.0586 .
religiousness -0.171920   0.070077  -2.453  0.0142 *
rating        -0.134791   0.066225  -2.035  0.0418 *
Log(theta)    0.445297   0.250764   1.776  0.0758 .

Zero-inflation model coefficients (binomial with logit link):
              Estimate Std. Error z value Pr(>|z|)
(Intercept)   -2.14308    0.66462  -3.225 0.00126 **
age            0.03704    0.01851   2.001 0.04539 *
yearsmarried  -0.09488    0.03157  -3.005 0.00265 **
religiousness  0.30798    0.09547   3.226 0.00126 **
rating         0.45490    0.09624   4.727 2.28e-06 ***
---
Signif. codes:  0 '***' 0.001 '**' 0.01 '*' 0.05 '.' 0.1 ' ' 1

Theta = 1.561
Number of iterations in BFGS optimization: 19
Log-likelihood: -699.6 on 11 Df
> exp(coef(fit.zinf))
  count_(Intercept)         count_age   count_yearsmarried count_religiousness         count_rating
          7.9304362         1.0013474            1.0471076           0.8420468            0.8738989
   zero_(Intercept)          zero_age    zero_yearsmarried  zero_religiousness          zero_rating
          0.1172925         1.0377332            0.9094787           1.3606699            1.5760128
```

```
Zero hurdle model coefficients (binomial with logit link):
              Estimate Std. Error z value Pr(>|z|)
(Intercept)   1.93083    0.61028   3.164 0.001557 **
age          -0.03527    0.01736  -2.032 0.042128 *
yearsmarried  0.10062    0.02921   3.445 0.000571 ***
religiousness -0.32902    0.08945  -3.678 0.000235 ***
rating       -0.46136    0.08883  -5.194 2.06e-07 ***
---
Signif. codes:  0 '***' 0.001 '**' 0.01 '*' 0.05 '.' 0.1 ' ' 1
```

> 허들 모형(hurdle model)에서 제로허들 계수는 이벤트 발생 (positive count) 확률을 나타내는 반면에 ZINB 모형에서 제로팽창 계수는 이벤트 0 (zero count)이 발생할 확률을 나타낸다.

```
Theta: count = 1.5543
Number of iterations in BFGS optimization: 15
Log-likelihood: -699.5 on 11 Df
> exp(coef(fit.hurdle))
  count_(Intercept)         count_age   count_yearsmarried count_religiousness         count_rating
          7.9980209         1.0014722            1.0469263           0.8376720            0.8745714
   zero_(Intercept)          zero_age    zero_yearsmarried  zero_religiousness          zero_rating
          6.8952321         0.9653437            1.1058594           0.7196258            0.6304248
```

```
Zero-inflation model coefficients (binomial with logit link):
              Estimate Std. Error z value Pr(>|z|)
(Intercept)   -2.14308    0.66462  -3.225 0.00126 **
age            0.03704    0.01851   2.001 0.04539 *
yearsmarried  -0.09488    0.03157  -3.005 0.00265 **
religiousness  0.30798    0.09547   3.226 0.00126 **
rating         0.45490    0.09624   4.727 2.28e-06 ***
---
Signif. codes:  0 '***' 0.001 '**' 0.01 '*' 0.05 '.' 0.1 ' ' 1

Theta = 1.561
Number of iterations in BFGS optimization: 19
Log-likelihood: -699.6 on 11 Df
> exp(coef(fit.zinf))
  count_(Intercept)         count_age   count_yearsmarried count_religiousness         count_rating
          7.9304362         1.0013474            1.0471076           0.8420468            0.8738989
   zero_(Intercept)          zero_age    zero_yearsmarried  zero_religiousness          zero_rating
          0.1172925         1.0377332            0.9094787           1.3606699            1.5760128
```

[그림 22-3] 허들 모형과 제로인플레이션 모형 분석 결과

[그림 22-3]의 상단에 있는 허들 모형(hurdle model)에서 제로허들 계수는 이벤트 발생 (positive count) 확률을 나타내는 반면에 하단에 있는 제로인플레이션(ZINB) 모형에서 제로팽창 계수는 이벤트 0(zero count)이 발생할 확률을 나타낸다.

전체적으로 두 모형 모두 동일한 결과해석과 매우 유사한 모형 적합도를 나타낸다. 하지만 허들 모형이 해석하기가 더 좋기 때문에 조금 더 선호되는 모형이라고 할 수 있다. 허들 모형에서는 결혼기간이 증가할수록 혼외관계 발생 건수는 1.10배 증가하는 것으로 나타난 반면, 연령, 종교성, 그리고 결혼만족도가 증가할수록 혼외관계 발생 건수는 각각 3.5%, 28%, 그리고 37% 감소하는 것으로 나타났다.

(예제 2) "bioChemists" 데이터를 활용한 Poisson regression

```
> library(pscl)
> ?bioChemists
```

다음 bioChemists 데이터는 미국 대학의 생화학 전공 박사과정 대학원생들의 논문 발표 건수에 대한 데이터이다. 먼저 데이터의 변수구성과 논문발표 건수의 빈도 플롯은 다음과 같다.

```
                  article production by graduate students in biochemistry Ph.D. programs

Description

A sample of 915 biochemistry graduate students.

Usage

data(bioChemists)

Format

art

        count of articles produced during last 3 years of Ph.D.

fem

        factor indicating gender of student, with levels Men and Women

mar

        factor indicating marital status of student, with levels Single and Married

kid5

        number of children aged 5 or younger

phd

        prestige of Ph.D. department

ment

        count of articles produced by Ph.D. mentor during last 3 years
```

art: 박사과정 대학원생의 지난 3년간 논문발표 건수

fem: 대학원생의 성별

mar: 대학원생의 결혼 유무(미혼, 기혼)

kid5: 5세 이하 자녀의 수

phd: 박사과정 학과의 명성

ment: 멘토(지도교수)의 지난 3년간 논문발표 건수

```
> head(bioChemists)
> bio <- bioChemists
> head(bio)
```

```
> head(bioChemists)
  art   fem      mar kid5  phd ment
1   0   Men  Married    0 2.52    7
2   0 Women   Single    0 2.05    6
3   0 Women   Single    0 3.75    6
4   0   Men  Married    1 1.18    3
5   0 Women   Single    0 3.75   26
6   0 Women  Married    2 3.59    2
> ?bioChemists
> bio=bioChemists
> head(bio)
  art   fem      mar kid5  phd ment
1   0   Men  Married    0 2.52    7
2   0 Women   Single    0 2.05    6
3   0 Women   Single    0 3.75    6
4   0   Men  Married    1 1.18    3
5   0 Women   Single    0 3.75   26
6   0 Women  Married    2 3.59    2
```

> plot(table(bio$art))

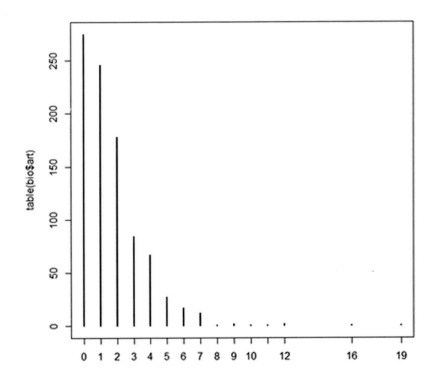

이제 art를 종속변수로 하고 모든 변수를 poisson 회귀분석에 포함하면 다음 결과를 얻게 된다.

> fit.poisson <− glm(art ~ fem + mar + kid5 + phd + ment,
family=poisson, data=bio)

> summary(fit.poisson)

```
> # fit poisson regression
> fit.poisson <- glm(art ~ fem + mar + kid5 + phd + ment, data=bio, family=poisson)
> summary(fit.poisson)

Call:
glm(formula = art ~ fem + mar + kid5 + phd + ment, family = poisson,
    data = bio)

Deviance Residuals:
    Min      1Q   Median       3Q      Max
-3.5672  -1.5398  -0.3660   0.5722   5.4467

Coefficients:
             Estimate Std. Error z value Pr(>|z|)
(Intercept)  0.304617   0.102981   2.958   0.0031 **
femWomen    -0.224594   0.054613  -4.112 3.92e-05 ***
marMarried   0.155243   0.061374   2.529   0.0114 *
kid5        -0.184883   0.040127  -4.607 4.08e-06 ***
phd          0.012823   0.026397   0.486   0.6271
ment         0.025543   0.002006  12.733  < 2e-16 ***
---
Signif. codes:  0 '***' 0.001 '**' 0.01 '*' 0.05 '.' 0.1 ' ' 1

(Dispersion parameter for poisson family taken to be 1)

    Null deviance: 1817.4  on 914  degrees of freedom
Residual deviance: 1634.4  on 909  degrees of freedom
AIC: 3314.1

Number of Fisher Scoring iterations: 5

> exp(coef(fit.poisson))
(Intercept)    femWomen  marMarried        kid5         phd        ment
  1.3561053   0.7988403   1.1679422   0.8312018   1.0129051   1.0258718
> |
```

위 분석결과를 보면 대학원생이 여성인 경우 기대되는 논문발표 건수가 20% 감소하며, 기혼자의 경우 1.17배 증가함을 알 수 있다. 그리고 5세 이하의 자녀가 1명 증가할수록 논문발표 건수는 17% 감소하며, 멘토의 논문발표 건수가 1개 증가할수록 1.02배 증가하는 것으로 나타났다.

하지만 Poisson 회귀분석의 경우 과산포(overdispersion)의 경우를 확인해야 하는데 이는 과산포가 모형에 존재함에도 이를 조정하지 않으면 신뢰구간이 지나치게 작게 추정되어 실제 유의하지 않은 결과를 유의하다고 할 수 있기 때문이다. 따라서 아래 계산 기능을 활용하여 과산포를 확인한 결과 과산포가 1보다 상당히 큰 1.80으로 나타났으므로 과산포가 있다고 할 수 있다. 그리고 qcc.overdispersion.test( ) 기능을 활용한 결과도 과산포가 없다는 영가설을 기각하게 됨을 알 수 있다($p < 0.001$).

> deviance(fit.poisson)/df.residual(fit.poisson)

> library(qcc)

> qcc.overdispersion.test(bio$art, type="poisson")

```
> deviance(fit.poisson)/df.residual(fit.poisson)
[1] 1.797988
> library(qcc)
Package 'qcc', version 2.6
Type 'citation("qcc")' for citing this R package in publications.
> qcc.overdispersion.test(bio$art, type="poisson")

Overdispersion test Obs.Var/Theor.Var Statistic p-value
        poisson data          2.191358 2002.901       0
```

과산포(overdispersion)가 존재하는 경우 과산포를 조정하기 위해서는 일반적으로 다음과 같이 quasipoisson model을 이용하는 것이 바람직하다.

> fit.qpoisson <− glm(art ~ fem + mar + kid5 + phd + ment,
      family=quasipoisson, data=bio)
> summary(fit.qpoisson)

```
> fit.qpoisson <- glm(art ~ fem + mar + kid5 + phd + ment, data=bio, family=quasipoisson)
> summary(fit.qpoisson)

Call:
glm(formula = art ~ fem + mar + kid5 + phd + ment, family = quasipoisson,
    data = bio)

Deviance Residuals:
    Min      1Q   Median      3Q      Max
-3.5672  -1.5398  -0.3660   0.5722   5.4467

Coefficients:
             Estimate Std. Error t value Pr(>|t|)
(Intercept)  0.304617   0.139273   2.187 0.028983 *
femWomen    -0.224594   0.073860  -3.041 0.002427 **
marMarried   0.155243   0.083003   1.870 0.061759 .
kid5        -0.184883   0.054268  -3.407 0.000686 ***
phd          0.012823   0.035700   0.359 0.719544
ment         0.025543   0.002713   9.415  < 2e-16 ***
---
Signif. codes:  0 '***' 0.001 '**' 0.01 '*' 0.05 '.' 0.1 ' ' 1

(Dispersion parameter for quasipoisson family taken to be 1.829006)

    Null deviance: 1817.4  on 914  degrees of freedom
Residual deviance: 1634.4  on 909  degrees of freedom
AIC: NA

Number of Fisher Scoring iterations: 5

> exp(coef(fit.qpoisson))
(Intercept)    femWomen  marMarried        kid5         phd        ment
  1.3561053   0.7988403   1.1679422   0.8312018   1.0129051   1.0258718
> |
```

위 분석결과를 보면 family＝poisson 모형에 비해 회귀계수는 동일하지만 표준오차가 커져 있음을 알 수 있다. 따라서 mar(결혼유무)는 더 이상 유의하지 않은 것으로 나타났다. 결과를 해석하면 대학원생이 여성인 경우 기대 논문발표 건수가 20% 감소하며 5세 이하의 자녀가 1명 증가할수록 논문발표 건수는 17% 감소한다. 그리고 멘토의 논문발표 건수가 1개 증가할수록 대학원생의 발표 건수는 1.02배 증가하는 것으로 나타났다.

그리고 기본적인 카운트(count) 데이터의 분포에서 설명될 수 있는 것보다 더 많은 제로 케이스(zero observations)가 있는 경우 허들 모형(negative binomial hurdle model)이 더 적합하다고 하겠다. 따라서 다음과 같이 허들 모형으로 회귀 모형을 분석해 보자.

> fit.hd <− hurdle(art ~ fem + mar + kid5 + phd + ment, data=bio,
  dist="negbin")

> summary(fit.hd)

```
Call:
hurdle(formula = art ~ fem + mar + kid5 + phd + ment, data = bio, dist = "negbin")

Pearson residuals:
    Min      1Q  Median      3Q     Max
-1.2581 -0.8036 -0.2497  0.4745  6.2753

Count model coefficients (truncated negbin with log link):
             Estimate Std. Error z value Pr(>|z|)
(Intercept)  0.355125   0.196832   1.804  0.07120 .
femWomen    -0.244672   0.097218  -2.517  0.01184 *
marMarried   0.103417   0.109430   0.945  0.34463
kid5        -0.153260   0.072229  -2.122  0.03385 *
phd         -0.002933   0.048067  -0.061  0.95134
ment         0.023738   0.004287   5.537 3.07e-08 ***
Log(theta)   0.603472   0.224995   2.682  0.00731 **
Zero hurdle model coefficients (binomial with logit link):
             Estimate Std. Error z value Pr(>|z|)
(Intercept)  0.23680    0.29552   0.801   0.4230
femWomen    -0.25115    0.15911  -1.579   0.1144
marMarried   0.32623    0.18082   1.804   0.0712 .
kid5        -0.28525    0.11113  -2.567   0.0103 *
phd          0.02222    0.07956   0.279   0.7800
ment         0.08012    0.01302   6.155 7.52e-10 ***
---
Signif. codes:  0 '***' 0.001 '**' 0.01 '*' 0.05 '.' 0.1 ' ' 1

Theta: count = 1.8285
Number of iterations in BFGS optimization: 15
Log-likelihood: -1553 on 13 Df
> exp(coef(fit.hd))
 count_(Intercept)    count_femWomen  count_marMarried         count_kid5        count_phd
        1.4263586         0.7829614         1.1089540          0.8579068        0.9970710
        count_ment   zero_(Intercept)     zero_femWomen    zero_marMarried        zero_kid5
        1.0240221         1.2671826         0.7779048          1.3857390        0.7518272
          zero_phd          zero_ment
        1.0224681         1.0834185
```

허들 모형(hurdle model)에서 제로허들 계수는 이벤트 발생(positive count) 확률을 나타낸다. 즉, 허들 모형은 논문발표 건수를 나타내는 기능을 보여 준다. 즉, 5세 이하 아이가 1명 증가할 경우 기대되는 논문발표 건수는 25% 감소하며, 멘토의 논문발표 건수가 1개 증가할수록 대학원생의 논문발표 건수도 1.08배 증가, 즉 8% 증가하는 것으로 나타났다.

IV

jamovi 통계분석*

---

* 여기에 사용된 예제와 데이터는 제2부, 제3부와 동일하므로 보다 자세한 설명은 제2부, 제3부를 참고하
 기 바란다.

23 jamovi 설치하기

23.1 jamovi 설치하기

R을 기반으로 하는 jamovi는 오픈소스(open-source) 무료 프로그램으로 jamovi 웹사이트 https://www.jamovi.org/에서 다운받아 설치할 수 있다.

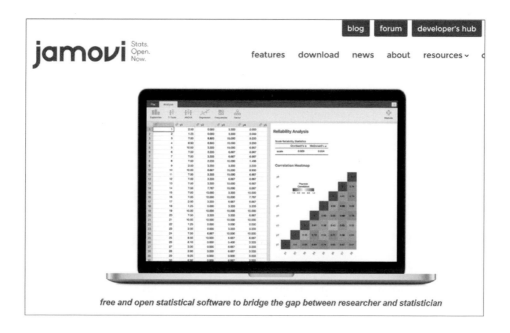

free and open statistical software to bridge the gap between researcher and statistician

jamovi는 현재 안정된(solid) 버전과 베타 버전으로 나누어 제공되는데 다음 그림에서 왼쪽에 있는 0.9.2.8 solid 버전을 다운받아 설치하면 된다.

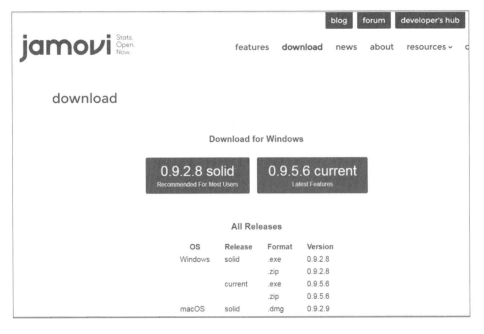

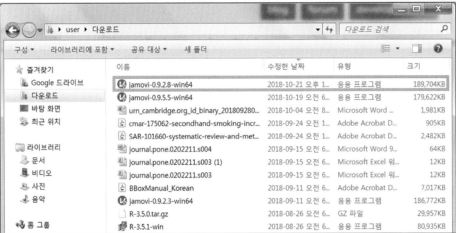

jamovi를 만든 사람들은 Jonathon Love, Damian Dropmann, Ravi Selker로 이들은 모두 소프트웨어 개발, 통계학 및 관련 과학에 종사하던 사람들이다. 이들은 가능하면 모든 사람이 쉽게 활용할 수 있는 통계분석 패키지를 만드는 일에 큰 사명감을 가지고 jamovi 프로젝트를 시작하였으며 jamovi에 관심있는 모든 사람과 함께 개발에 참여하고 사용할 수 있도록 ("community driven") 계속 발전시켜 나가고 있다.

CITE US

Used jamovi for your publication? Please consider adding the following reference:

jamovi project (2018). jamovi (Version 0.9) [Computer Software]. Retrieved from https://www.jamovi.org

Want to cite the specific R packages and jamovi modules used for your analyses too? We will soon add a citation system to jamovi that allows you to do just that.

THE TEAM

JONATHON LOVE
Co-founder

DAMIAN DROPMANN
Co-founder

RAVI SELKER
Co-founder

about

We are a team of enthusiastic and experienced developers with backgrounds in software development, statistics, and science. Having worked together as developers and designers of other graphical statistical software, we found that our goals and ambitions consistently went beyond their scope, and decided the best way to move forward was to found a new project: the jamovi project

The jamovi project was founded to develop a free and open statistical platform which is intuitive to use, and can provide the latest developments in statistical methodology. At the core of the jamovi philosophy, is that scientific software should be "community driven", where anyone can develop and publish analyses, and make them available to a wide audience.

CONTACT US

If you have any questions about the jamovi project please visit the forum.

E-mail   contact@jamovi.org
Twitter   @jamoviStats
Facebook @jamoviStats

그리고 jamovi는 R 프로그램의 패키지인 jmv를 기반으로 하여 만든 프로그램으로 실제 jamovi에서 jmv 명령어를 활용할 수 있도록 고안되었다.

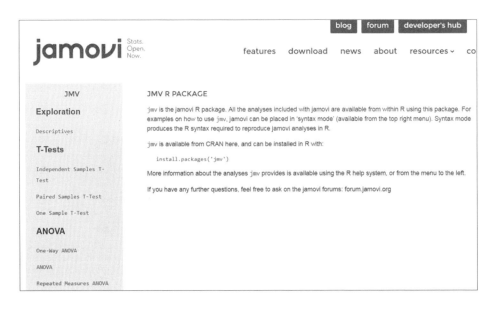

jamovi의 특성은 소프트웨어의 제3세대 프로그램으로서 기존의 상업적 통계분석 패키지인 SPSS나 SAS에 대한 대안으로 누구나 쉽게 활용할 수 있도록 만들어졌다. 또한 jamovi는 R 기반 및 통합 프로그램으로서 실제 분석에서 R 코드를 제공한다. 무엇보다 jamovi는 공개된 무료 프로그램(free and opn)으로서 연구자들에 의한 연구자들을 위한 프로그램이라고 할 수 있다.

free and open statistical software to bridge the gap between researcher and statistician

STATS MADE SIMPLE

jamovi is a new "3rd generation" statistical spreadsheet. designed from the ground up to be easy to use, jamovi is a compelling alternative to costly statistical products such as SPSS and SAS.

R INTEGRATION

jamovi is built on top of the R statistical language, giving you access to the best the statistics community has to offer. would you like the R code for your analyses? jamovi can provide that too.

FREE AND OPEN

jamovi will always be free and open - that's one of our core values - because jamovi is made by the scientific community, for the scientific community.

그리고 jamovi는 데이터를 spreadsheet 형식으로 편집 가능하며 다양한 분석 기능을 제공함과 동시에 분석결과를 재현가능하도록(reproducibility) 하는 특성을 갖추고 있다. 아울러 분석결과가 논문 등 출간물에 바로 포함할 수 있을 정도로 정제된 학술적인 결과로 제시되고 있다.

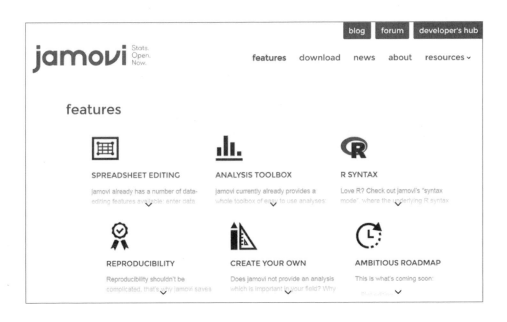

한편 jamovi는 몇몇의 헌신적이고 소명감 넘치는 개발연구자들로 구성되어 유지되고 발전되기 때문에 이 jamovi 프로젝트에 일반인들이 다양한 방법으로 참여할 수 있기를 바라고 있다. 특히 jamovi 프로그램을 함께 개발할 수 있는 사람 그리고 프로그램을 옹호하며 아울러 재정적으로 기여할 수 있는 사람들을 언제나 찾고 있다.

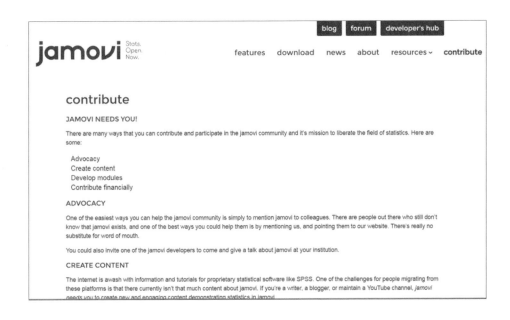

23.2 데이터 불러오기

jamovi를 실행한 초기 모습은 다음과 같으며, 오른쪽에 jamovi 버전을 표시하고 있다.

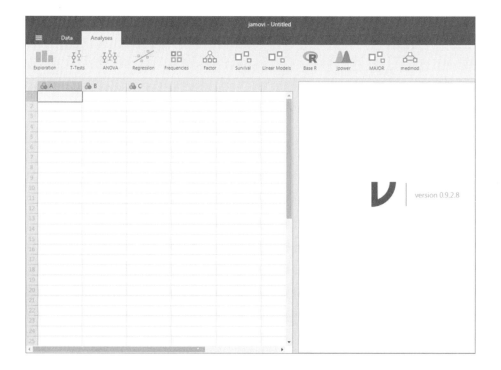

먼저 데이터를 불러오기 위해 왼쪽 상단 메뉴 바를 클릭한다.

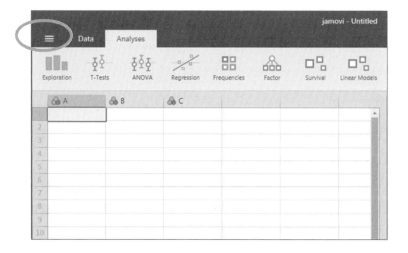

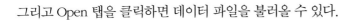

그리고 Open 탭을 클릭하면 데이터 파일을 불러올 수 있다.

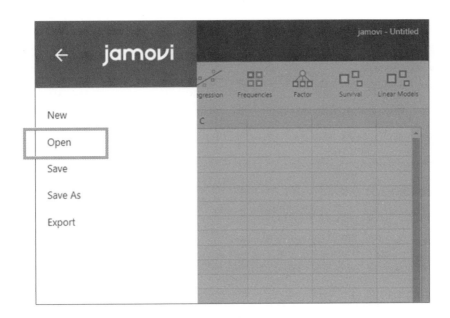

jamovi는 SPSS, Stata, SAS 파일들을 불러올 수 있지만 기본적으로 콤마로 구분된
.csv 파일을 가장 많이 활용한다.

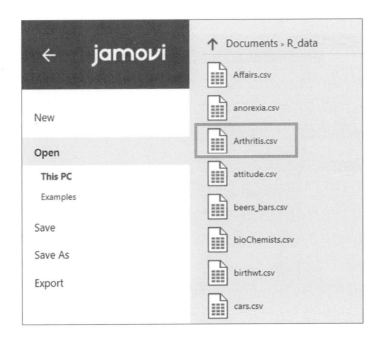

다음은 Arthritis 파일을 불러온 모습이며 오른쪽 상단에 파일 이름이 표시된다.

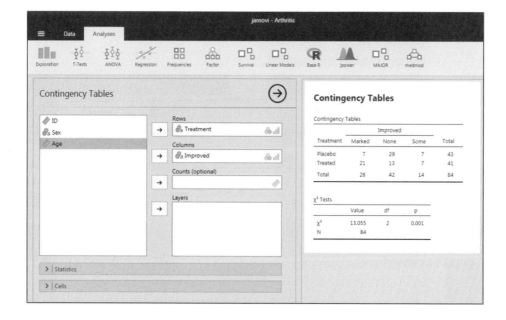

아래는 Arthritis 데이터로 카이스퀘어 검정 분석을 실시한 결과이다.

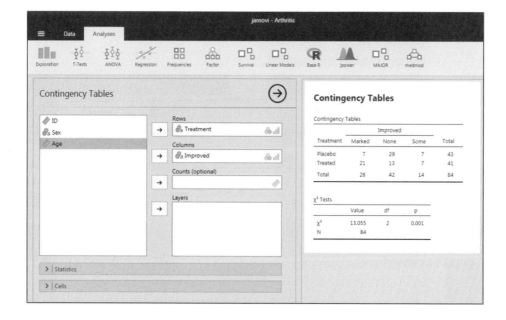

한편 카이스퀘어 검정 분석내용을 다음과 같이 jamovi 파일로 (.omv) 저장할 수 있다.

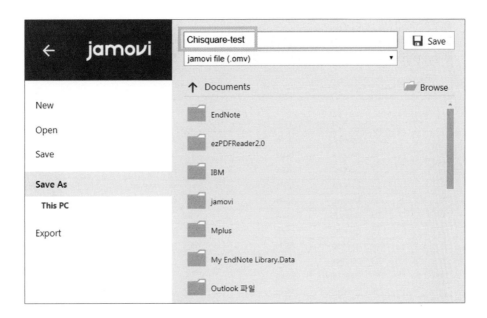

아래는 Chisquare-test.omv 파일로 저장된 모습이며, 나중에 이 파일를 불러온 후 분석을 계속 연결해 나갈 수 있다.

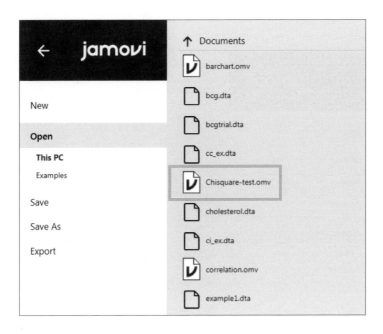

그리고 jamovi에서는 다음과 같이 분석 중인 데이터를 수정하고 저장할 수 있다(Arthritis.csv).

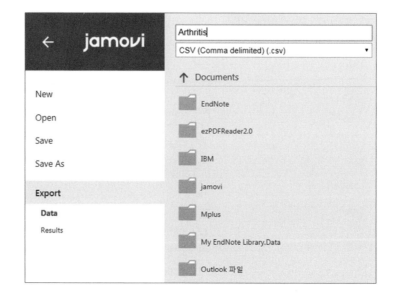

데이터를 저장하기 위해서는 Export ⇨ Data를 클릭한다.

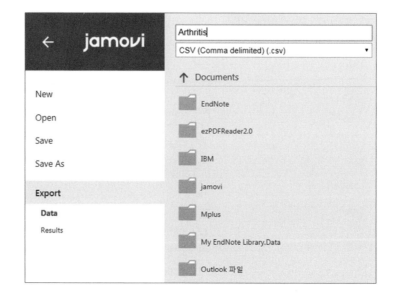

또한 분석결과를 다음과 같이 pdf 파일(Chisquare-test.pdf)로 저장할 수 있다.

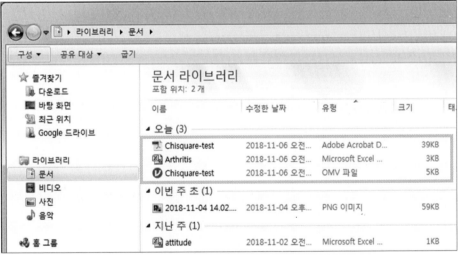

그리고 저장된 분석결과(Chisquare-test.pdf)를 다음과 같이 불러올 수 있다.

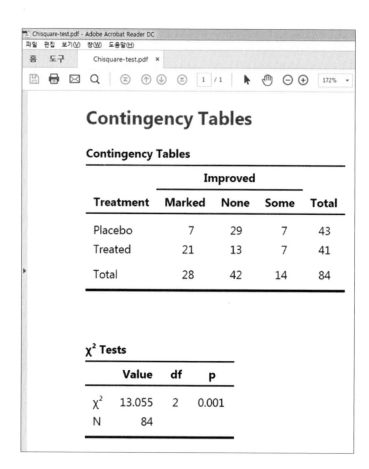

24 빈도분석과 기술통계량

24.1 빈도분석

먼저 빈도분석을 위한 데이터(mtcars.csv)를 불러온다.

	mpg	cyl	disp	hp	drat	wt
1	21.0	6	160.0	110	3.90	
2	21.0	6	160.0	110	3.90	
3	22.8	4	108.0	93	3.85	
4	21.4	6	258.0	110	3.08	
5	18.7	8	360.0	175	3.15	
6	18.1	6	225.0	105	2.76	
7	14.3	8	360.0	245	3.21	
8	24.4	4	146.7	62	3.69	
9	22.8	4	140.8	95	3.92	
10	19.2	6	167.6	123	3.92	
11	17.8	6	167.6	123	3.92	
12	16.4	8	275.8	180	3.07	

jamovi - mtcars2

Data　Analyses

Exploration　T-Tests　ANOVA　Regression　Frequencies　Factor　Survival　Linear Models

그리고 데이터의 기본 탐색적 분석을 위해 메뉴 Exploration ⇨ Descriptives를 클릭한다.

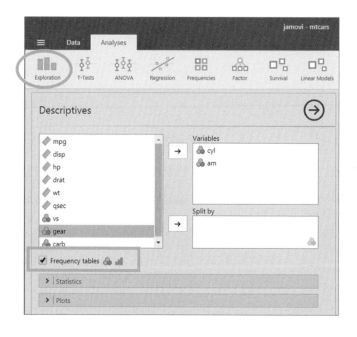

메뉴에서 분석할 변수를 선택한 후 빈도표(Frequency tables)를 체크한다. 이때 변수는 명목(nominal) 또는 서열(ordinal) 변수이다. 그러면 분석결과 창에 다음의 결과가 나타난다.

Frequencies of cyl

Levels	Counts	% of Total	Cumulative %
4	11	34.4 %	34.4 %
6	7	21.9 %	56.3 %
8	14	43.8 %	100.0 %

Frequencies of am

Levels	Counts	% of Total	Cumulative %
0	19	59 %	59 %
1	13	41 %	100 %

24.2 기술통계량

기술통계량 분석을 위해 데이터(trees.csv)를 불러온다. 이 데이터는 나무의 둘레, 높이, 부피에 관한 데이터이다.

	Girth	Height	Volume		
1	8.3	70	10.3		
2	8.6	65	10.3		
3	8.8	63	10.2		
4	10.5	72	16.4		
5	10.7	81	18.8		
6	10.8	83	19.7		
7	11.0	66	15.6		
8	11.0	75	18.2		
9	11.1	80	22.6		
10	11.2	75	19.9		
11	11.3	79	24.2		
12	11.4	76	21.0		

그리고 빈도분석과 마찬가지로 메뉴 Exploration ➪ Descriptives를 클릭한다.

기술통계량 분석을 위한 변수를 선택하고 필요한 통계량을 체크하면 다음과 같은 결과가 나타난다. 여기서 변수는 연속(continuous) 변수이다.

Descriptives

	Girth	Height	Volume
N	31	31	31
Missing	0	0	0
Mean	13.248	76.000	30.171
Median	12.900	76	24.200
Standard deviation	3.138	6.372	16.438
Variance	9.848	40.600	270.203
Minimum	8.300	63	10.200
Maximum	20.600	87	77.000
Skewness	0.553	-0.394	1.119
Std. error skewness	0.421	0.421	0.421
Kurtosis	-0.435	-0.451	0.773
Std. error kurtosis	0.821	0.821	0.821
25th percentile	11.050	72.000	19.400
50th percentile	12.900	76.000	24.200
75th percentile	15.250	80.000	37.300

다양한 그림(플롯) 그리기[6]

24.3.1 박스플롯

먼저 아래와 같이 trees 데이터의 Volume 변수에 대한 박스플롯을 그릴 수 있다.

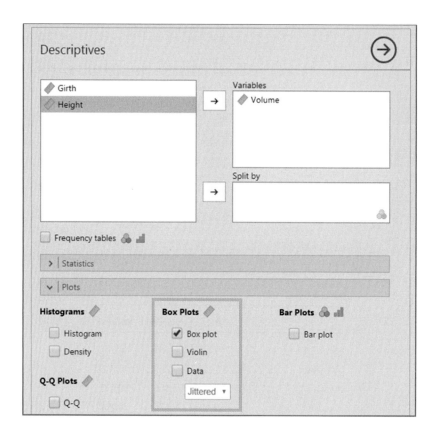

---

6) 각 그림에 대한 해석은 제2부 5장을 참조하기 바란다.

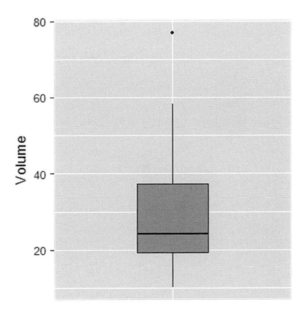

그리고 mtcars 데이터에서 mpg(연비)를 cyl(실린더)별로 나타낼 수 있다.

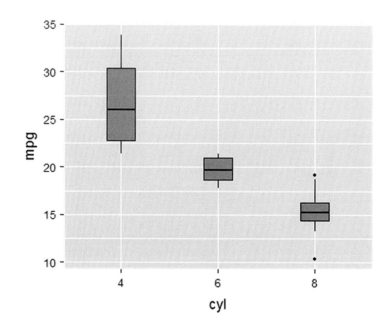

24.3.2 히스토그램

trees 데이터의 Volume에 대한 히스토그램을 아래와 같이 만들 수 있다.

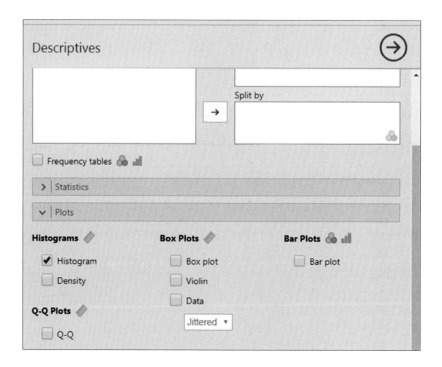

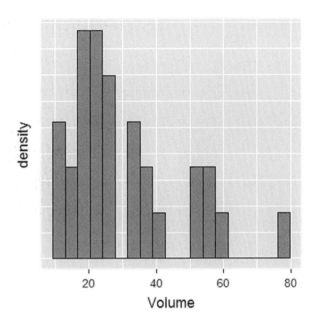

24.3.3 밀도(density) 플롯

이어서 Volume에 대한 분포를 나타내는 density 플롯을 아래와 같이 만들 수 있다.

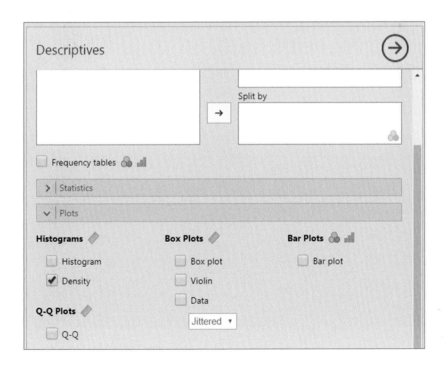

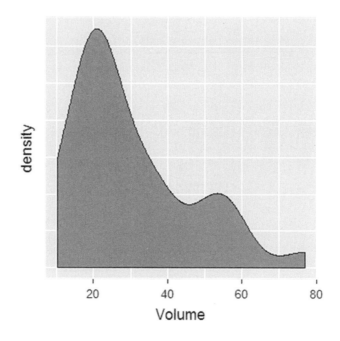

그리고 히스토그램과 밀도 플롯을 합한 그림을 아래와 같이 만들 수 있다.

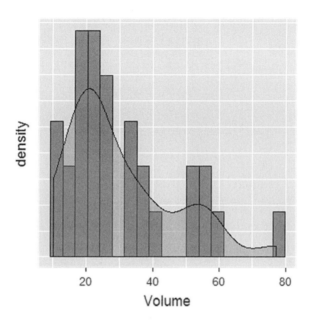

24.3.4 산점도

이제 산점도(scatter plot)를 그려 보자. 이를 위해 Exploration ⇨ Scatterplot을 클릭한 후 x축 변수와 y축 변수를 선택한다.

그러면 아래와 같이 Girth와 Volume에 대한 산점도(scatter plot)를 얻게 된다.

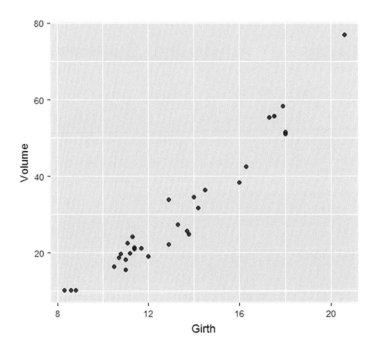

그리고 Girth와 Volume에 대한 산점도에 다음과 같이 회귀선을 포함할 수 있다.

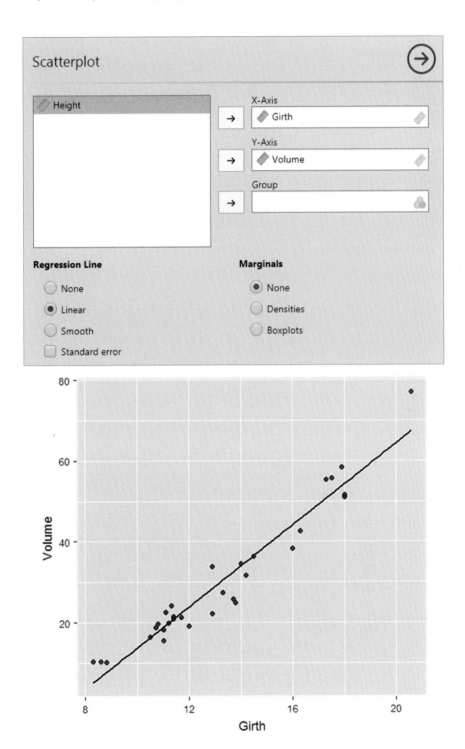

또한 아래와 같이 Volume에 대한 정규성 플롯(Q-Q Normality plot)을 만들 수 있다.

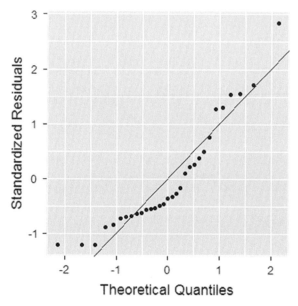

24.3.5 막대그래프(bar plot)

이제 범주형 변수인 cyl(실린더)과 am(변속기 유형)으로 막대그래프를 만들어 보자. mtcars 데이터를 불러온 후 아래와 같이 cyl, am을 선택한 후 Bar plot을 체크한다.

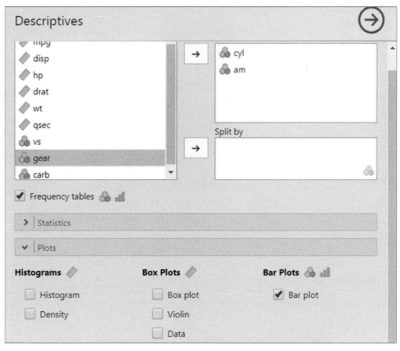

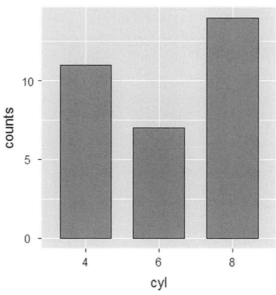

그리고 아래와 같이 두 범주형 변수로 이원화된 막대그래프를 만들 수 있다.

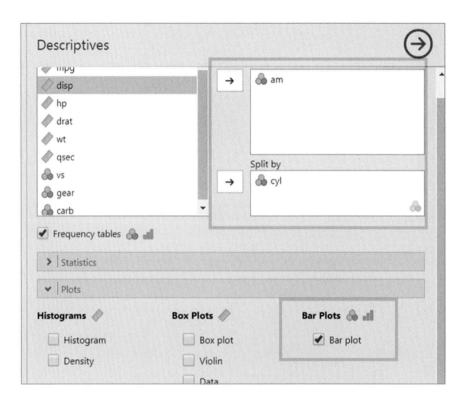

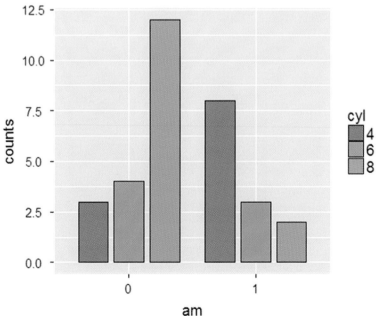

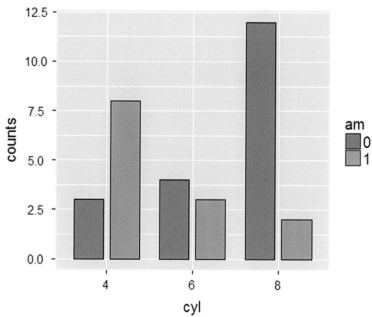

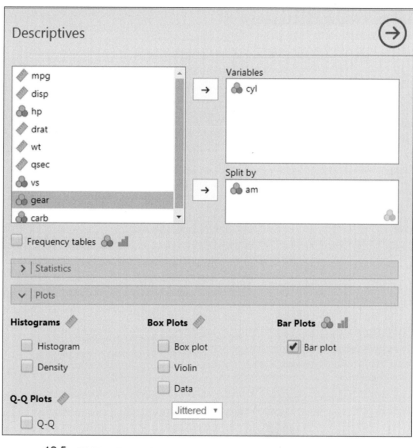

24.3.6 바이올린 플롯(violin plot)

바이올린 플롯은 연속변수의 분포를 보여 주는 그림이다.

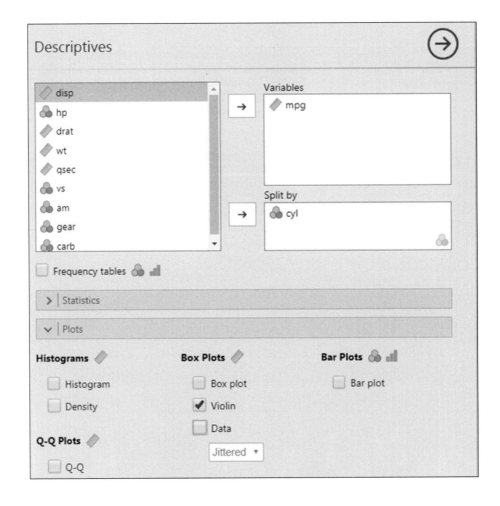

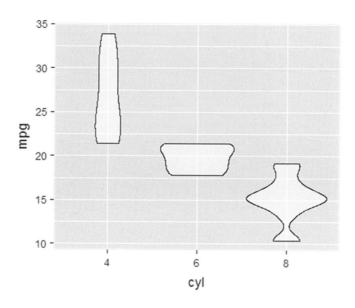

아래의 바이올린 플롯은 연속변수(mpg)의 분포를 범주형변수(cyl)별로 나타낸 것
이다.

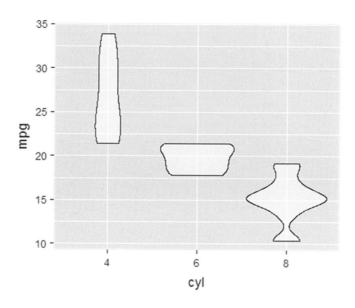

그리고 아래와 같이 바이올린 플롯에 데이터를 표시할 수 있다.

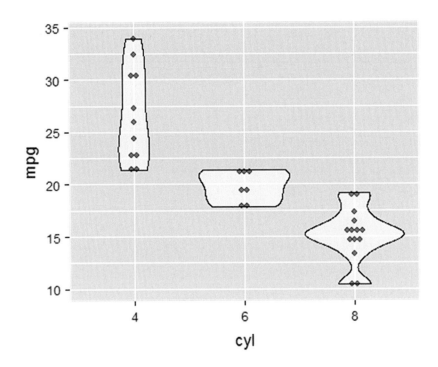

24.4 분할표(contingency tables)

이제 명목 및 서열변수로 작성할 수 있는 분할표 작성을 위해 데이터(Arthritis.csv)를 불러오자.

분할표 작성을 위해서는 메뉴 Frequencies ⇨ Contingency Tables ⇨ Independent Samples를 클릭한다.

분할표 작성을 위한 변수를 다음과 같이 선택한다. 여기에 Treatment는 치료집단이며 Improved는 증상개선 변수이다.

Contingency Tables

	Improved			
Treatment	**None**	**Some**	**Marked**	**Total**
Placebo	29	7	7	43
Treated	13	7	21	41
Total	42	14	28	84

그리고 행과 열의 퍼센트 표시를 체크하면 다음과 같은 분할표가 작성된다.

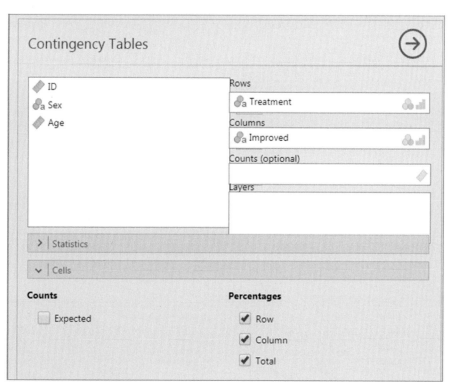

Contingency Tables

Treatment		Improved			Total
		None	Some	Marked	
Placebo	Observed	29	7	7	43
	% within row	67.4 %	16.3 %	16.3 %	
	% within column	69.0 %	50.0 %	25.0 %	
	% of total	34.5 %	8.3 %	8.3 %	
Treated	Observed	13	7	21	41
	% within row	31.7 %	17.1 %	51.2 %	
	% within column	31.0 %	50.0 %	75.0 %	
	% of total	15.5 %	8.3 %	25.0 %	
Total	Observed	42	14	28	84
	% within row	50.0 %	16.7 %	33.3 %	
	% within column	100.0 %	100.0 %	100.0 %	
	% of total	50.0 %	16.7 %	33.3 %	

또한 다음과 같이 세 변수로 분할표를 만들 수 있다. 즉, 성별(Sex)과 증산개선(Improved)의 효과를 치료집단(Treatment) 별로 나누어 볼 수 있다.

Contingency Tables

Treatment	Sex	Improved			Total
		None	**Some**	**Marked**	
Placebo	Female	19	7	6	32
	Male	10	0	1	11
	Total	29	7	7	43
Treated	Female	6	5	16	27
	Male	7	2	5	14
	Total	13	7	21	41
Total	Female	25	12	22	59
	Male	17	2	6	25
	Total	42	14	28	84

25 척도의 신뢰도 분석

척도의 신뢰도 분석을 위한 데이터(attitude.csv)를 다음과 같이 먼저 불러온다.

≡	Data	Analyses				
	rating	complaints	privileges	learning	raises	critical
1	43	51	30	39	61	92
2	63	64	51	54	63	73
3	71	70	68	69	76	86
4	61	63	45	47	54	84
5	81	78	56	66	71	83
6	43	55	49	44	54	49
7	58	67	42	56	66	68
8	71	75	50	55	70	66
9	72	82	72	67	71	83
10	67	61	45	47	62	80

척도의 신뢰도 분석을 위해 메뉴에서 Factor ⇨ Reliability Analysis를 클릭한다.

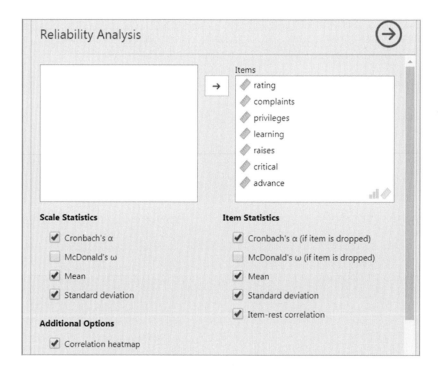

그리고 분석 창에서 신뢰도 분석을 위해 척도의 항목들을 선택한 후 필요한 통계량에 체크를 한다.

그러면 다음과 같이 Cronbach 알파와 아울러 각 항목을 제거하였을 시 Cronbach 알파를 제시한다. 여기서 Cronbach 알파는 0.843으로 나타나 내적일관성이 비교적 좋은 것으로 나타났다.

Reliability Analysis

Scale Reliability Statistics

	mean	sd	Cronbach's α
scale	60.438	8.250	0.843

Item Reliability Statistics

	mean	sd	item-rest correlation	if item dropped Cronbach's α
rating	64.633	12.173	0.671	0.810
complaints	66.600	13.315	0.742	0.797
privileges	53.133	12.235	0.561	0.828
learning	56.367	11.737	0.714	0.803
raises	64.633	10.397	0.786	0.795
critical	74.767	9.895	0.265	0.864
advance	42.933	10.289	0.461	0.840

그리고 각 항목 간의 상관계수도 다음과 같이 map으로 제시하고 있는데, 여기서는 각 항목들의 상관관계가 모두 + 관계로 나타났다.

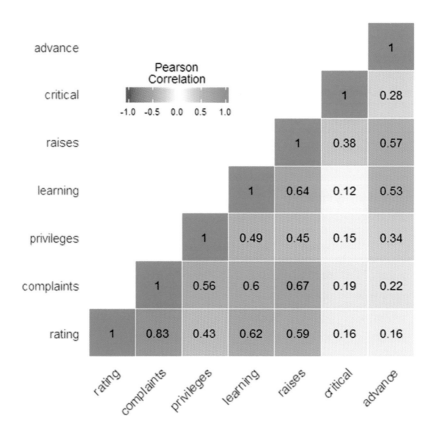

26 카이스퀘어 검정

26.1 카이스퀘어 검정

먼저 아래와 같이 카이스퀘어 검정을 위해 데이터(Arthritis.csv)를 불러온다. 이 데이터는 관절염 치료에 대한 자료이다.

	ID	Treatment	Sex	Age	Improved
1	57	Treated	Male	27	Some
2	46	Treated	Male	29	None
3	77	Treated	Male	30	None
4	17	Treated	Male	32	Marked
5	36	Treated	Male	46	Marked
6	23	Treated	Male	58	Marked
7	75	Treated	Male	59	None
8	39	Treated	Male	59	Marked
9	33	Treated	Male	63	None
10	55	Treated	Male	63	None

jamovi - Arthritis

카이스퀘어 검정을 위해서는 메뉴에서 Frequencies ⇨ Independent Sample(χ^2 test of association)을 클릭한다.

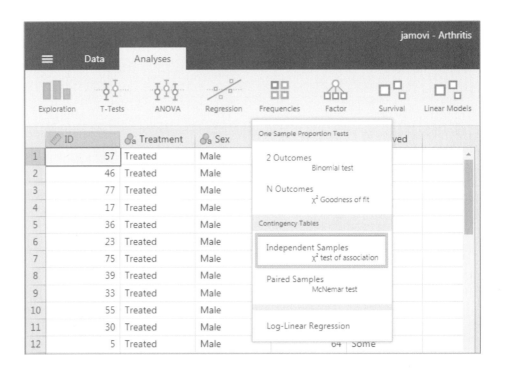

카이스퀘어 검정을 위해 행과 열에 각 (범주형)변수를 선택하면 다음과 같이 검정결과를 얻을 수 있다. 즉, 치료집단과 증상개선상태는 서로 연관성이 있는, 즉 독립적이지 않다고 하겠다(p=0.001).

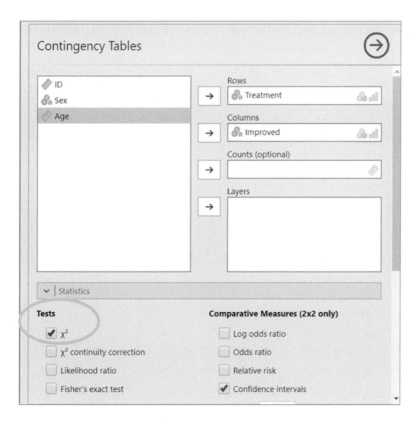

Contingency Tables

Treatment	Improved			Total
	None	Some	Marked	
Placebo	29	7	7	43
Treated	13	7	21	41
Total	42	14	28	84

χ^2 **Tests**

	Value	df	p
χ^2	13.1	2	0.001
N	84		

여기서 기댓값(Expected)을 선택하면 기댓값이 포함된 분할표를 구할 수 있다. 카이스퀘어 값은 $\chi^2 = \sum \dfrac{(\mathrm{observed}-\mathrm{expected})^2}{\mathrm{expected}}$ 으로 산출된다.

Contingency Tables

Treatment		Improved			Total
		None	Some	Marked	
Placebo	Observed	29	7	7	43
	Expected	21.5	7.17	14.3	
Treated	Observed	13	7	21	41
	Expected	20.5	6.83	13.7	
Total	Observed	42	14	28	84
	Expected	42.0	14.00	28.0	

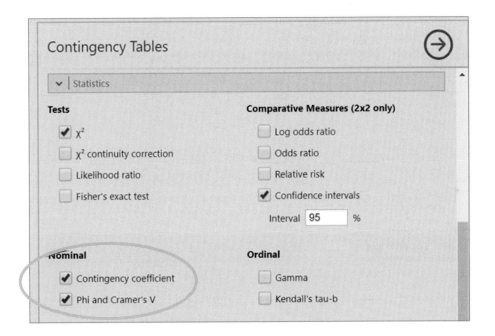

χ² Tests

	Value	df	p
χ²	13.1	2	0.001
N	84		

이어서 두 변수 간의 연관성의 정도(measures of association)를 다음 그림과 같이 나타나게 할 수 있다. 두 명목변수의 연관성은 주로 Cramer's V로 나타내며 이 수치가 클수록 두 변수 간의 연관성은 크다고 하겠다.

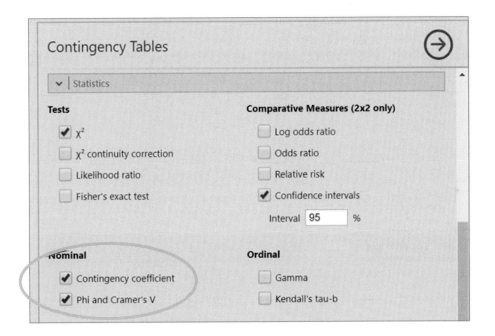

Nominal

	Value
Contingency coefficient	0.367
Phi-coefficient	NaN
Cramer's V	0.394

26.2 McNemar 검정

McNemar 검정은 연관된 두 이항(binary) 변수의 일치도를 조사할 때 사용하며, 이 경우 측정된 binary 값이 matched−pair 값이 된다. 여기서는 L사와 S사의 제품 선호도에 대한 조사로서, BTS 그룹의 L사에 대한 광고 후 제품 선호도에 차이가 있는지를 검정하는 것이다.

먼저 아래와 같이 데이터(McNemar.csv)를 불러온다.

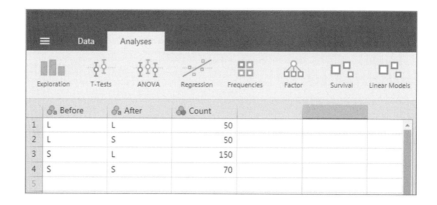

McNemar 검정을 위해 Frequencies ▷ Paired Samples를 클릭한다.

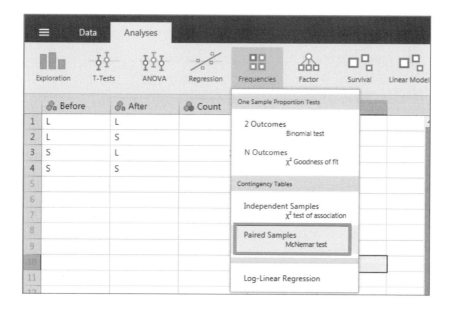

분석을 위한 행과 열의 변수 그리고 Count 변수를 선택하면 아래와 같은 McNemar 검정 결과가 나타나며, 여기서는 광고 후 제품에 대한 선호도가 달라진 것을 알 수 있다 ($p < 0.001$).

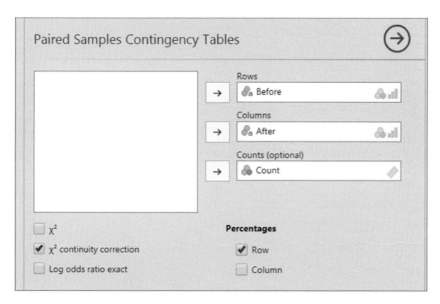

Contingency Tables

Before		After L	After S	Total
L	Count	50	50	100
	% within row	50 %	50 %	
S	Count	150	70	220
	% within row	68 %	32 %	
Total	Count	200	120	320
	% within row	63 %	38 %	

McNemar Test

	Value	df	p
χ^2 continuity correction	49.01	1	< .001
N	320		

27 평균차이 검정(t-test)

27.1 단일집단 평균차이 검정

2007년 조사에 의하면 한국인의 1인 1일 평균 알코올(소주) 섭취량은 8.1cc였다. 하지만 10년이 지난 2017년에는 여성의 사회적 참여와 양성평등에 대한 사회적 인식 변화로 인해 알코올 섭취량이 2007년과 어떻게 달라졌는지 조사하기 위해 10명을 무작위로 선정하였으며 다음과 같은 결과를 얻었다(안재형, 2011).

8.27 3.66 14.27 3.11 5.05 5.76 3.75 9.48 8.36 2.87

이제 위의 데이터를 jamovi에 직접 입력하고 정규성 검정을 한 후 단일집단 t−검정을 해 보자.

먼저 아래와 같이 jamovi에 직접 앞의 데이터를 입력한 후 one_sample.csv로 저장해 둔다.

단일집단 평균차이 검정을 위해서는 다음에서 보는 것처럼 메뉴에서 T-Tests ⇨ One Sample T-Test를 클릭한다.

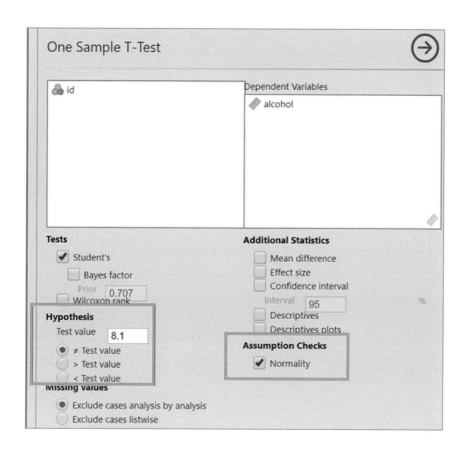

단일검정 평균차이 검정 메뉴 창에서 검정 값(Test value)에 8.1을 입력하고 가정검정에서 Normality에 체크한다.

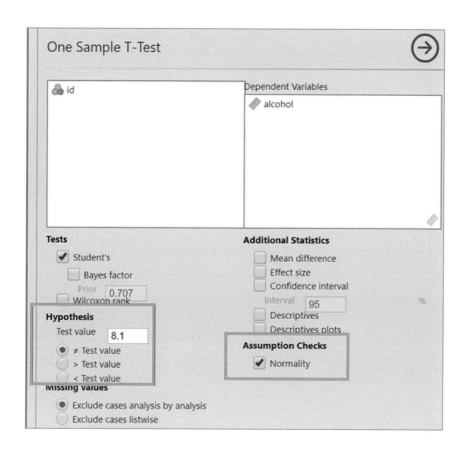

그러면 다음과 같은 결과를 얻을 수 있다. 우선 정규성 검정결과 정규분포임을 알 수있으며(p=0.132), 음주량이 8.1cc라는 영가설을 기각할 수 없게 되어(p=0.187) 2017년에도 한국인의 평균 알코올 섭취는 2007년과 다르지 않음을 알 수 있다.

One Sample T-Test

		statistic	df	p
alcohol	Student's t	-1.43	9.00	0.187

Note. H_a population mean ≠ 8.1

Test of Normality (Shapiro-Wilk)

	W	p
alcohol	0.881	0.132

Note. A low p-value suggests a violation of the assumption of normality

27.2 대응집단 평균차이 검정

이번에는 아버지의 키와 아들의 키가 동일한지를 검정해 보자.

먼저 아래와 같이 데이터(father.son.csv)를 불러오자(Lander, 2014).

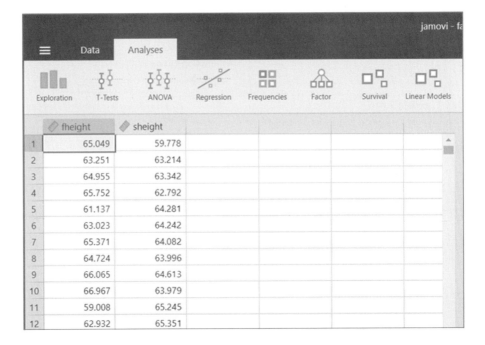

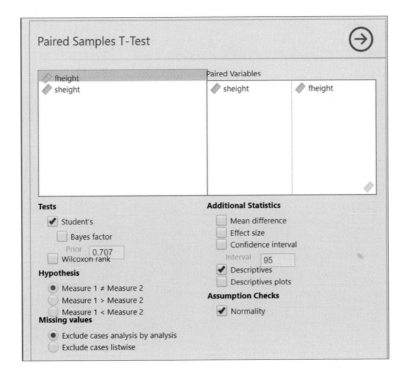

대응집단 평균차이 검정을 위해서는 다음에서 보는 것처럼 메뉴에서 T-Tests ⇨ Paired Samples T-Test를 클릭한다.

분석 창에서 서로 대응이 되는 아들의 키와 아버지의 키 변수를 선택한다.

다음 분석결과를 보면 우선 정규성 검정 결과 정규성이 검증되었으며(p = 0.509), 아버지의 키와 아들의 키는 동일하지 않은 것으로 나타났음을 알 수 있다(p < 0.001).

Paired Samples T-Test

			statistic	df	p
sheight	fheight	Student's t	11.8	1077	< .001

Test of Normality (Shapiro-Wilk)

			W	p
sheight	-	fheight	0.999	0.509

Note. A low p-value suggests a violation of the assumption of normality

27.3 두 집단 평균차이 검정

두 집단의 평균차이 검정을 위해 실험집단과 통제집단의 자아존중감 향상 프로그램의 효과를 비교 검정해 보자. 여기에 사용할 데이터(repeated1.csv)를 먼저 불러오면 다음과 같이 집단 변수(group), 사전점수(pre), 사후점수(post), 그리고 사전-사후 차이점수(diff)가 있음을 알 수 있다.

두 집단 평균차이 검정을 위해서는 다음에서 보는 것처럼 메뉴에서 T-Tests ⇨ Independent Samples T-Test를 클릭한다.

먼저, Exploration 분석 메뉴를 활용하여 두 집단의 사전–사후 차이점수(diff) 평균을 구하면 다음과 같다.

Group Descriptives

Group	N	Mean	Median	SD	SE
1	15	9.40	9.00	8.02	2.07
2	16	-0.188	0.500	5.22	1.30

두 집단의 평균차이 검정의 경우 정규성(normality) 가정 외 두 집단의 분산의 동일성(equality of variances) 가정이 충족되어야 한다.

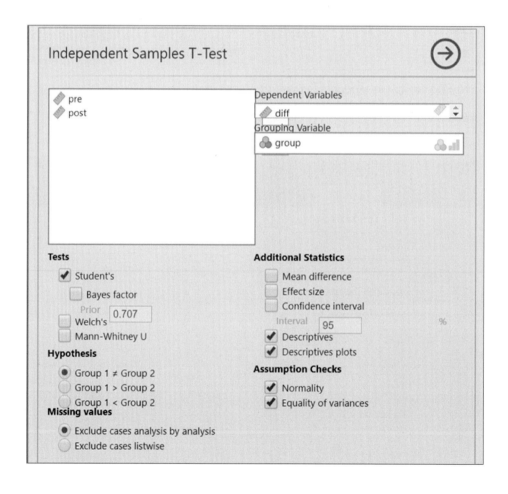

다음 결과를 보면 정규성 가정이 충족되었으며(p=0.361), 두 집단 간 분산의 동일성 가정 또한 충족되었음을 알 수 있다(p=0.141).

Assumptions

Test of Normality (Shapiro-Wilk)

	W	p
diff	0.964	0.361

Note. A low p-value suggests a violation of the assumption of normality

Test of Equality of Variances (Levene's)

	F	df	p
diff	2.29	1	0.141

Note. A low p-value suggests a violation of the assumption of equal variances

그리고 t-검정 결과 두 집단의 차이가 동일하지 않음을 알 수 있다(p<0.001). 즉, 실험집단의 효과가 통제집단과 유의하게 다름을 알 수 있다.

Independent Samples T-Test

		statistic	df	p
diff	Student's t	3.97	29.0	< .001

27.4 단일집단 비모수 검정

앞서 살펴본 바와 같이 평균 차이 검정에는 종속변수의 정규성(normality) 가정이 요구되고 있다. 하지만 분석을 하다보면 데이터가 이 가정을 충족하지 못하는 경우가 더러 발생하는데, 이때 비모수 검정(nonparametric test)을 실시할 수 있다. 비모수 검정은 정규분포가 아니거나 집단 간 분산이 동일하지 않을 때 또는 표본이 작을 때 주로 실시하게 된다.

우선 단일집단 비모수 검정을 위해 데이터(diag3.csv)를 아래와 같이 불러온다.

그리고 비모수 검정에 앞서 정규성 검정을 실시하면 아래와 같이 age 변수의 분포가 오른쪽 꼬리가 길어서 정(+)의 방향으로 치우침을 알 수 있고(중위수=30), 정규성 검정 결과 정규분포를 이루지 못하고 있음을 알 수 있다(p<0.001).

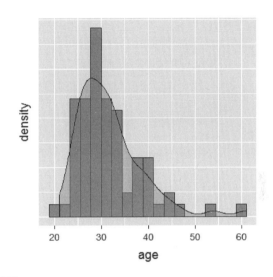

Descriptives

	age
N	75
Missing	0
Mean	31.75
Median	30
Minimum	21
Maximum	61
Shapiro-Wilk p	< .001

Test of Normality (Shapiro-Wilk)

	W	p
age	0.88	< .001

Note. A low p-value suggests a violation of the assumption of normality

이어서 단일집단 비모수 검정을 아래와 같이 age 변수를 종속변수로 지정하고 Wilcoxon rank 검정을 선택한다. 그리고 age의 중위수가 30이므로 검정값(test value) =30으로 입력한다. 그러면 아래에서 보는 바와 같이 모집단의 평균 연령=30이라는 영가설을 기각하지 못하게 됨을 알 수 있다.

One Sample T-Test

		stat	p
age	Wilcoxon W	1425.00	0.194

Note. H_a population mean ≠ 30

27.5 대응집단 비모수 검정

대응집단 비모수 검정을 위해서는 미국 47개 주의 실업률과 범죄율 등을 다룬 데이터(UScrime.csv)를 아래와 같이 불러온다.

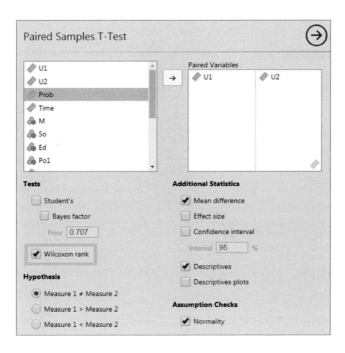

그리고 Paired Samples T-Test 메뉴에서 비교할 두 대응변수, 즉 남성의 실업률을 나타내는 U1(14~24세), U2(35~39세)를 선택한 후 검정에 Wilcoxon rank를 체크한다.

그리고 정규성 검정을 체크하면 아래와 같이 그 결과가 산출되는데 정규분포를 이루지 못하고 있는 것으로 나타났다(p=0.020).

Descriptives

	N	Mean	Median	SD	SE
U1	47	95.47	92	18.03	2.63
U2	47	33.98	34	8.45	1.23

Test of Normality (Shapiro-Wilk)

			W	p
U1	-	U2	0.94	0.020

Note. A low p-value suggests a violation of the assumption of normality

이어서 대응집단 비모수 검정 결과 두 집단의 실업률은 서로 유의한 차이가 있는 것으로 나타났다(p<0.001).

Paired Samples T-Test

			statistic	p	Mean difference	SE difference
U1	U2	Wilcoxon W	1128.00	< .001	60.50	1.90

27.6 두 집단 비모수 검정

이제 두 집단 비모수 검정을 실시하게 되는데 여기서는 종속변수의 정규성 가정외 두 집단의 분산의 동일성 가정이 충족되어야 한다. 우선 분석할 데이터(diag3.csv)를 불러온다.

여기서는 남성과 여성의 월소득의 차이가 있는지를 검정하고자 한다. 먼저 아래와 같이 정규성 검정과 집단 간 분산의 동일성을 검정하면 아래와 같이 집단 간 분산의 동일성은 기각할 수 없지만(p=0.152), 정규성 가정은 기각하게 되었다(p<0.001). 따라서 비모수 검정을 실시해야 하므로 Mann-Whitney U 검정을 선택한다.

Assumptions

Test of Normality (Shapiro-Wilk)

	W	p
m_income	0.82	< .001

Note. A low p-value suggests a violation of the assumption of normality

Test of Equality of Variances (Levene's)

	F	df	p
m_income	2.10	1	0.152

Note. A low p-value suggests a violation of the assumption of equal variances

두 집단 비모수 검정인 Mann-Whitney U검정 결과 남녀 간 월소득 차이가 유의하게 나타남을 알 수 있다(p=0.001).

Group Descriptives

	Group	N	Mean	Median	SD	SE
m_income	Female	45	150.47	140.00	63.29	9.43
	Male	30	193.83	185.00	73.03	13.33

Independent Samples T-Test

		statistic	p
m_income	Mann-Whitney U	379.00	0.001

28 상관분석(correlation analysis)

먼저 상관분석을 위한 데이터(states.csv)를 아래와 같이 불러온다.

	state.name	Population	Income	Illiteracy	Life.Exp	Murder
1	Alabama	3615	3624	2.1	69.05	
2	Alaska	365	6315	1.5	69.31	
3	Arizona	2212	4530	1.8	70.55	
4	Arkansas	2110	3378	1.9	70.66	
5	California	21198	5114	1.1	71.71	
6	Colorado	2541	4884	0.7	72.06	
7	Connecticut	3100	5348	1.1	72.48	
8	Delaware	579	4809	0.9	70.06	
9	Florida	8277	4815	1.3	70.66	
10	Georgia	4931	4091	2.0	68.54	
11	Hawaii	868	4963	1.9	73.60	
12	Idaho	813	4119	0.6	71.87	

상관분석을 위해서는 메뉴에서 Regression ⇨ Correlation Matrix를 클릭한다.

Correlation Matrix 분석 창에서 변수들을 선택한 후 유의한 상관관계를 표시하도록
체크하며, 상관분석 매트릭스 플롯도 함께 체크한다.

그러면 다음과 같이 상관분석 매트릭스가 만들어진다.

Correlation Matrix

	Population	Income	Illiteracy	Murder	HS.Grad	Frost
Population	—	0.208	0.108	0.344 *	-0.098	-0.332 *
Income		—	-0.437 **	-0.230	0.620 ***	0.226
Illiteracy			—	0.703 ***	-0.657 ***	-0.672 ***
Murder				—	-0.488 ***	-0.539 ***
HS.Grad					—	0.367 **
Frost						—

Note. * p < .05, ** p < .01, *** p < .001

그리고 이어서 상관분석 매트릭스 플롯이 만들어져서 각 변수 간의 상관관계와 아울러 상관계수도 표시되어 나타남을 알 수 있다.

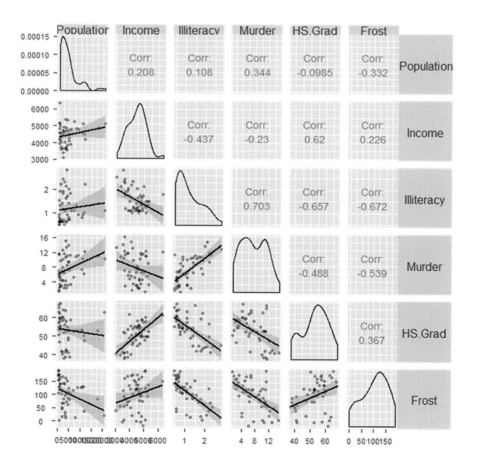

29 회귀분석(regression)

29.1 회귀분석

먼저 회귀분석을 위한 데이터(cars.csv)를 아래와 같이 불러온다.

	speed	dist	
1	4	2	
2	4	10	
3	7	4	
4	7	22	
5	8	16	
6	9	10	
7	10	18	
8	10	26	
9	10	34	
10	11	17	

그리고 메뉴에서 Regression ⇨ Linear Regression을 선택한다.

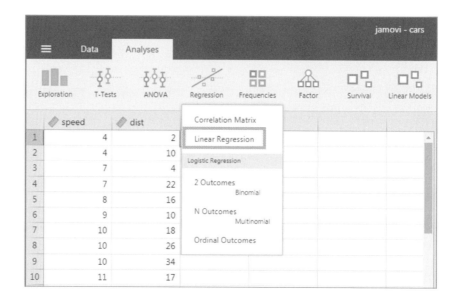

회귀분석에 앞서 두 변수의 상관분석을 실시해 본다.

speed와 dist의 상관관계가 0.807로 매우 높은 정(+)의 관계를 보이고 있다.

Correlation Matrix

		speed	dist
speed	Pearson's r	—	0.807
	p-value	—	< .001
dist	Pearson's r		—
	p-value		—

이제 다음과 같이 독립변수와 종속변수를 설정하면 회귀분석 결과가 나타난다. R^2 = 0.651로 나타났으며, 독립변수(speed)의 회귀계수는 3.93으로 통계적으로 유의하게 나타났다($p < 0.001$). 그리고 전반적인 회귀모형 역시 유의한 것으로 제시되었다(F = 89.6, $p < 0.001$).

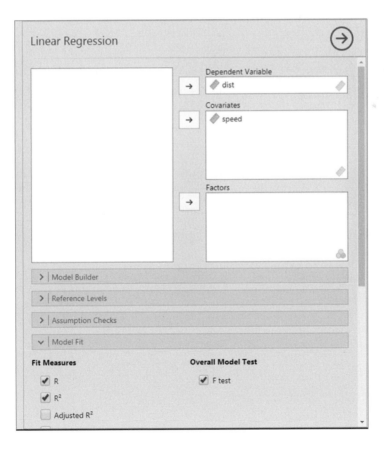

Model Fit Measures

Model	R	R²	RMSE	Overall Model Test			
				F	df1	df2	p
1	0.807	0.651	15.1	89.6	1	48	< .001

Model Specific Results Model 1

Model 1

Model Coefficients

Predictor	Estimate	SE	t	p
Intercept	-17.58	6.758	-2.60	0.012
speed	3.93	0.416	9.46	< .001

이제 모형이 회귀분석의 가정을 충족하고 있는지 살펴보자. 회귀모형은 우선적으로 종속변수가 정규분포를 이루어야 하며, 독립변수와 종속변수의 관계가 선형관계를 보여야 한다.

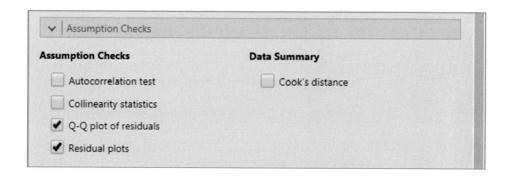

먼저 아래 정규성 검정(Q-Q Plot of residuals) 플롯을 보면 정규분포를 보인다고 하기가 어려워 보인다. 보다 구체적인 검정을 위해 Shapiro-Wilk 검정을 한다.

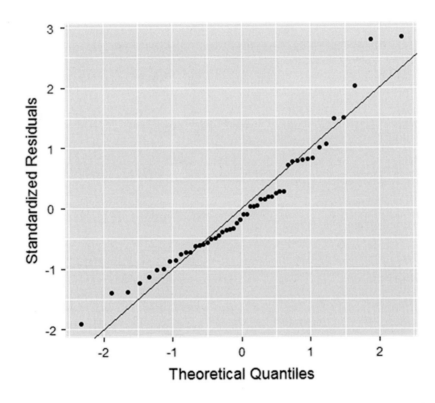

정규성 검정은 Exploration ⇨ Descriptives에서 Normality에 체크를 하면 다음과
같이 정규성 검정 결과가 나타나는데 다음 결과를 보면 정규분포를 이루지 못함을 알
수 있다(p=0.039).

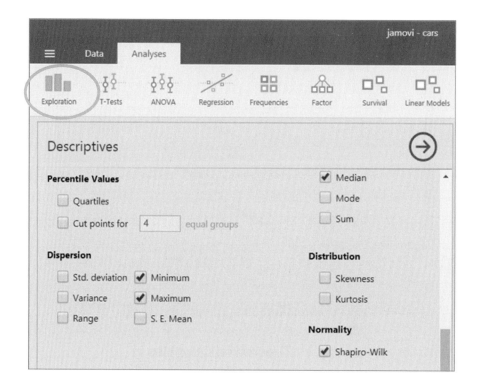

Descriptives

	speed	dist
N	50	50
Missing	0	0
Mean	15.4	43.0
Median	15.0	36.0
Minimum	4	2
Maximum	25	120
Shapiro-Wilk p	0.458	0.039

그리고 선형관계 검정을 위해 Residuals vs Fitted 플롯을 다음과 같이 만들어 보면 잔차와 예측치 간에 어떤 체계적인 관계를 보이지 않으므로 선형관계가 검증된다고 할 수 있다.

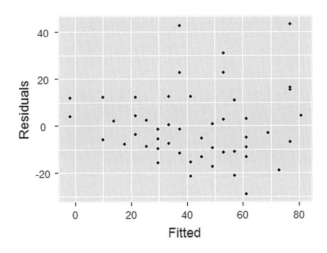

그리고 두 변수 간의 산점도와 회귀선을 다음과 같이 만들어 볼 수 있다.

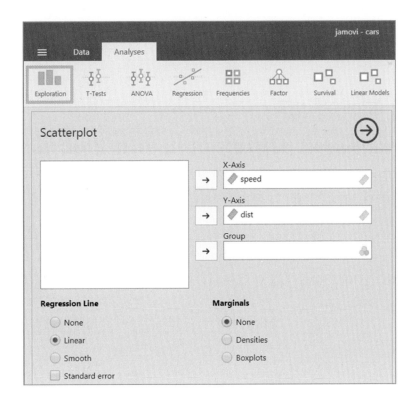

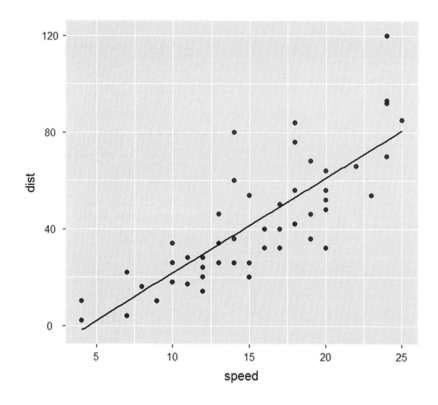

29.2 종속변수의 변형

　일반적으로 종속변수가 정규분포를 이루지 못할 경우에는 종속변수를 로그(log)나 제곱근(sqrt)으로 변형하는(transform) 것이 일반적이다(안재형, 2011). 여기서는 종속변수인 dist를 다음과 같이 데이터 메뉴에서 제곱근으로 변형해서 분석해 보자.

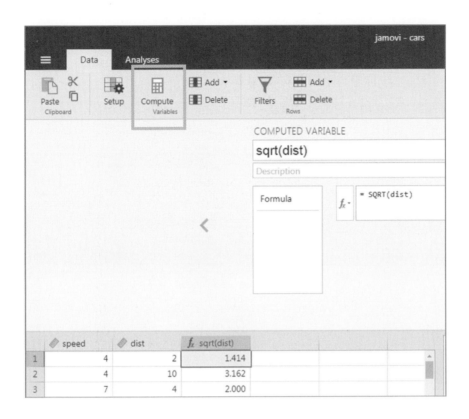

그러면 기존의 dist 변수 외 sqrt(dist)가 새로 만들어졌음을 알 수 있다.

이제 다음과 같이 변형된 종속변수로 회귀분석을 실행하면 다음과 같은 결과가 나타난다. $R^2 = 0.71$로 나타나 원 모형($R^2 = 0.65$)보다 설명력이 높아졌음을 알 수 있다. 독립변수(speed)의 회귀계수는 0.32로 통계적으로 유의하게 나타났으며($p < 0.001$), 전반적인 회귀모형 역시 유의한 것으로 나타났다($F = 117.18$, $p < 0.001$).

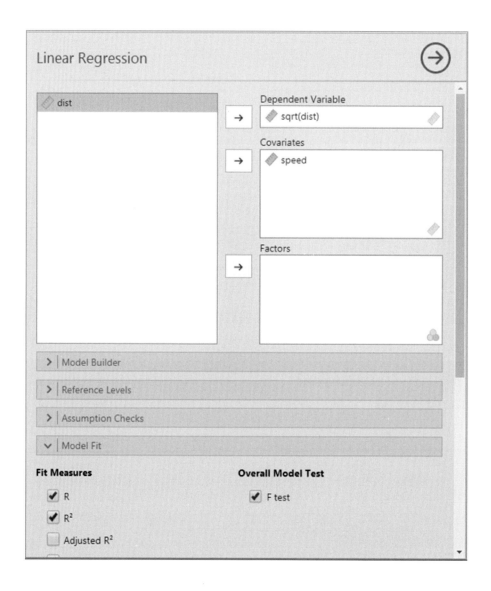

Model Fit Measures

Model	R	R²	RMSE	Overall Model Test			
				F	df1	df2	p
1	0.84	0.71	1.08	117.18	1	48	< .001

Model Specific ResultsModel 1

Model 1

Model Coefficients

Predictor	Estimate	SE	t	p
Intercept	1.28	0.48	2.64	0.011
speed	0.32	0.03	10.83	< .001

그리고 다음 정규성 검정 결과 Q-Q Plot of residuals은 정규분포를 보이고 있으며 Shapiro-Wilk 검정결과도 정규분포를 보이고 있음을 나타내고 있다(p=0.994).

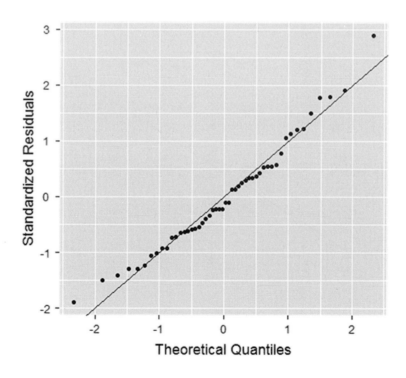

Descriptives

	sqrt(dist)
N	50
Missing	0
Mean	6.242
Median	6.000
Minimum	1.414
Maximum	10.954
Shapiro-Wilk p	0.994

다음 산점도와 회귀선도 원 모형보다 데이터의 분산이 작고 회귀선은 데이터를 보다 잘 설명하는 것으로 보인다.

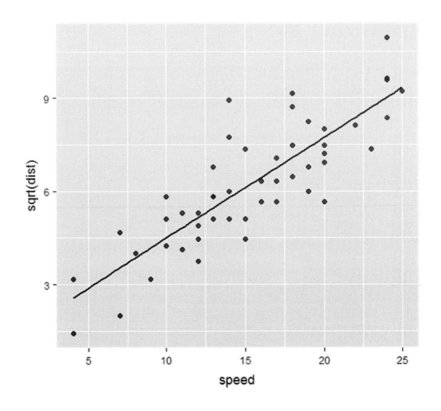

29.3 다중회귀분석

다중회귀분석(multiple regression)은 독립변수가 2개 이상인 경우의 회귀분석이며 여기에 사용할 데이터(states.csv)는 미국의 50개 주의 인구, 소득, 문맹률, 살인율 등에 대한 데이터이다.

	state.name	Population	Income	Illiteracy	Life.Exp	Murder
1	Alabama	3615	3624	2.1	69.05	
2	Alaska	365	6315	1.5	69.31	
3	Arizona	2212	4530	1.8	70.55	
4	Arkansas	2110	3378	1.9	70.66	
5	California	21198	5114	1.1	71.71	
6	Colorado	2541	4884	0.7	72.06	
7	Connecticut	3100	5348	1.1	72.48	
8	Delaware	579	4809	0.9	70.06	
9	Florida	8277	4815	1.3	70.66	
10	Georgia	4931	4091	2.0	68.54	
11	Hawaii	868	4963	1.9	73.60	
12	Idaho	813	4119	0.6	71.87	

먼저 관심 있는 변수들의 상관분석을 실시하면 다음과 같은 결과를 얻게 된다.

Correlation Matrix

	Population	Income	Illiteracy	Murder	Frost
Population	—	0.208	0.108	0.344 *	-0.332 *
Income		—	-0.437 **	-0.230	0.226
Illiteracy			—	0.703 ***	-0.672 ***
Murder				—	-0.539 ***
Frost					—

Note. * p < .05, ** p < .01, *** p < .001

이제 다음과 같이 회귀분석을 실시해 보자.

먼저, 독립변수와 종속변수를 다음과 같이 결정한다.

이때 모형의 적합성(fit)을 검정하면 다음과 같이 $R^2 = 0.567$ 그리고 전반적인 모형의 적합성은 유의한 것으로 나타난다($F = 14.729$, $p < 0.001$).

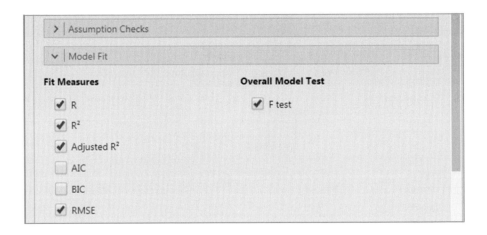

Model Fit Measures

Model	R	R²	Adjusted R²	RMSE	Overall Model Test			
					F	df1	df2	p
1	0.753	0.567	0.528	2.405	14.729	4	45	< .001

이어서 모형의 계수를 살펴봄에 있어 표준화 계수(standardized estimate)를 포함하도록 아래와 같이 체크한다.

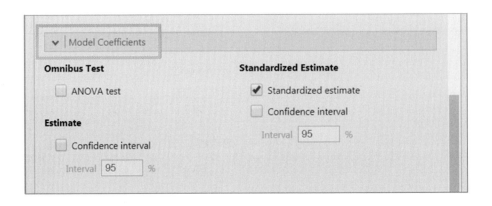

다음 결과를 보면 Population과 Illiteracy만 유의하고 나머지 변수들은 유의하지 않은 것으로 나타났으며, Illiteracy가 Population보다 더 영향력이 큰 것으로 나타났다.

Model Coefficients

Predictor	Estimate	SE	t	p	Stand. Estimate
Intercept	1.235	3.866	0.319	0.751	
Population	2.237e-4	9.052e-5	2.471	0.017	0.271
Income	6.442e-5	6.837e-4	0.094	0.925	0.011
Illiteracy	4.143	0.874	4.738	< .001	0.684
Frost	5.813e-4	0.010	0.058	0.954	0.008

이제 회귀모형의 가정을 충족하는지 살펴보자. 다음 결과를 보면 잔차의 정규성 가정을 크게 벗어나지 않은 것으로 보여 정규분포 가정을 충족한다고 할 수 있다. 그리고 독립변수 간의 다중공선성을 살펴보니 VIF의 제곱근이 모두 2.0 이하로 나타나 다중공선성에 문제가 없는 것으로 나타났다.

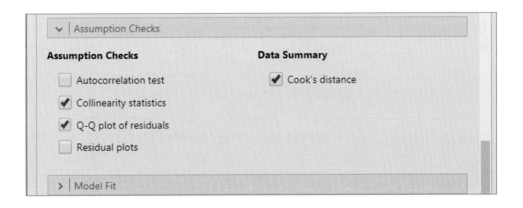

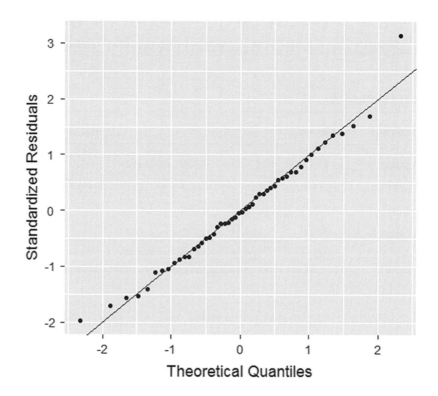

Collinearity Statistics

	VIF	Tolerance
Population	1.245	0.803
Income	1.346	0.743
Illiteracy	2.166	0.462
Frost	2.083	0.480

그리고 다음의 Cook's distance 값을 보면 모형의 계수(parameters)를 결정하는 데 특이한 영향을 주는 영향력 있는 관찰값(influential observation)은 없는 것으로 나타났다. 왜냐하면 평균값이 1.0보다 훨씬 작은 값으로 나타났기 때문이다.

Cook's Distance

			Range	
Mean	Median	SD	Min	Max
0.027	0.007	0.071	1.709e-5	0.448

이제 추가로 종속변수에 가장 영향력이 큰 Illiteracy의 값에 따라 종속변수 Murder가 어떻게 변하는지 살펴보면 다음과 같이 Illiteracy가 높을수록 Murder 발생률도 정비례하는 것임을 알 수 있다.

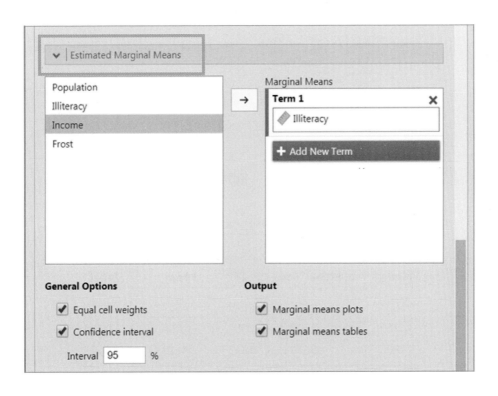

Estimated Marginal Means

Illiteracy

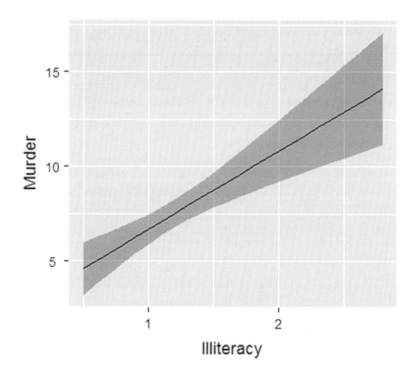

Estimated Marginal Means - Illiteracy

Illiteracy	Marginal Mean	SE	95% Confidence Interval	
			Lower	Upper
0.560 ˉ	4.853	0.642	3.559	6.146
1.170 μ	7.378	0.358	6.656	8.100
1.780 ˙	9.903	0.642	8.610	11.197

Note. ˉ mean - 1SD, μ mean, ˙ mean + 1SD

30 매개효과 및 조절효과

매개효과 및 조절효과 분석을 위해서는 다음과 같이 medmod 모듈을 추가로 설치해야 한다. 우선 아래와 같이 jamovi 화면 오른쪽 상단 Modules ⇨ jamovi library를 클릭한 후 medmod를 클릭해서 설치한다.

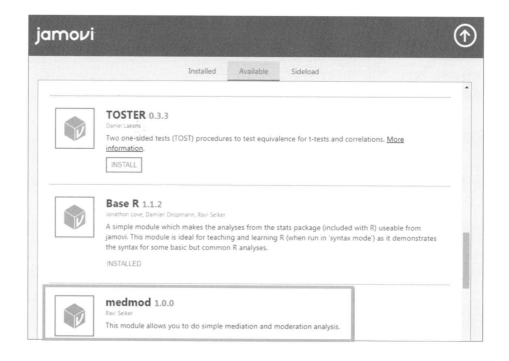

30.1 매개효과

먼저 매개효과 분석을 위한 데이터(mfchildren1.csv)를 불러오자. 이 데이터는 다문화가정 아동의 학교적응에 관한 데이터로 학교적응에 미치는 부모태도 및 자아존중감의 영향을 살펴보고자 한다.

매개효과 분석을 위해서는 메뉴에서 medmod ⇨ Mediation을 클릭한다.

그리고 다음 분석 창에서 종속변수, 매개변수, 독립변수를 지정하면 매개효과 분석 결과를 얻게 된다.

아래 분석 결과를 살펴보면 직접효과(c)＝0.334, 간접효과(ab)＝0.204, 그리고 총효과(c＋ab)＝0.537로 나타났음을 알 수 있고 모두 통계적으로 유의하였다.

Mediation Estimates

Effect	Label	Estimate	SE	Z	p
Indirect	a × b	0.204	0.053	3.836	< .001
Direct	c	0.334	0.095	3.516	< .001
Total	c + a × b	0.537	0.095	5.675	< .001

Path Estimates

			Label	Estimate	SE	Z	p
ParentAttitude	→	SelfEsteem	a	0.485	0.089	5.459	< .001
SelfEsteem	→	SchoolAdjustment	b	0.420	0.078	5.390	< .001
ParentAttitude	→	SchoolAdjustment	c	0.334	0.095	3.516	< .001

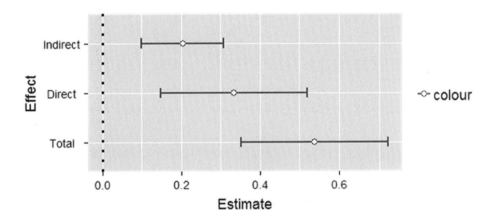

30.2 조절효과

먼저 조절효과 분석을 위한 데이터(mtcars.csv)를 다음과 같이 불러온다.

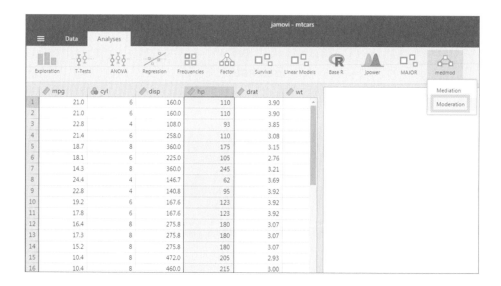

이어서 조절효과 분석을 위해 메뉴 창에서 medmod ⇨ Moderation을 클릭한다.

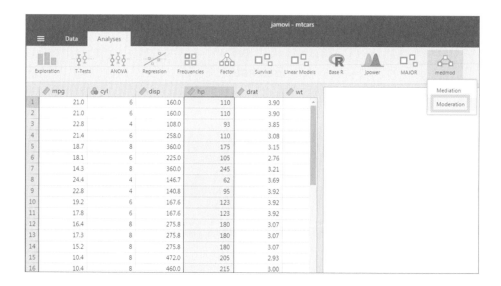

그리고 조절효과 분석 창에서 종속변수(mpg), 독립변수(hp), 조절변수(wt)를 선택
한다.

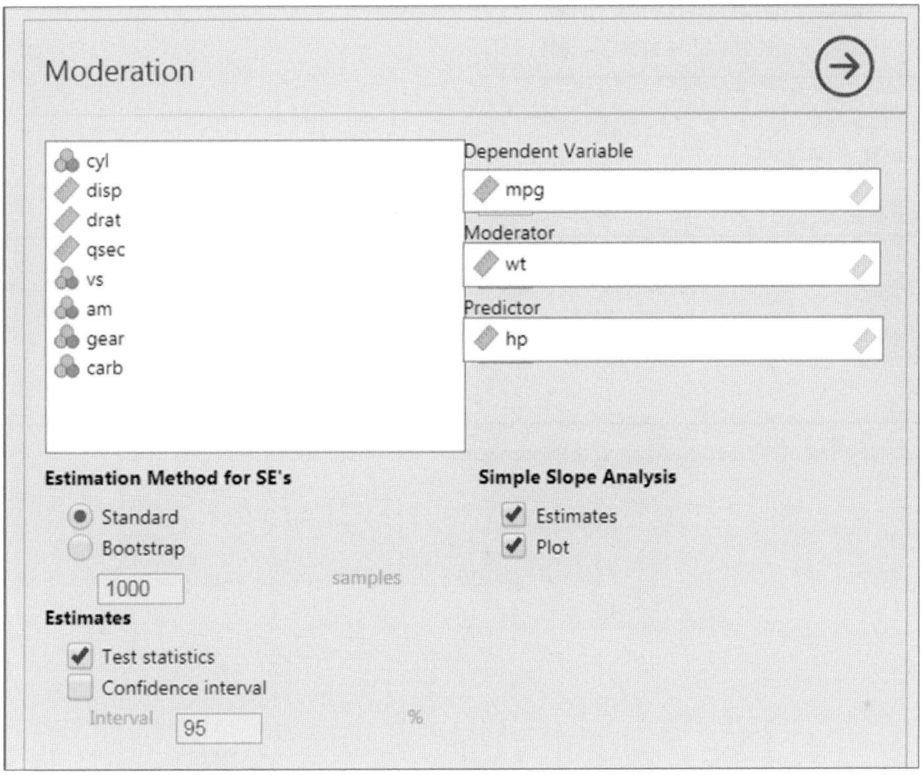

Moderation

cyl
disp
drat
qsec
vs
am
gear
carb

Dependent Variable
mpg

Moderator
wt

Predictor
hp

Estimation Method for SE's
- ● Standard
- ○ Bootstrap
- 1000 samples

Estimates
- ☑ Test statistics
- ☐ Confidence interval
- Interval 95 %

Simple Slope Analysis
- ☑ Estimates
- ☑ Plot

그러면 다음 결과에서 보듯이 hp*wt의 조절효과는 유의한 것으로 나타났다(p<0.001).[7]
그리고 다음 그림에서 보듯이 무게(wt)가 평균보다 1표준편차 낮으면 평균(기울기＝
−0.031)보다 마력이 커질수록 연비가 더 가파르게 감소하지만(기울기＝−0.057) 1표준
편차가 높을 경우에는 마력에 따라 연비가 거의 차이가 없는 것으로 (기울기＝−0.004)
나타났다.

---

7) 조절효과 분석에는 변수들을 중심화(centering)한 후 분석을 하게 된다.

Moderation Estimates

	Estimate	SE	Z	p
hp	-0.031	0.005	-5.775	< .001
wt	-4.132	0.370	-11.178	< .001
hp ＊ wt	0.028	0.007	4.046	< .001

Simple Slope Analysis

Simple Slope Estimates

	Estimate	SE	Z	p
Average	-0.031	0.007	-4.298	< .001
Low (-1SD)	-0.057	0.010	-5.485	< .001
High (+1SD)	-0.004	0.010	-0.365	0.715

Note. shows the effect of the predictor (hp) on the dependent variable (mpg) at different levels of the moderator (wt)

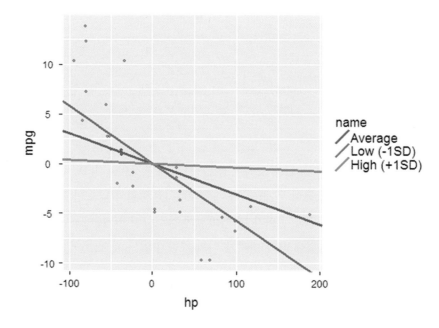

31 일원분산분석

31.1 일원분산분석(one-way ANOVA)

먼저 일원분산분석을 위한 데이터(cholesterol.csv)를 불러오자. 이 데이터는 콜레스테롤 치료제의 효과를 검정한 데이터로 치료 후 콜레스테롤 수치의 변화량(response)을 수집한 것이다.

	trt	response
1	drugA	3.861
2	drugA	10.387
3	drugA	5.906
4	drugA	3.061
5	drugA	7.720
6	drugA	2.714
7	drugA	4.924
8	drugA	2.304
9	drugA	7.530
10	drugA	9.412
11	drugB	10.399
12	drugB	8.603

일원분산분석은 메뉴 창에서 ANOVA ⇨ One-Way ANOVA를 클릭한다.

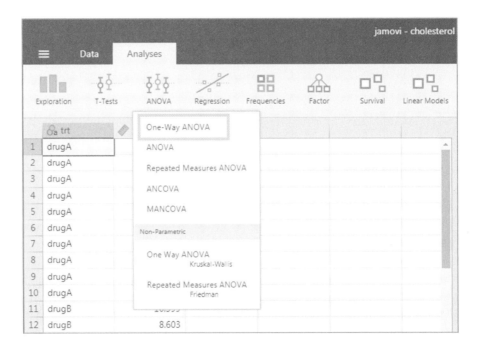

분석 창에서 종속변수와 집단변수를 지정한 후 먼저 기술통계량을 살펴보면 drugA, drugB, drugC 중에서 drugC의 평균이 가장 큰 것으로, 즉 가장 효과가 큰 것으로 나타났다.

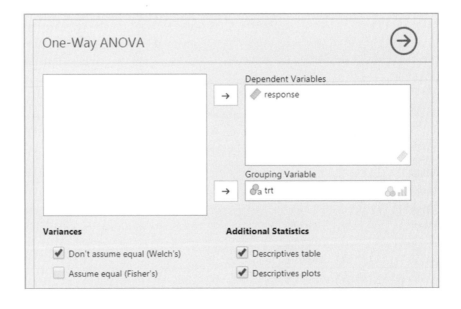

Group Descriptives

	trt	N	Mean	SD	SE
response	drugA	10	5.782	2.878	0.910
	drugB	10	9.225	3.483	1.101
	drugC	10	12.375	2.923	0.924

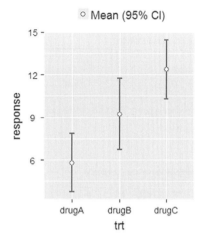

이어서 일원분산분석의 가정인 정규성 검정과 분산의 동일성 검정을 실시해 보자.

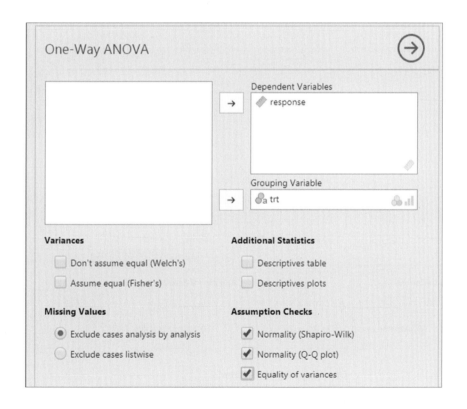

그러면 다음 결과에서 나타나듯이 정규성 검정이 확인되었고(p=0.710), 분산의 동일성 역시 확인되었다(p=0.952).

Assumption Checks

Test of Normality (Shapiro-Wilk)

	W	p
response	0.976	0.710

Note. A low p-value suggests a violation of the assumption of normality

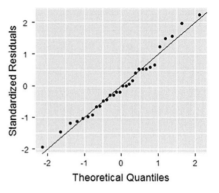

Test for Equality of Variances (Levene's)

	F	df1	df2	p
response	0.049	2	27	0.952

이제 일원분산분석 결과를 보면 다음에서 보듯이 세 집단 간 차이는 유의하게 나타 났음을 알 수 있다(F=11.264, p<0.001).

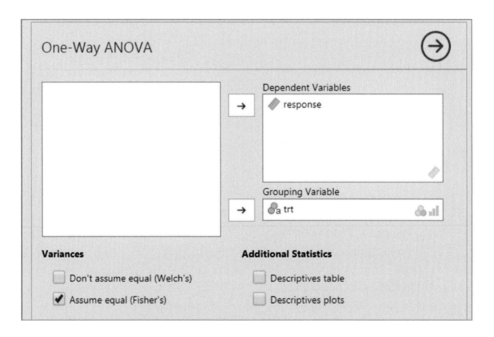

One-Way ANOVA (Fisher's)

	F	df1	df2	p
response	11.264	2	27	< .001

세 집단 간 콜레스테롤 치료 효과가 서로 다르게 나타났으므로 이제 어떤 집단 간에 차이가 있는지 사후분석을 실시해 보자.

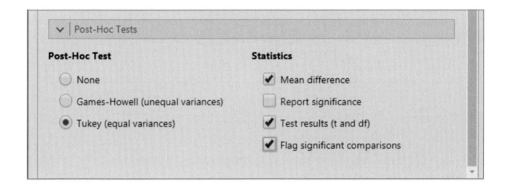

다음 결과에서 보듯이 drugA와 drugC가 유의하게 다른 것으로 나타났다.

Tukey Post-Hoc Test – response

		drugA	drugB	drugC
drugA	Mean difference	—	-3.443	-6.593 ***
	t-value	—	-2.478	-4.745
	df	—	27.000	27.000
drugB	Mean difference		—	-3.150
	t-value		—	-2.267
	df		—	27.000
drugC	Mean difference			—
	t-value			—
	df			—

Note. * p < .05, ** p < .01, *** p < .001

Post Hoc Comparisons - trt

			Mean Difference	SE	df	t	ptukey
trt		**trt**					
drugA	-	drugB	-3.44	1.39	27.0	-2.48	0.050
	-	drugC	-6.59	1.39	27.0	-4.74	< .001
drugB	-	drugC	-3.15	1.39	27.0	-2.27	0.078

31.2 비모수 검정(Kruskal-Wallis Test)

세 집단 이상의 차이를 검정함에 있어 일원분산분석의 가정이 충족되지 않을 경우에는 비모수 검정인 Kruskal—Wallis 검정을 실시할 수 있다. 이 경우에는 데이터가 정규분포를 이루지 못하거나 표본이 작은 경우에 주로 활용된다.

여기에 사용할 데이터는 states.csv로 미국의 지역(state.region)에 따라 문맹률(Illiteracy)의 차이가 있는지 검정하고자 한다.

비모수 검정에 앞서 먼저 지역에 따른 문맹률의 차이를 기술통계량을 통해 살펴보면 다음과 같다. 즉, 네 지역 중 남부(South)의 문맹률이 가장 높은 것으로 나타났다.

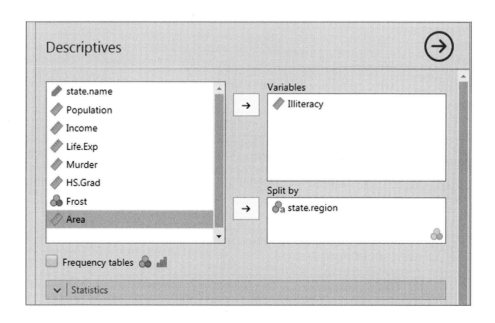

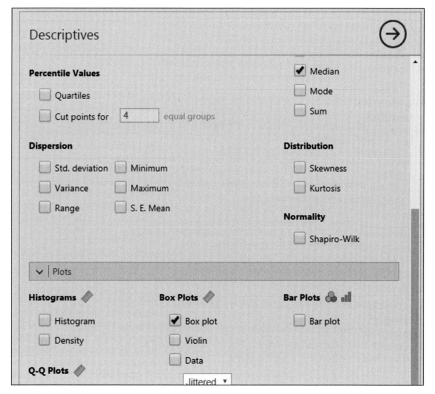

Descriptives

	state.region	Illiteracy
N	Northeast	9
	South	16
	North Central	12
	West	13
Mean	Northeast	1.00
	South	1.74
	North Central	0.700
	West	1.02
Median	Northeast	1.10
	South	1.75
	North Central	0.700
	West	0.600

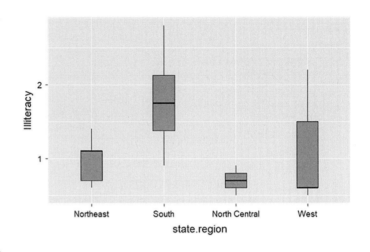

이어서 일원분산분석을 위한 가정을 충족하는지 검정하면 다음 결과에서 보듯이 정규성은 충족하지만 집단 간 분산의 동일성 가정이 충족되지 못함을 알 수 있다.

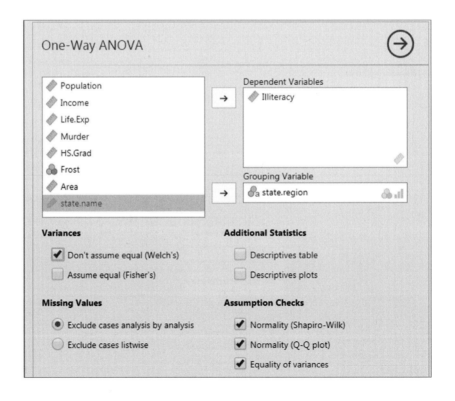

Assumption Checks

Test for Homogeneity of Variances (Levene's)

F	df1	df2	p
8.25	3	46	< .001

Test of Normality (Shapiro-Wilk)

	W	p
Illiteracy	0.964	0.137

Note. A low p-value suggests a violation of the assumption of normality

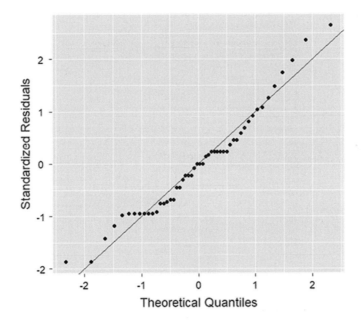

이제 다음과 같이 비모수(Kruskal−Wallis) 검정을 실시하자.

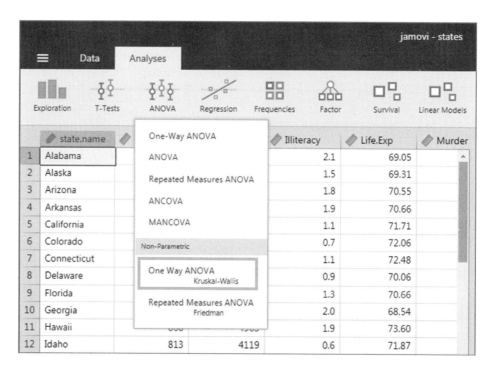

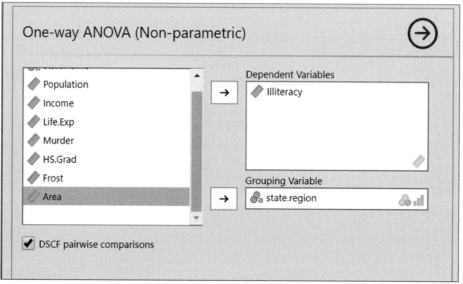

분석결과 네 지역 간 문맹률은 서로 유의하게 다른 것으로 나타났으며(p<0.001), 각 지역 간 비교를 하면 West−Northeast, West−North Central을 제외하고 나머지 지역 간에는 유의하게 차이가 나는 것으로 나타났다. 이 결과는 16장의 비모수 검정 결과와 약간 차이가 있는데 다중비교방법의 차이에서 기인한 것이라고 볼 수 있다.

One-way ANOVA (Non-parametric)

Kruskal-Wallis

	χ^2	df	p
Illiteracy	22.7	3	< .001

Dwass-Steel-Critchlow-Fligner pairwise comparisons

Pairwise comparisons - Illiteracy

		W	p
Northeast	South	4.338	0.002
Northeast	North Central	-3.400	0.016
Northeast	West	-1.156	0.414
South	North Central	-6.189	< .001
South	West	-4.052	0.004
North Central	West	0.790	0.577

32 이원분산분석

이원분산분석은 일원분산분석의 확장으로 두 개의 집단변수가 있으며 각 집단변수의 주 효과뿐만 아니라 두 집단변수의 상호작용(interaction)효과도 분석할 수 있는 장점이 있다.

여기서 사용할 데이터(ToothGrowth.csv)는 실험쥐를 대상으로 치아성장촉진제의 효과를 검정한 것으로서 두 집단변수를 포함하고 있는데 첫 번째 변수는 supp(치아성장촉진제) 종류로 오렌지주스(OJ)와 비타민씨(VC)가 있고, 두 번째 변수는 성장촉진제의 용량(dose)으로 0.5mg, 1.0mg, 2.0mg 세 종류가 있다. 각 변수가 미치는 주요인 효과가 종속변수에 어떤 영향을 주는지는 물론이고 나아가 supp와 dose의 상호작용효과가 작용하는지 그 부차적(2차적) 효과도 분석할 수 있다.

먼저 아래와 같이 데이터를 불러온다.

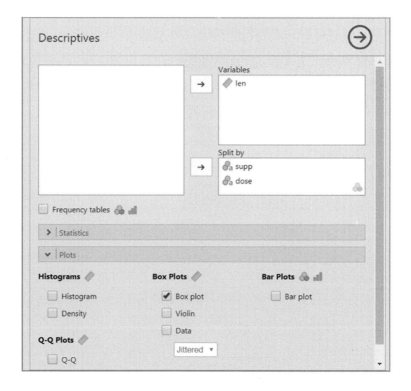

그리고 이원분산분석에 앞서 기술통계분석을 실시한다.

다음 그림에서 보듯이 용량(dose)이 높을수록 치아 성장이 높음을 알 수 있다. 그리고 2.0mg의 경우를 제외하고는 OJ가 VC보다 평균이 높음을 알 수 있다.

Descriptives

supp	dose	N	Mean	SD
OJ	0.5	10	13.23	4.46
OJ	1.0	10	22.70	3.91
OJ	2.0	10	26.06	2.66
VC	0.5	10	7.98	2.75
VC	1.0	10	16.77	2.52
VC	2.0	10	26.14	4.80

이원분산분석을 위해 메뉴 ANOVA ⇨ ANOVA를 클릭한다. 이어서 다음과 같이 종속변수와 집단변수를 선정한다.

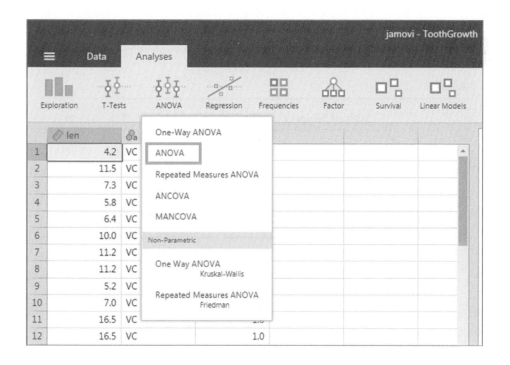

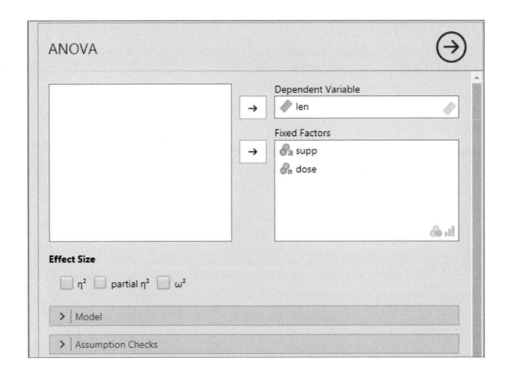

다음 분석 결과를 보면 치아성장촉진제(supp)와 용량(dose)에 따라 집단 간 차이가 있음을 알 수 있으며, 치아성장촉진제와 용량의 상호작용 역시 통계적으로 유의한 것으로 나타났다(p=0.022).

ANOVA

	Sum of Squares	df	Mean Square	F	p
supp	205.350	1	205.350	15.572	< .001
dose	2426.434	2	1213.217	92.000	< .001
supp * dose	108.319	2	54.160	4.107	0.022
Residuals	712.106	54	13.187		

이제 분산분석의 가정을 검정해 보자. 다음과 같이 잔차의 정규성과 집단 간 분산의 동일성을 검정한 결과 정규성 가정을 위반한 것으로 보이지 않으며 집단 간 분산도 동일한 것으로 나타났다(p=0.103).

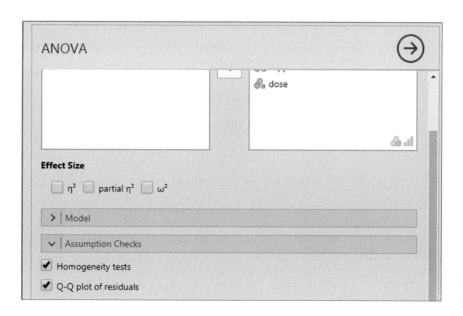

Test for Homogeneity of Variances (Levene's)

F	df1	df2	p
1.94	5	54	0.103

Q-Q Plot

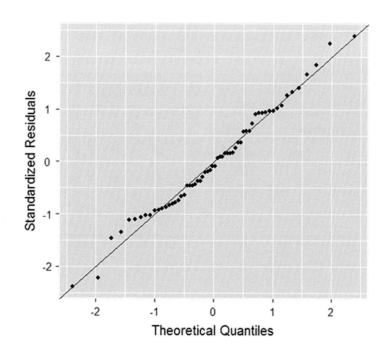

이제 집단 간 차이에 대한 사후검정을 실시해 보자. 다음 결과에서 보듯이 용량에서 보면 0.5, 1.0, 2.0 각 집단 간 모두 유의하게 다른 것으로 나타났다. 성장촉진제에 있어서도 VC와 OJ 간에 차이가 유의한 것으로 나타났다.

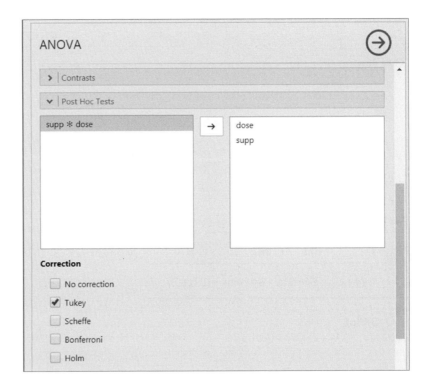

Post Hoc Tests

Post Hoc Comparisons - dose

Comparison						
dose		dose	Mean Difference	SE	df	t	ptukey
0.5	-	1.0	-9.13	1.15	54.0	-7.95	< .001
	-	2.0	-15.50	1.15	54.0	-13.49	< .001
1.0	-	2.0	-6.37	1.15	54.0	-5.54	< .001

Post Hoc Comparisons - supp

Comparison						
supp	supp	Mean Difference	SE	df	t	ptukey
OJ	- VC	3.70	0.938	54.0	3.95	< .001

마지막으로 집단과 용량에 따른 차이를 그림과 표로 나타내면 다음과 같다.

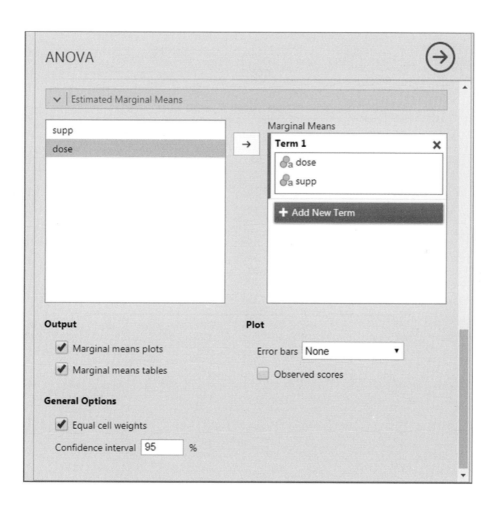

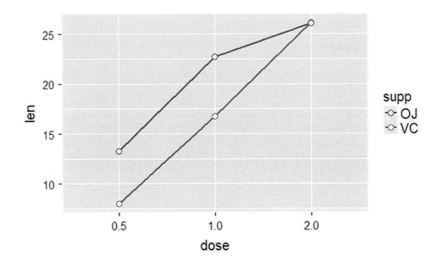

Estimated Marginal Means - dose ✽ supp

supp	dose	Mean	SE	95% Confidence Interval Lower	95% Confidence Interval Upper
OJ	0.5	13.23	1.15	10.93	15.53
	1.0	22.70	1.15	20.40	25.00
	2.0	26.06	1.15	23.76	28.36
VC	0.5	7.98	1.15	5.68	10.28
	1.0	16.77	1.15	14.47	19.07
	2.0	26.14	1.15	23.84	28.44

33 공분산분석

공분산분석은 분산분석에서 연속형 변수(covariate)를 추가한 것으로 각 집단 간 평균의 차이가 유의한지 검정하지만 여기에 통제가 안 되는 연속형 변수를 추가하여 분산분석모형에서 오차를 줄이고 검정력을 높이고자 한다(안재형, 2011). 공분산분석에 사용할 데이터(PTSD.csv)는 외상후스트레스장애 환자에게 세 가지 치료법(control, CBT, EMDR)을 적용한 후 사전, 사후 불안감(anxiety)을 조사한 데이터이다(점수가 높을수록 불안감이 낮다).

먼저 아래와 같이 데이터를 불러온다.

	trt	pre	post	
1	CBT	61	60	
2	CBT	73	72	
3	CBT	66	79	
4	CBT	61	74	
5	CBT	51	77	
6	CBT	70	78	
7	CBT	59	77	
8	CBT	52	73	
9	CBT	76	80	
10	CBT	54	66	
11	EMDR	57	67	
12	EMDR	56	65	

그리고 공분산분석에 앞서 사후검사에 대한 기술통계량과 박스플롯을 살펴보면 다음과 같다.

Descriptives

	trt	post
N	Cont	10
	EMDR	10
	CBT	10
Mean	Cont	66.20
	EMDR	69.50
	CBT	73.60
Median	Cont	66.00
	EMDR	66.00
	CBT	75.50

post

공분산분석을 위해 메뉴에서 ANOVA ⇨ ANCOVA를 클릭한 다음 종속변수와 집단 변수 그리고 공변수(covariate)를 설정한다.

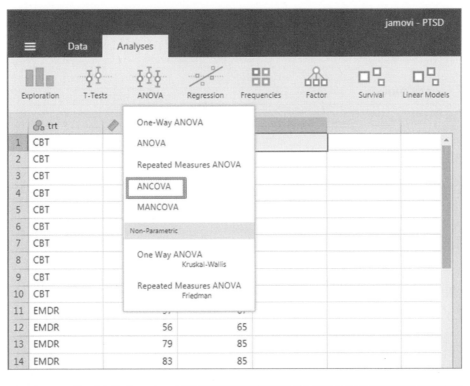

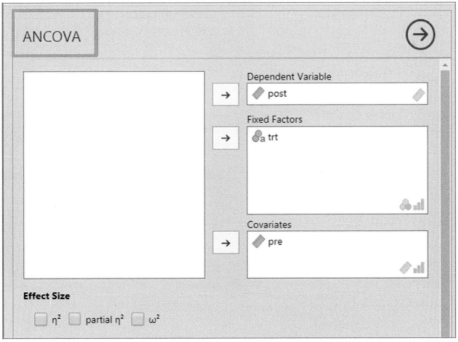

그러면 다음과 같은 결과가 나타나는데, 치료집단에 따라 불안감의 점수가 유의하게 다르며 사전점수(pre) 또한 사후점수에 영향을 미치는 것으로 나타났다.

ANCOVA

	Sum of Squares	df	Mean Square	F	p
trt	524.00	2	262.00	8.54	0.001
pre	1035.15	1	1035.15	33.75	< .001
Residuals	797.35	26	30.67		

여기서 공분산분석의 가정을 검정하면 아래와 같이 잔차의 정규성에 이상이 없으며 집단 간 분산의 동일성 가정 또한 충족하는 것으로 나타났다(p=0.275).

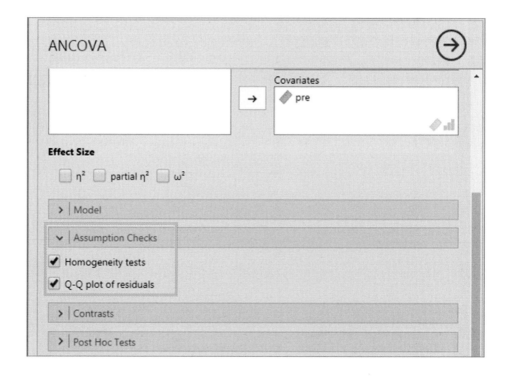

Q-Q Plot

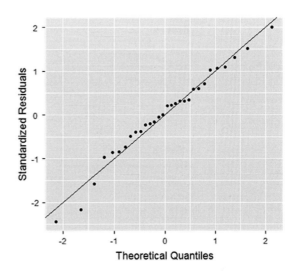

Assumption Checks

Test for Homogeneity of Variances (Levene's)

F	df1	df2	p
1.355	2	27	0.275

이제 치료집단 간 사후검사를 실시하면, 다음 결과에서 보듯이 통제집단과 CBT집단 간(p＝0.001) 그리고 EMDR집단과 CBT집단 간(p＝0.043) 유의한 차이가 있는 것으로 나타났다.

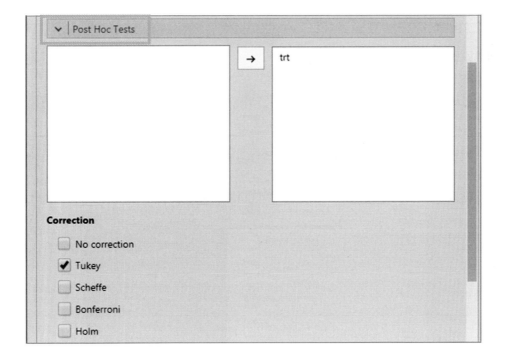

Post Hoc Tests

Post Hoc Comparisons - trt

Comparison		Mean Difference	SE	df	t	ptukey
trt	trt					
Cont - EMDR		-3.97	2.48	26.00	-1.60	0.263
- CBT		-10.37	2.53	26.00	-4.10	0.001
EMDR - CBT		-6.41	2.51	26.00	-2.55	0.043

끝으로 각 집단의 조정된 평균을 살펴보자.

아래 결과는 사전점수(pre)를 통제한 후 각 집단의 조정된 평균(adjusted means)을 보여 준다.

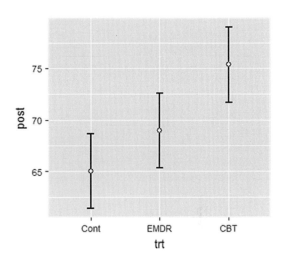

Estimated Marginal Means - trt

trt	Mean	SE	95% Confidence Interval Lower	95% Confidence Interval Upper
Cont	64.99	1.76	61.36	68.61
EMDR	68.95	1.75	65.35	72.56
CBT	75.36	1.78	71.71	79.01

34 반복측정 분산분석

반복측정 분산분석을 위해 다음과 같이 데이터(repeated2.csv)를 불러온다. 이 데이터는 자아존중감 향상 프로그램의 효과를 검정하기 위해 사전, 사후, 추후 점수를 기록한 데이터이다.

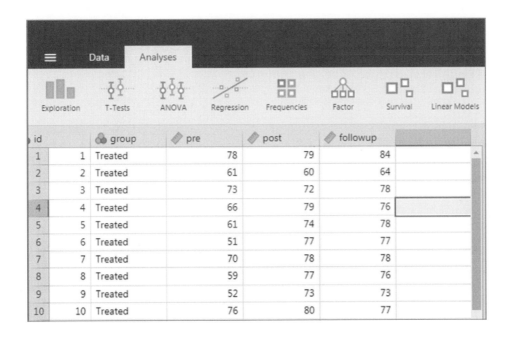

반복측정 분산분석을 하기 위해 메뉴에서 ANOVA ⇨ Repeated Measures ANOVA를 클릭한다.

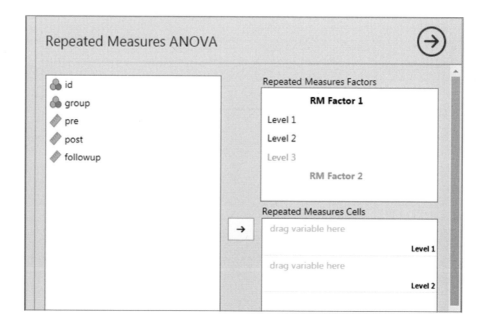

그리고 아래와 같이 반복측정 분산분석 메뉴 창에서 반복측정 요인과 각 수준의 이름을 입력한 후 해당되는 각 변수를 선택한다.

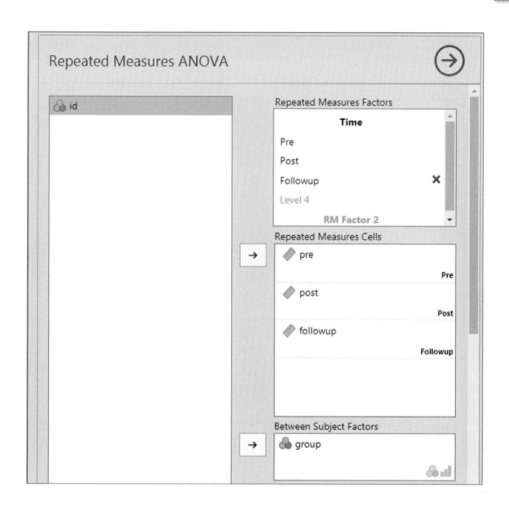

이제 모형(Model) 하위 메뉴 창에서 반복측정 요인(Time)과 집단 간 요인(group)을
선택하면 다음과 같은 결과를 얻게 된다.

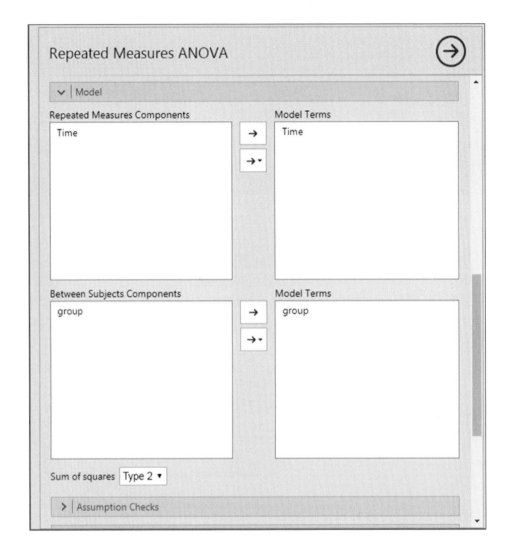

　　다음 결과를 살펴보면 반복측정 요인인 시점(Time)에 따라 점수가 유의하게 차이가 나며 시점과 집단의 상호작용(Time*Group)도 유의하게 작용하는 것으로 나타났다. 하지만 집단 간 차이는 p＝0.069로 나타나 유의수준 0.10 기준에서 유의한 것으로 나타났다.

Repeated Measures ANOVA

Within Subjects Effects

	Sum of Squares	df	Mean Square	F	p
Time	455.31	2	227.66	15.54	< .001
Time ✻ group	517.56	2	258.78	17.66	< .001
Residual	849.80	58	14.65		

Note. Type 2 Sums of Squares

Between Subjects Effects

	Sum of Squares	df	Mean Square	F	p
group	728.72	1	728.72	3.58	0.069
Residual	5906.89	29	203.69		

Note. Type 2 Sums of Squares

반복측정 분산분석에서 충족되어야 할 가정은 구형성(sphericity) 가정으로 이 가정은 어떤 두 수준(예: 사전-사후, 사후-추후 등) 간의 차이의 분산이 동일하다는(homogeneity of variance) 가정을 말한다. 만약 구형성 가정이 충족되지 못할 경우에는 Greenhouse-Geisser 방법을 통해 수정하게 된다.

Repeated Measures ANOVA

Effect Size

☐ η²　☐ partial η²

Dependent Variable Label

Dependent

> | Model

∨ | Assumption Checks

☑ Sphericity tests

Sphericity corrections

☑ None　☑ Greenhouse-Geisser　☐ Huynh-Feldt

☑ Equality of variances test (Levene's)

> | Post Hoc Tests

> | Estimated Marginal Means

Assumptions

Tests of Sphericity

	Mauchly's W	p	Greenhouse-Geisser ε	Huynh-Feldt ε
Time	0.66	0.003	0.75	0.78

Equality of variances test (Levene's)

	F	df1	df2	p
pre	0.33	1	29	0.572
post	0.04	1	29	0.853
followup	1.50	1	29	0.231

다음에서 Greenhouse—Geisser 방법을 통해 수정한 결과도 원래 결과와 다르지 않음을 알 수 있다.

Repeated Measures ANOVA

Within Subjects Effects

	Sphericity Correction	Sum of Squares	df	Mean Square	F	p
Time	None	455.31	2	227.66	15.54	< .001
	Greenhouse-Geisser	455.31	1.50	304.27	15.54	< .001
Time ＊ group	None	517.56	2	258.78	17.66	< .001
	Greenhouse-Geisser	517.56	1.50	345.87	17.66	< .001
Residual	None	849.80	58	14.65		
	Greenhouse-Geisser	849.80	43.40	19.58		

Note. Type 2 Sums of Squares

Between Subjects Effects

	Sum of Squares	df	Mean Square	F	p
group	728.72	1	728.72	3.58	0.069
Residual	5906.89	29	203.69		

Note. Type 2 Sums of Squares

한편 사후검사 결과를 다음에서 보면 사전–사후, 사전–추후는 유의하게 나타났지만 사후–추후는 유의하지 않은 것으로 나타났다.

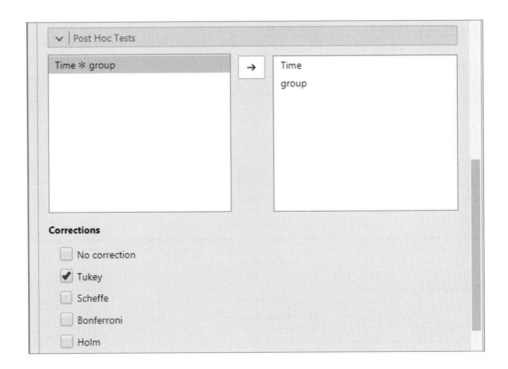

Post Hoc Tests

Post Hoc Comparisons - Time

Comparison						
Time	Time	Mean Difference	SE	df	t	ptukey
Pre -	Post	-4.61	0.97	58.00	-4.74	< .001
-	Followup	-5.07	0.97	58.00	-5.21	< .001
Post -	Followup	-0.46	0.97	58.00	-0.48	0.882

Post Hoc Comparisons - group

Comparison						
group	group	Mean Difference	SE	df	t	ptukey
1 -	2	5.60	2.96	29.00	1.89	0.069

그리고 실험집단과 통제집단의 각 시점별 평균을 표와 그림으로 제시하면 다음과 같다.

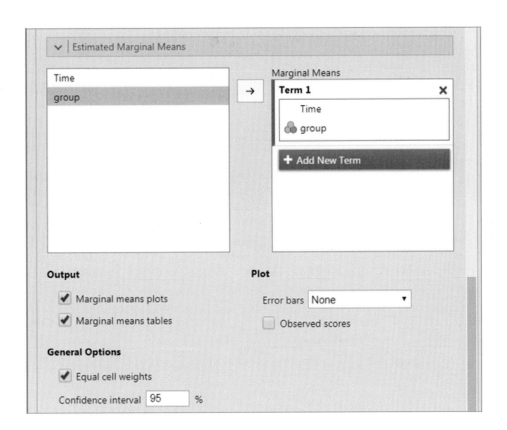

Estimated Marginal Means - Time ✻ group

group	Time	Mean	SE	95% Confidence Interval	
				Lower	**Upper**
Treated	Pre	64.98	2.24	60.43	69.52
	Post	74.38	2.24	69.83	78.92
	Followup	75.24	2.24	70.70	79.79
Control	Pre	66.03	2.23	61.51	70.56
	Post	65.85	2.23	61.32	70.37
	Followup	65.91	2.23	61.38	70.44

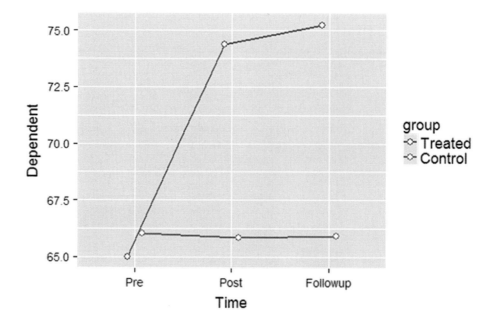

35 다변량분산분석

종속변수가 두 개 이상일 경우 다변량분산분석(MANOVA)을 활용해 집단 간 차이를 동시에 검정할 수 있다. 여기서 사용할 데이터는 MASS 패키지에 있는 데이터(UScereal.csv)이며, 이 데이터는 미국에서 판매하고 있는 시리얼의 영양소(단백질, 지방, 탄수화물 등) 함유량 등에 관한 것이다(Kabacoff, 2015). 분석의 초점은 식품점에서 시리얼을 진열하고 있는 선반 ― 하단(1), 중단(2), 상단(3) ― 에 따라 시리얼의 영양소 함유량에 차이가 있는지 분석하고자 하는 것이다. 여기서는 선반이 집단변수가 되며 3가지 수준(1, 2, 3)이 있다.

	brand	mfr	calories	protein	fat	sodium
1	100% Bran	N	212.121	12.121	3.030	3
2	All-Bran	K	212.121	12.121	3.030	7
3	All-Bran with ...	K	100.000	8.000	0.000	2
4	Apple Cinna...	G	146.667	2.667	2.667	2
5	Apple Jacks	K	110.000	2.000	0.000	1
6	Basic 4	G	173.333	4.000	2.667	2
7	Bran Chex	R	134.328	2.985	1.493	2
8	Bran Flakes	P	134.328	4.478	0.000	3

다변량분산분석을 위해 ANOVA ⇨ MANCOVA를 클릭한다.

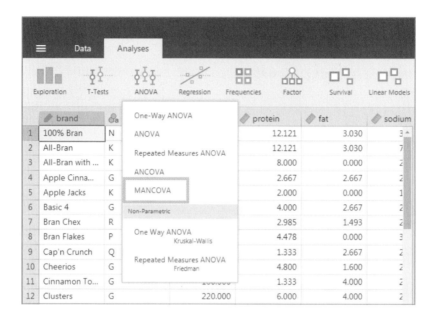

이제 다변량분산분석을 위해 종속변수와 집단변수를 아래와 같이 선택한다.

다변량분산분석 기능은 집단 간 차이에 대한 다변량 검정을 제공하는데, Pillai's Trace 또는 Wilk's Lambda F값이 유의한 경우 종속변수 묶음에 대한 세 집단(선반의 세 종류)의 차이가 유의하게 다름을 의미한다. 다변량분산분석의 검정 결과가 유의하기 때문에 각 종속변수에 대한 단변량 ANOVA 검정결과를 제시할 수 있다. 아래 결과에서 보는 바와 같이 각 영양소(단백질, 지방, 탄수화물) 별로 세 집단이 서로 유의하게 차이가 있음을 알 수 있다($p < 0.001$, $p = 0.031$, $p = 0.002$).

MANCOVA

Multivariate Tests

		value	F	df1	df2	p
shelf	Pillai's Trace	0.36	4.52	6	122	< .001
	Wilks' Lambda	0.66	4.70	6	120	< .001
	Hotelling's Trace	0.49	4.87	6	118	< .001
	Roy's Largest Root	0.42	8.62	3	61	< .001

Univariate Tests

	Dependent Variable	Sum of Squares	df	Mean Square	F	p
shelf	protein	120.84	2	60.42	11.49	< .001
	fat	18.44	2	9.22	3.68	0.031
	carbo	839.93	2	419.96	6.94	0.002
Residuals	protein	326.10	62	5.26		
	fat	155.22	62	2.50		
	carbo	3749.83	62	60.48		

이제 다변량분산분석의 가정을 아래와 같이 체크하여 검정해 보자.

다변량분산분석의 가정은 두 가지로 다변량정규성(multivariate normality) 및 분산－
공분산 매트릭스의 동질성(homogeneity of variance-covariance matrices)이다. 첫 번째
가정은 종속변수들의 벡터가 함께(jointly) 다변량 정규분포를 따른다는 것이다. Q–Q
플롯을 이용해서 이 가정을 평가할 수 있다. 만약, 데이터가 다변량정규분포를 따른다
면 데이터는 선 위에 위치하게 된다(points fall on the line). 다음 분석 결과에서 보듯이
Shapiro–Wilk 다변량정규성 검정 결과를 보면 정규성을 보인다는 영가설이 기각됨을
알 수 있다(p＜0.001).

분산–공분산 매트릭스의 동질성 가정(homogeneity of variance-covariance matrices assumption)은 각 집단의 공분산 매트릭스가 동일함을 요구하고 있으며, 이 가정은 보통 Box's M 검정으로 평가된다. 하지만 이 검정은 정규분포의 위반에 매우 민감하기 때문에 아래 분석결과에서 나타난 것처럼 대부분의 경우 기각된다(p<0.001).

Assumption Checks

Box's Homogeneity of Covariance Matrices Test

χ^2	df	p
55.99	12	< .001

Shapiro-Wilk Multivariate Normality Test

W	p
0.71	< .001

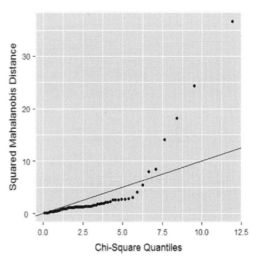

Q-Q Plot Assessing Multivariate Normality

36 로지스틱 회귀분석

로지스틱 회귀분석(binomial logistic regression)은 일련의 연속변수 및 범주형 예측변수들로부터 이항 결과변수를 예측할 때 유용한 분석이다. AER 패키지에 포함된 데이터(Affairs)를 활용하여 결혼불성실성에 대한 분석을 시도해 보자. 이 결혼불성실성에 대한 데이터는 1969년 Psychology Today가 수행한 설문조사에 기초하고 있으며 601명의 응답자로부터 수집된 9개 변수를 포함하고 있다. 구체적인 변수로는 지난 한 해 동안 얼마나 자주 혼외관계를 맺었는지 그리고 이들의 성별, 나이, 결혼 기간, 자녀 여부, 신앙심(5점 척도; 1~5점 점수가 높을수록 신앙심이 높음), 교육 정도, 직업(Hollingshead의 7범주 분류), 그리고 결혼생활에 대한 만족도(5점 척도; 1 매우 불행~5 매우 행복)이다 (Kabacoff, 2015).

먼저 로지스틱 회귀분석을 위한 데이터(Affairs.csv)를 불러오며, 종속변수로는 혼외관계 유무인 affair 변수이다.

먼저 기술통계분석을 실시해 보면 다음과 같은 결과를 얻게 된다.

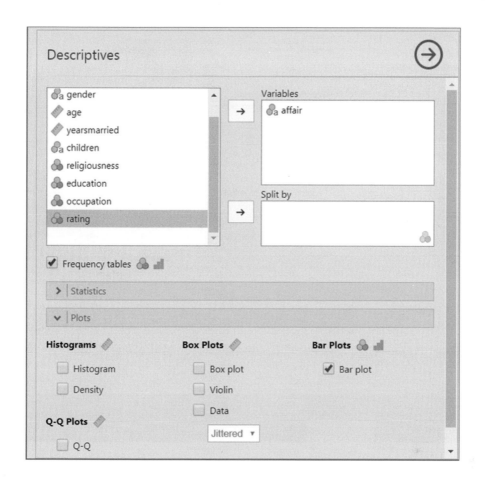

혼외관계 경험이 있었던 사람이 150명(25.0%)으로 나타났다.

Frequencies of affair

Levels	Counts	% of Total	Cumulative %
No	451	75.0 %	75.0 %
Yes	150	25.0 %	100.0 %

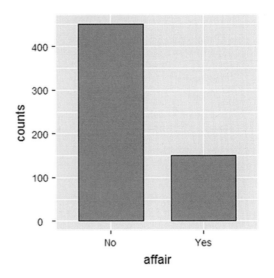

로지스틱 회귀분석을 위해 메뉴 창에서 Regressioin ⇨ 2 Outcomes Binomial을 클릭한다. 그리고 이어서 종속변수와 독립변수를 다음과 같이 선택한다.

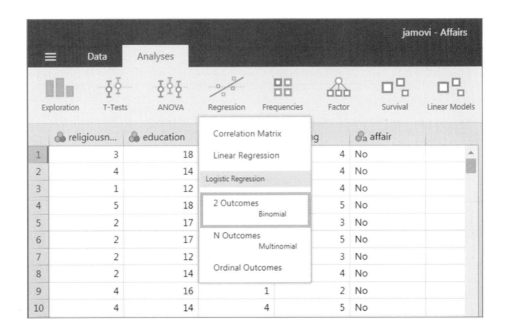

우선 종속변수를 제외하고 모든 변수를 독립변수로 투입한다.

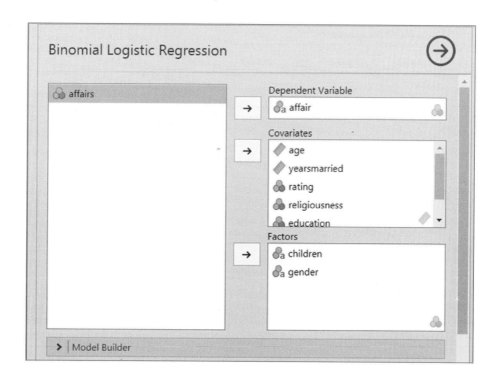

그러면 다음과 같은 결과를 얻게 되며, 8개의 독립변수 중 연령(age), 결혼기간(yearsmarried), 결혼만족도(rating), 신앙심(religiousness)만 유의한 것으로 나타났다.

Model Fit Measures

Model	Deviance	AIC	R²McF
1	610	628	0.0975

Model Specific Results Model 1

Model 1

Model Coefficients

Predictor	Estimate	SE	Z	p
Intercept	1.3773	0.8878	1.551	0.121
age	-0.0443	0.0182	-2.425	0.015
yearsmarried	0.0948	0.0322	2.942	0.003
rating	-0.4685	0.0909	-5.153	< .001
religiousness	-0.3247	0.0898	-3.618	< .001
education	0.0211	0.0505	0.417	0.677
occupation	0.0309	0.0718	0.431	0.667
children:				
yes – no	0.3977	0.2915	1.364	0.173
gender:				
male – female	0.2803	0.2391	1.172	0.241

Note. Estimates represent the log odds of "affair = Yes" vs. "affair = No"

이제 위 결과에서 통계적으로 유의한 변수 4개만 선택하여 모형에 투입하면 다음과 같은 결과가 나타난다.

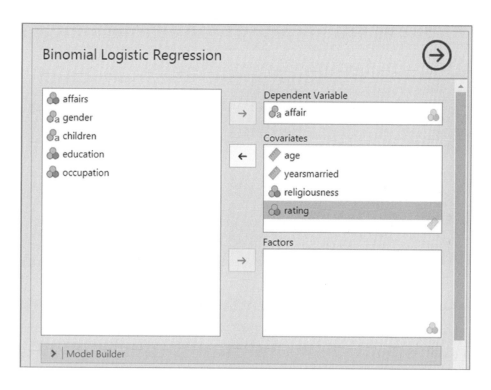

Model Fit Measures

Model	Deviance	AIC	R²McF
1	615	625	0.0889

Model Specific Results Model 2

Model 2

Model Coefficients

Predictor	Estimate	SE	Z	p
Intercept	1.9308	0.6103	3.16	0.002
age	-0.0353	0.0174	-2.03	0.042
yearsmarried	0.1006	0.0292	3.44	< .001
rating	-0.4614	0.0888	-5.19	< .001
religiousness	-0.3290	0.0895	-3.68	< .001

Note. Estimates represent the log odds of "affair = Yes" vs. "affair = No"

앞의 결과에 대한 해석을 용이하게 하기 위해 계수를 승산비(Odds ratio)로 표시한다.

그러면 다음과 같이 결혼 기간이 1년 늘어날수록 혼외관계를 가질 승산(odds)은 1.106배 증가하지만, 연령, 신앙심, 결혼만족도가 증가할수록 혼외관계를 가질 승산은 감소하는 것으로 나타났다.

Model Fit Measures

Model	Deviance	AIC	R²McF	Overall Model Test χ²	df	p
1	615.358	625.358	0.089	60.019	4	< .001

Model 2

Model Coefficients

Predictor	Estimate	SE	Z	p	Odds ratio
Intercept	1.931	0.610	3.164	0.002	6.895
age	-0.035	0.017	-2.032	0.042	0.965
yearsmarried	0.101	0.029	3.445	< .001	1.106
religiousness	-0.329	0.089	-3.678	< .001	0.720
rating	-0.461	0.089	-5.193	< .001	0.630

Note. Estimates represent the log odds of "affair = Yes" vs. "affair = No"

여기서 다중공선성을 체크해 보면 다음과 같이 독립변수 간에 다중공선성 문제는 없는 것으로 나타났다(모두 VIF제곱근이 2.0 이하로 나타났다).

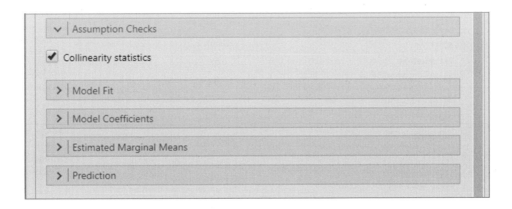

Collinearity Statistics

	VIF	Tolerance
age	2.499	0.400
yearsmarried	2.584	0.387
religiousness	1.074	0.931
rating	1.047	0.955

이제 모형 비교를 위해 다음과 같이 모형1과 모형2로 나누어 비교해 보면 다음 결과에서 보듯이 모형1과 모형2 사이의 ANOVA 검정 결과는 차이가 없는 것으로 나타났지만(p=0.211), AIC가 모형1(625.36)이 모형2(627.51)보다 작은 값으로 나타나 모형1을 선택하는 것이 더 적합하다고 하겠다.

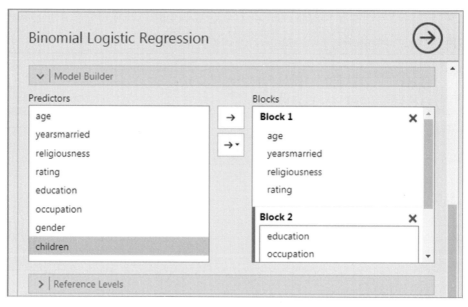

Model 1

Model Coefficients

Predictor	Estimate	SE	Z	p
Intercept	1.93	0.61	3.16	0.002
age	-0.04	0.02	-2.03	0.042
yearsmarried	0.10	0.03	3.44	< .001
religiousness	-0.33	0.09	-3.68	< .001
rating	-0.46	0.09	-5.19	< .001

Note. Estimates represent the log odds of "affair = Yes" vs. "affair = No"

Model 2

Model Coefficients

Predictor	Estimate	SE	Z	p
Intercept	1.38	0.89	1.55	0.121
age	-0.04	0.02	-2.43	0.015
yearsmarried	0.09	0.03	2.94	0.003
religiousness	-0.32	0.09	-3.62	< .001
rating	-0.47	0.09	-5.15	< .001
education	0.02	0.05	0.42	0.677
occupation	0.03	0.07	0.43	0.667
gender:				
male – female	0.28	0.24	1.17	0.241
children:				
yes – no	0.40	0.29	1.36	0.173

Note. Estimates represent the log odds of "affair = Yes" vs. "affair = No"

Model Fit Measures

Model	Deviance	AIC	R²McF
1	615.36	625.36	0.09
2	609.51	627.51	0.10

Model Comparisons

Comparison				
Model	Model	χ²	df	p
1	- 2	5.85	4	0.211

이제 앞의 결과를 가지고 혼외관계 유무에 대한 예측(prediction)을 시도해 보자(jamovi 버전 0.9.1.11). sensitivity와 specificity의 교차점을 0.25로 지정했을 때 분류 정확도 (accuracy)는 67%로 나타났으며, 또 다른 분류의 정확도를 나타내는 AUC(area under the curve)는 71%로 나타났다.

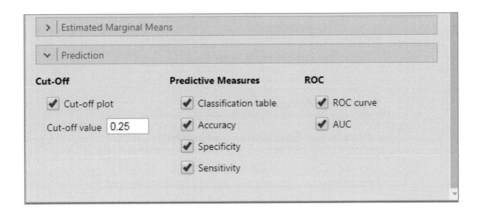

cut-off plot

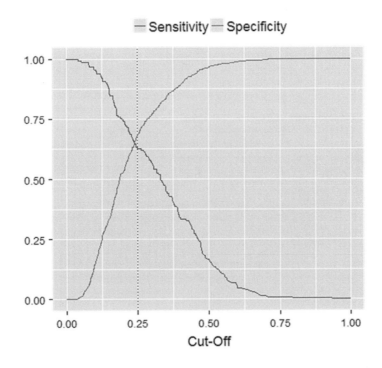

Classification Table – affair

Observed	Predicted		% Correct
	No	Yes	
No	307	144	68.07
Yes	56	94	62.67

Note. The cut-off value is set to 0.25

Predictive Measures

Accuracy	Specificity	Sensitivity	AUC
0.67	0.68	0.63	0.71

Note. The cut-off value is set to 0.25

ROC curve

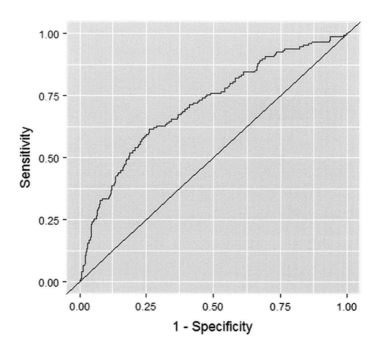

37 포아송 회귀분석

    포아송 회귀분석(Poisson regression)은 일련의 연속변수 및 범주형 예측변수로부터 카운트(discrete count) 값을 가진 결과변수를 예측할 때 활용하는 분석이다. 포아송 회귀분석을 위한 데이터로는 분석의 연속성을 위해 앞서 살펴본 로지스틱 회귀분석에서 사용했던 Affairs 데이터를 활용하고자 한다. 이 데이터를 통해 구체적으로 혼외관계 발생 건수(affairs)를 설명할 수 있는 회귀식을 만들 수 있다.

    먼저 분석에 사용할 데이터(Affairs.csv)를 불러온다.

	affairs	gender	age	yearsmarr...	children	religiou:
1	0	male	37.0	10.000	no	
2	0	female	27.0	4.000	no	
3	0	female	32.0	15.000	yes	
4	0	male	57.0	15.000	yes	
5	0	male	22.0	0.750	no	
6	0	female	32.0	1.500	no	
7	0	female	22.0	0.750	no	
8	0	male	57.0	15.000	yes	
9	0	female	32.0	15.000	yes	
10	0	male	22.0	1.500	no	

포아송 회귀분석에 앞서 종속변수(affairs)의 빈도표와 막대그래프를 살펴보면 다음과 같다.

Frequencies of affairs

Levels	Counts	% of Total	Cumulative %
0	451	75 %	75 %
1	34	6 %	81 %
2	17	3 %	84 %
3	19	3 %	87 %
7	42	7 %	94 %
12	38	6 %	100 %

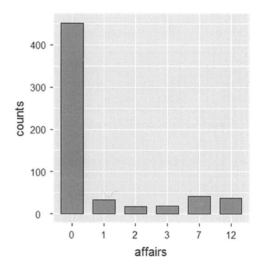

포아송 회귀분석을 위해서는 jamovi에 추가 모듈이 필요하다. 다음과 같이 추가 모듈 GAMLj을 설치한 후 메뉴 창에서 Linear Models ⇨ Generalized Linear Models를 클릭한다.

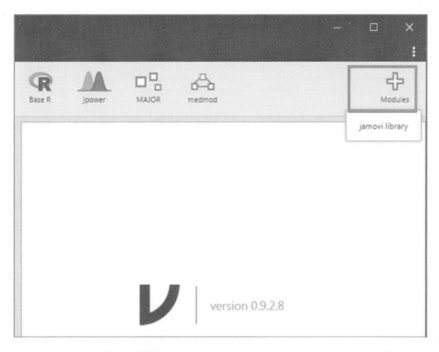

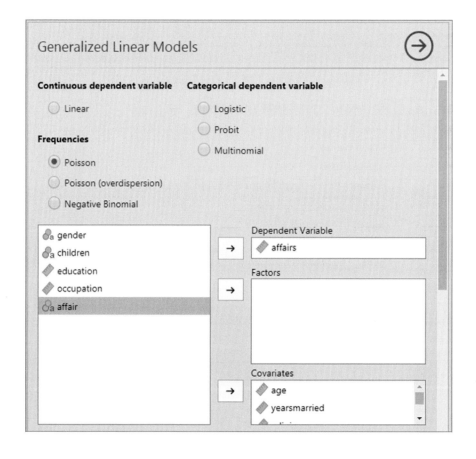

그리고 이어서 Generalized Linear Models 분석 창에서 Poisson을 선택한 후 종속변수와 독립변수들을 선택한다.

그러면 다음과 같은 결과를 얻게 되는데 앞서 로지스틱 회귀분석의 결과와 크게 다르지 않음을 알 수 있다. 여기서는 종속변수가 카운트 변수이므로 결혼기간이 1년 증가하면 기대되는 혼외관계 건수(expected number of affairs)가 1.12배 증가한다고 (multiply) 할 수 있다. 만약 결혼 기간이 10년 증가하면 혼외관계 발생 건수는 $1.12^{10} =$ 3.10, 즉 3.1배 증가한다고 하겠다. 그리고 연령, 결혼만족도, 신앙심이 한 단위 높아질수록 혼외관계 기대건수는 각각 3%, 30%, 33% 감소한다고 하겠다.

Analysis of Deviance: Omnibus Tests

	X^2	df	p
age	24.05	1	< .001
yearsmarried	128.37	1	< .001
religiousness	138.41	1	< .001
rating	206.60	1	< .001

Model Coefficients (Parameter Estimates)

	Contrast	Estimate	SE	95% Confidence Interval Lower	95% Confidence Interval Upper	exp(B)	z	p
(Intercept)	Intercept	0.07	0.04	-0.02	0.15	1.07	1.52	0.128
age	age	-0.03	0.01	-0.04	-0.02	0.97	-4.76	< .001
yearsmarried	yearsmarried	0.11	0.01	0.09	0.13	1.12	11.22	< .001
religiousness	religiousness	-0.36	0.03	-0.42	-0.30	0.70	-11.69	< .001
rating	rating	-0.40	0.03	-0.46	-0.35	0.67	-14.72	< .001

한편, 포아송 회귀분석에서는 과산포(overdispersion)가 발생할 가능성이 높은데 과산포가 있는 경우 표준오차의 오류를 줄이기 위해 quasipoisson 분석을 실시해야 한다.

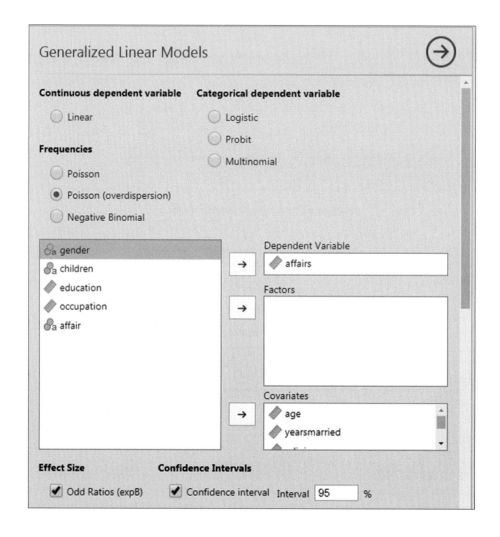

    다음 분석결과를 살펴보면 poisson 분석 결과와 같이 회귀계수는 동일하지만 표준 오차(SE)가 더 크게 추정되었음을 알 수 있다. 그 결과 연령(age)은 더 이상 유의하지 않 은 것으로 나타났다(z = −1.82, p = 0.070).

Analysis of Deviance: Omnibus Tests

	X²	df	p
age	3.50	1	0.061
yearsmarried	18.69	1	< .001
religiousness	20.15	1	< .001
rating	30.07	1	< .001

Model Coefficients (Parameter Estimates)

	Contrast	Estimate	SE	95% Confidence Interval		exp(B)	z	p
				Lower	Upper			
(Intercept)	Intercept	0.07	0.11	-0.17	0.28	1.07	0.58	0.562
age	age	-0.03	0.01	-0.06	0.00	0.97	-1.82	0.070
yearsmarried	yearsmarried	0.11	0.03	0.06	0.16	1.12	4.28	< .001
religiousness	religiousness	-0.36	0.08	-0.52	-0.20	0.70	-4.46	< .001
rating	rating	-0.40	0.07	-0.54	-0.26	0.67	-5.62	< .001

참고문헌

권재명(2017). 실리콘밸리 데이터과학자가 알려주는 따라 하며 배우는 데이터 과학. 서울: 제이펍.

김태근(2006). u-Can 회귀분석. 서울: 인간과 복지.

문건웅(2015). 의학논문 작성을 위한 R 통계와 그래프. 서울: 한나래출판사.

안재형(2011). R을 이용한 누구나 하는 통계분석. 서울: 한나래출판사.

유진은(2015). 한 학기에 끝내는 양적연구방법과 통계분석. 서울: 학지사.

조민호(2016). 빅데이터 분석을 위한 R 프로그래밍. 서울: 정보문화사.

조인호(2017). R을 이용한 실무데이터분석. 서울: 데이터솔루션 비정기교육 자료.

Adhikari, A. and DeNero, J. (2018). *Computational and Inferential Thinking: The Foundation of Data Science*. UC Berkeley.

Casas, P. (2018). *funModeling: Exploratory Data Analysis and Data Preparation Tool-Box Book*. R package version 1.6.7. https://CRAN.R-project.org/package=funModeling

Chang, W. (2013). *R Graphics Cookbook*. Sebastopol, CA: O'Reilly.

Jackman, S. (2017). *pscl: Classes and Methods for R Developed in the Political Science Computational Laboratory*. United States Studies Centre, University of Sydney. Sydney, New South Wales, Australia. R package (version 1.5.2). https://github.com/atahk/pscl/

jamovi project (2018). jamovi (Version 0.9) [Computer Software]. Retrieved from https://www.jamovi.org

Kabacoff, R. I. (2015). *R in Action* (2nd Ed.). Shelter Island, NY: Manning Publications.

Lander, J. P. (2014). *R for Everyone: Advanced Analytics and Graphics*. Indianapolis, IN: Addison-Wesley.

Long, J.S. and Freese, J. (2014). *Regression Models for Categorical Dependent Variables Using Stata* (3rd Ed.). Stata Press.

R Core Team (2018). *R: A language and environment for statistical computing*. R Foundation for Statistical Computing, Vienna, Austria. https://www.R-project.org/

Revelle, W. (2018). *psych: Procedures for Personality and Psychological Research*. Northwestern University, Evanston, Illinois, USA. https://CRAN.R-project.org/package=psych (Version=1.8.4).

Rubin, A. (2008). *Practitioner's Guide to Using Research for Evidence-Based Practice*. Hoboken, NJ: John Wiley & Sons, Inc.

Schumacker, R.E. (2016). *Using R with Multivariate Statistics*. Thousand Oaks, CA: Sage Publications.

Venables, W. N. and Ripley, B. D. (1999). *Modern Applied Statistics with S-PLUS*. Third Edition. Springer.

Wickham, H. & Grolemund, G. (2017). *R for Data Science*. Sebastopol, CA: O'Reilly.

저자 소개

황성동(Hwang, Sung-Dong)

〈학력 및 주요 경력〉
부산대학교 사회복지학과 (학사)
미국 West Virginia University (석사)
미국 University of California, Berkeley (박사)

행정고시, 입법고시, 사회복지사(1급) 출제위원 역임
건국대학교 교수, LG 연암재단 해외 연구교수, UC DATA 연구원 역임
현 경북대학교 사회복지학부 교수 및 사회과학연구원 데이터분석센터장

〈주요 저서 및 논문〉
『R을 이용한 메타분석』 (학지사, 2015)
『알기 쉬운 사회복지조사방법론』 (2판, 학지사, 2015)
『메타분석: forest plot에서 네트워크 메타분석까지』 (공저, 한나래출판사, 2018)
「Licensure of Sheltered-Care Facilities: Does It Assure Quality?」 (Social Work)
「한국 학령기 ADHD 아동을 위한 인지행동중재의 효과 연구: 메타분석」 (대한간호학회지)

sungdong@knu.ac.kr

R과 jamovi로 하는 통계분석

Statistical Analysis with R and jamovi

2019년 2월 10일 1판 1쇄 인쇄
2019년 2월 15일 1판 1쇄 발행

지은이 • 황성동
펴낸이 • 김진환
펴낸곳 • **㈜ 학지사**

04031 서울특별시 마포구 양화로 15길 20 마인드월드빌딩
대표전화 • 02)330-5114   팩스 • 02)324-2345
등록번호 • 제313-2006-000265호

홈페이지 • http://www.hakjisa.co.kr
페이스북 • https://www.facebook.com/hakjisa

ISBN 978-89-997-1751-2 93310

정가 22,000원

이 도서의 국립중앙도서관 출판시도서목록(CIP)은 서지정보유통지원
시스템 홈페이지(http://seoji.nl.go.kr)와 국가자료공동목록시스템
(http://www.nl.go.kr/kolisnet)에서 이용하실 수 있습니다.
(CIP 제어번호: CIP2019002355)

교육문화출판미디어그룹 학지사

심리검사연구소 **인싸이트** www.inpsyt.co.kr
원격교육연수원 **카운피아** www.counpia.com
학술논문서비스 **뉴논문** www.newnonmun.com
간호보건의학출판 **학지사메디컬** www.hakjisamd.co.kr